21世纪生物学基础课系列实验教材

免疫学实验技术

张文学　主编

科学出版社

北　京

内 容 简 介

本书针对高等师范院校免疫学实验课而编写。包括传统的实验内容和一些较先进的实验技术,可分为验证性实验、综合性实验和设计性实验三种类型。每个实验包括实验目的、实验原理、实验器材、实验方法和注意事项等部分。书后附有免疫学实验中各种试剂的配制方法、注意事项等相关内容。

本书可作为高等师范院校相关专业实验用教材,也可供相关人员参考阅读。

图书在版编目(CIP)数据

免疫学实验技术/张文学主编.—北京:科学出版社,2007

(21世纪生物学基础课系列实验教材)

ISBN 978-7-03-020292-5

Ⅰ.免… Ⅱ.张… Ⅲ.医药学:免疫学-实验-高等学校-教材 Ⅳ.R392-33

中国版本图书馆 CIP 数据核字(2007)第 155306 号

责任编辑:陈 露 许 健/责任校对:连秉亮
责任印制:徐晓晨 /封面设计:耕者设计工作室

科学出版社出版

北京东黄城根北街 16 号
邮政编码:100717

http://www.sciencep.com

北京虎彩文化传播有限公司印刷

科学出版社发行 各地新华书店经销

＊

2007 年 9 月第 一 版 开本:B5(720×1000)
2019 年 1 月第六次印刷 印张:14 3/4
字数:285 000

定价:**35.00** 元

《免疫学实验技术》编写人员

主　编　张文学

副主编　张新胜

编　委　（以作者姓氏笔画为序）

王坤英　李　莉　张文学　张新胜

陈凤曾　贾永芳　唐超智

前　言

免疫学是高等师范院校生命科学学院学生的必修课,实验是该课程的重要组成部分。随着国家提倡的素质教育进程的深入,实验课的重要性越来越突出。《免疫学实验技术》一书编写的目的就是满足高等师范院校免疫学实验教学的需要。本教材包括 44 个实验,可分为验证性实验、设计性实验和综合性实验三种类型,使用者可根据教学大纲规定的学时和学生的具体情况灵活选择。对于每个实验,我们编写了实验目的、实验原理、实验器材、实验方法和注意事项等内容,并在书后附有免疫学实验中各种试剂的配制方法、注意事项等相关内容,故本书的一大特点就是实用方便。

本教材由河南师范大学生命科学学院的张文学、张新胜、王坤英、贾永芳、李莉、唐超智和信阳职业技术学院陈凤曾共同编写。张新胜编写实验 1 到实验 6 和实验 8 至实验 12,贾永芳编写实验 16、19、20、21 与实验 24 到实验 37,陈凤曾编写实验 7、13、17、18 与附录一、二、三,王坤英编写实验 15、22、43、44 与附录四、五、六、七、八,唐超智编写实验 14,李莉编写实验 38 到 42,全书由张文学统稿。

由于编者水平所限,书中难免有不足之处,恳请读者指正。

目 录

Contents

21世纪生物学基础课系列实验教材

实验 1　实验动物的抓取、固定和注射方法

【实验目的】

1. 学习实验动物的抓取和固定方法。
2. 练习对实验动物的几种注射方法。

【实验原理】

免疫学实验离不开实验动物,如为了制备抗体或观察药物对机体免疫功能的影响,需将抗原或药物注入动物体内。这就涉及如何抓取、固定动物和怎样给动物注射的问题。掌握实验动物的正确抓取、固定和注射方法是进行免疫学实验的基础。

【实验器材】

1. 器具

注射器及针头、剪刀、碘酒棉球、酒精棉球、消毒干棉球、酒精灯、消毒煮沸器、电炉、纱布、镊子、灌胃针头(可用 7 号针头磨平,边缘磨光、磨圆代替)。

2. 材料

家兔、小鼠、豚鼠、无菌生理盐水。

【实验方法】

1. 皮下注射法(sc,以豚鼠为例)

(1) 助手用一手夹持动物肩部,并用大拇指钩住下颌部,将动物提起,另一手在下方将动物托起,手心向上,用食指、中指及无名指夹住后腿(图 1.1)。

图 1.1　豚鼠抓取方法示意图

（2）用碘酒和酒精棉球消毒豚鼠注射部位。注射者将皮肤提起，用预先准备好的内装无菌生理盐水的注射器针头刺入皮下，注射0.5 ml。注入时阻力不大，而且放下皮肤后皮下呈扩散状隆起者为正确注射（图1.2）。

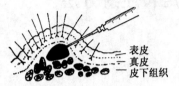

图1.2 皮下注射法示意图

2. 皮内注射法（ic，以豚鼠为例）

（1）助手按上法将豚鼠抓紧。

（2）注射者在其腹部任选约 2 cm² 的面积剪毛，消毒皮肤。

（3）将5号针头连接在1 ml的注射器上，吸取无菌生理盐水，针孔向上平刺入皮内，注入0.1～0.2 ml，如准确注射在皮内，则注射部位形成坚实的水泡（图1.3）。

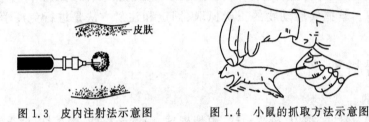

图1.3 皮内注射法示意图　　　　图1.4 小鼠的抓取方法示意图

3. 腹腔注射（ip，以小鼠和家兔为例）

小鼠：

（1）用右手拖鼠尾，使其爬行于较粗糙的台面上（可用试管篓倒扣于桌面代替），再突然用左手拇、食指抓紧小鼠颈项及其两耳（图1.4），翻转后用左手无名指及小指夹住鼠尾及后肢。

（2）消毒腹壁，把0.3 ml无菌生理盐水注入其腹腔。

家兔：

（1）将家兔四肢固定在解剖台上，腹部朝上。

（2）在下腹部略靠外侧（腹部下约1/3处，避开肝和膀胱），消毒该处皮肤，将针头垂直刺入腹腔，将针筒略为回抽，如无血液或尿液，即可进行注射。注入1 ml无菌生理盐水。

4. 肌肉注射（in，以小鼠为例）

此法用得较少，常用于给动物注射混悬于油或其他溶剂的药物。

肌肉注射部位，应选择丰满且无大血管通过的肌肉，一般选用臀部。亦常取大腿内（外）侧、颈椎或腰椎旁的肌肉进行注射。注射时，将注射部位的被毛剪去（小动物可不剪毛）。注射器连接 $6\frac{1}{2}$ 号针头，由皮肤表面垂直刺入肌肉，略回抽如无回血，即可注射。

给小鼠作肌肉注射时,用左手抓住鼠两耳及头部皮肤,右手取连有接 $5\frac{1}{2}$ 号针头的注射器,将针头刺入大腿外侧肌肉,注入 0.2 ml 无菌生理盐水。

5. 静脉注射(iv,以家兔和小鼠为例)

家兔:

(1)抓兔时,轻开笼门,勿让兔受惊。将手伸入笼内,于兔前面阻拦其跑动,当兔匍匐不动时,用右手抓住颈部皮肤将兔提起,左手随之托住其臀部(图 1.5)。

图 1.5 抓兔方法示意图

1、2、3 为不正确的抓取方法:方法 1 易伤两肾,方法 2 易造成皮下出血,
方法 3 可伤两耳;4、5 为正确的抓取方法:抓住颈后皮肤,并用手托起。

(2)将家兔固定于特制木箱中或由助手按在桌上(一手轻轻按其颈部,一手轻扶耳根,使耳向前)。剪去或拔去兔耳缘部被毛。

(3)用棉球或少许纱布蘸取 45～50 ℃的温水于耳翼边缘的血管上,或用手指轻弹并轻揉兔耳,使静脉充血,助手以一手将耳根固定。

(4)注射者以左手持该耳,以右手用注射器将预先准备的 0.5 ml 无菌生理盐水由血管注入,针头刺入时与静脉几乎平行。如注射正确,则针下阻力很小,亦可见血管变色;如阻力较大或皮下隆起即停止注射,重新刺入血管,或另选部位;注入液体时应将针头与耳同时固定,以免针头退出血管。

(5)注射完毕用消毒干棉球压住注射部位,然后拔出针头,再压片刻以防出血。

小鼠：

（1）将小鼠置于小试管篓中，鼠尾自网眼中露出。

（2）将鼠尾浸于盛有 45～50 ℃温水的试管中 1～2 min，或用棉花蘸温水揉擦尾部使尾静脉充血，可见三根暗红色的尾静脉。

（3）选最明显的一条尾静脉，用左手三指捏住鼠尾，在距尾尖 2～3 cm 处（此处皮薄静脉浅，易刺入）进针，针头与尾静脉几乎相平行，注入 0.3 ml 无菌生理盐水。其余操作同兔耳静脉注射。

6. 胃内注入法（灌胃法 ig，以小鼠为例）

（1）用左手拇指及食指抓住小鼠两耳及头部皮肤，另三指抓其背部皮肤，翻转，使其腹部朝上，头部向上，保持适当的倾斜度。

（2）右手持连有灌胃针头的注射器，将针头对准正中线插入口腔，沿咽后壁中线慢慢向后、向下插入。亦可沿鼠右侧嘴角插入，经食道进入胃内。若遇阻力则后退稍许后再慢慢进针，插入 2～2.5 cm 即可到达食道下端，注入 0.5 ml 无菌生理盐水。注入时如通畅，表明针头已插入食道；如不通畅，小鼠有呕吐动作并挣扎，则表明针头未插入食道，应立即拔出，按上法重新操作（图 1.6）。

图 1.6　小鼠灌胃方法示意图

各种动物不同给药途径的常用量见表 1-1。

表 1-1　各种动物不同给药途径的常用量（ml/只）

动物	灌胃	皮下注射	腹腔注射	肌肉注射	静脉注射
小鼠	0.4～0.6 (0.8～1.0)	0.2～0.4 (0.5)	0.2～0.4 (0.5)	0.1～0.2	0.2～0.4 (0.5)
家兔	20～30 (100)	1～2	3～6	0.2～0.6	4～6
豚鼠	3～4 (4～6)	0.5～1	2～6	0.2～0.5	2～4

注：（）内的数字为一次给予的能耐受的最大量（ml/只）

【注意事项】

1. 选择大小适宜、注射针筒与筒芯号码一致的注射器，并先吸入清水，试验其是否漏水，漏水的注射器不能使用，因其注射量不准确，且易引起污染及传染。

2. 视选择的动物及注射途径的不同而选用大小合适的针头，并先试验是否通气或漏水。

21世纪生物学基础课系列实验教材

3. 消毒时将筒芯从筒中拔出,用脱脂纱布以相同的方向先包针筒后包筒芯,置煮沸消毒器中,选好针头,包好纱布置煮沸消毒器另一端,同时放入镊子一把,加入自来水,以覆盖注射器为度,煮沸 10 min(从水沸之时算起)。

4. 消毒完毕后,用镊子取出注射器,置筒芯于针筒中,针头牢固地装在针筒的针嘴上,使其斜面与针筒上的刻度方向一致,吸入注射材料,准备注射。

5. 吸入注射材料后,应将注射器内的空气排尽,若注射材料具有传染性,在排气时应以酒精棉球包住针头,以免传染材料流出。

6. 小鼠腹腔注射时应将小鼠的头部向下,以避免针头刺入内脏。针斜刺入皮肤后,转直,再向下直刺少许即可进入腹腔,其目的是使两个针眼不在一条直线上,可避免拔出针头时注射材料流出污染皮肤及造成注射剂量不足,在注射传染材料时,应特别注意。

7. 注射完毕后,如注射材料具有传染性,应以消毒器中的水抽吸几次,然后取下针头,抽出筒芯放入消毒器中与抽吸洗过的水一并煮沸消毒,煮毕后洗净注射器及针头置干燥箱中烘干后,分别收藏备用。

8. 灌胃法的要点是小鼠要固定好,头和颈部保持极平;进针方向正确,一定要沿正中线或右口角进针,再顺着食道慢慢插入,不可硬往里插,否则注入肺内会造成死亡。

实验 2　实验动物的取血方法

【实验目的】

1. 熟悉各种动物的取血方法。
2. 了解常用实验动物的处死方法。

【实验原理】

进行免疫学实验,经常涉及从实验动物体内取血,如:为了制备抗体或观察药物对机体免疫功能的影响,常将抗原或药物注入动物体内,停一段时间后从动物体内取血观察分析。从动物体内取血的方法有数种,方法的选择依实验的需要和动物的特点而定。掌握正确的实验动物取血方法对某些免疫学实验是非常重要的。

【实验器材】

1. 器具

注射器、针头、剪刀、镊子、橡皮管、酒精棉球、动脉夹、酒精灯、固定盒、固定板、刀片、无菌尖嘴滴管、无菌平皿、无菌干棉球、10%的可卡因、乙醚、氯仿、棉纱手套、手术台、纱布、弯头剪刀、无菌烧瓶、塑料管、黑丝线、无菌三角瓶和试管等。

2. 材料

小鼠、大鼠、家兔、豚鼠、鸡、羊、6%液体火棉胶、血液抗凝剂(见附录一)。

【实验方法】

1. 尾静脉取血(以小鼠为例)

(1) 将小鼠装入固定盒内,露出尾巴,或将小白鼠置于倒扣在桌面的小试管篓内,鼠尾自网眼伸出。

(2) 用纱布蘸取约50℃的温水揉擦小鼠尾部,亦可将鼠尾直接浸入盛温水的试管中,使尾静脉充分充血,擦干水,用剪刀剪去尾尖,静脉血即可流出。

(3) 用手轻轻从尾根部向尾尖部挤,可取得数滴血。

(4) 用无菌干棉球压迫止血,伤口处涂上6%的火棉胶以形成薄膜保护伤口。每次采血,可按上法剪去一小段鼠尾。

本法适用于需血量少但又需多次间隔采血的实验。也可以用交替切割三根尾静脉的方法取血,即采血时用刀片切破一小段静脉,用无菌尖嘴滴管吸取由伤口流出的静脉血,每次可取血约0.4 ml。取血后用无菌干棉球压迫止血,一般经3天伤口可结痂痊愈,此法特别适用于大鼠。

2. 眼眶动脉和静脉取血(以小鼠为例)

(1) 左手抓住小鼠,并用拇指和食指尽量将其颈部皮肤捏紧使鼠的眼球突出,动作要快。

(2) 右手用一小镊子于小鼠的眼球根部将眼球摘去。

(3) 将血滴于试管内,达到所需时,用无菌干棉球压迫眼眶止血。

此法取血量较多,一只小白鼠一次可取血0.5 ml左右(大鼠每次可采血0.5~1 ml),这样采血动物可存活,数天后可从另一眼眶取血。

3. 眼眶后静脉丛取血(以小鼠为例)

(1) 左手捉住小鼠,并用食指和拇指握住颈部使眼球外突。由于对颈部的压力而使脑血管淤血,可使感觉暂时丧失(可滴入10%的可卡因,使眼部痛觉麻痹)。

(2) 取一根长约8 cm的无菌玻璃毛细吸管(内径约1 mm),用抗凝剂湿润其内壁,将毛细吸管尖端插入内侧眼角,并和鼻侧眼眶壁平行向喉部方向推进约4~5 mm即可达眼眶后静脉丛,血液自然进入吸管内。

(3) 达所需量时,左手放松,出血即停止,拔出毛细吸管(图2.1)。

此法一次可取较多血液(小鼠约0.2 ml,大鼠约0.5 ml),并可在数分钟内于同一穿刺孔内重复取血。

大鼠眼眶后静脉丛取血方法见图2.2。

图 2.1　小鼠眼眶后静脉丛取血方法

图 2.2　大鼠眼眶后静脉丛取血方法

4. 断头取血(以大鼠为例)

(1) 一人戴上棉纱手套,右手握住大鼠的头部,左手握其背部,使颈部露出。

(2) 另一人持剪刀剪掉鼠头,立即将鼠颈向下提起动物,将血滴入容器内。

小鼠断头取血与大鼠同,但不必戴手套且一人操作即可。用此法取血量多,一只小鼠可采 0.8～1.2 ml 血,大鼠 5～10 ml。

5. 背中足静脉取血(以豚鼠为例)

(1) 一人抓住豚鼠,将其左或右后肢膝关节伸直。

(2) 另一人消毒豚鼠的脚背面并找出背中足静脉,以左手的拇指和食指拉住其趾端。

(3) 右手持注射器刺入静脉,徐徐抽取血液,达所需量时,用无菌干棉球压迫止血并拔出针头,此法取血可达 1～3 ml。

6. 心脏取血(以家兔、鸡为例)

家兔心脏取血:

(1) 将兔仰卧固定于手术台上,用弯头剪刀剪去左前胸相当于心脏部位的兔毛,剪下的兔毛放入一盛少量水的废液杯中。

(2) 用酒精棉球消毒局部皮肤。

(3) 用左手触摸左侧由下向上第 3～4 肋间,选择心跳最明显处进针,进针部位一般为第三肋间隙,胸骨左缘 3 mm 处。当针头接近心脏时,就会有心跳的感觉,此时将针头向里插入少许即进入心室。

(4) 如确实刺入心脏,血液会因心搏的力量自然进入注射器,徐徐抽取血液,待取满一注射器后,拔出针头,并用干棉球按压针刺处,以防出血。

(5) 取下针头,将血液轻轻注入无菌平皿或试管内。以免血球破裂引起溶血。

此法常用于制备抗血清及补体。豚鼠的心脏采血与家兔相同,但进针部位一般在胸骨左缘第 4～6 肋间隙。

鸡心脏取血:

(1) 用绳子扎紧鸡腿及翅膀。用棉花或纱布蘸取热水湿润左侧胸部,拔去相当于心脏部位的羽毛。

(2) 将鸡的左侧向上横卧于固定板上,鸡头向左侧固定。

（3）寻找由肋骨到肩胛骨部的皮下大静脉，心脏约在该静脉的分支下侧，以食指触摸心跳。消毒该部位皮肤，用带有 7 号针头的注射器由该处垂直刺入。如触及胸骨则稍后退，将针头稍右偏以避开胸骨，切不可硬往里插。针头向里刺入后可感到心脏跳动，这时将针头直接刺入心脏，血液即流入注射器内。

（4）待取满一注射器后，可不必拔出针头，只需迅速接上另一注射器继续取血。每只成年公鸡取血 30 ml 不致死亡，经 3～6 个月可再次采血。

（5）取下针头，将注射器内的血液轻轻注入容器中。

7. 耳中央动脉取血（以家兔为例）

（1）将兔置于固定盒内，用手揉擦兔耳，或用热水敷（敷后擦干水分）使兔耳充血。

（2）在兔耳中央有一条较粗、颜色较鲜红的血管为中央动脉。以左手固定兔耳，右手持注射器，于动脉末端沿着与动脉平行的向心方向刺入血管，即可见血液进入针筒。此法一次可抽 15 ml 血。取血后应用无菌干棉球压迫止血。

因兔耳中央动脉易发生痉挛收缩，故抽血前必须使兔耳充分充血，使动脉血管扩张后立即进行抽血，否则时间一长血管发生痉挛收缩，取血困难。另外取血时针头不要太细，常用 6 号针头。进针部位不能太近耳根部，因耳根部软组织厚，血管较深易刺穿血管造成皮下出血，一般从中央动脉末端开始进针。也可当兔耳中央动脉充分充血后，于近耳尖中央动脉分支处，用刀片轻轻将血管切破，血即流出，用装有抗凝剂的试管接血，此法一次可取较多血液。取血后应注意用无菌干棉球压迫止血。

8. 耳缘静脉取血（以家兔为例）

操作方法基本与耳中央动脉取血方法相同。但所用的针头略小（一般用 5.5 号针头）。此法一次可取 5～10 ml 血。

9. 翼根静脉取血（以鸡为例）

（1）将鸡腿用绳子扎紧，展开鸡翅，露出腋窝部。拔去该部位羽毛，便可见明显的翼根静脉。

（2）消毒该部位皮肤，并用左手拇指和食指压迫此静脉向心端，使血管扩张。

（3）右手取连有 5.5 号针头的注射器，针头沿翼根向翅膀方向沿着静脉平行地刺入血管，慢慢抽取血液。一般一只成年公鸡一次可抽取 10～20 ml 血液。常用约 2 kg 的雄性来航鸡抽血，因它的血管清晰，容易抽得血液。

10. 颈静脉采血（以绵羊为例）

（1）由一人骑在羊背上，一侧身依着墙边。双手扶住羊下颚及耳朵，将羊头向上仰，以使其颈皮伸直，或用绳子将羊捆缚，由一人用双手握住羊下颌，向上固定住头部。

（2）在颈侧部用弯头剪刀剪去羊毛，局部用酒精消毒。

（3）于颈部近心端处缚以橡皮管使颈静脉扩张，右手取连有粗针头的注射器沿静脉以 30°的角度由头端向心脏方向刺入血管，血即进入针筒，松开橡皮管，缓缓抽取血液。

21世纪生物学基础课系列实验教材

（4）取血完毕,拔出针头。采血部位以无菌干棉球压迫止血,同时取下针头,迅速地将血液注入装有抗凝剂的容器中,摇匀;或将血液注入盛有玻璃珠的无菌烧瓶内,振摇数分钟,以脱去纤维蛋白来防止凝血。

各种动物采血致死量和非致死量见表 2-1。

表 2-1　常用动物的采血量

动　物	采血致死量(ml)	采血非致死量(ml)
小白鼠	0.5～1.0	0.3～0.4
豚　鼠	10～20	5～10
家　兔	60～80	20～30
鸡	40～50	15～30

11. 颈动脉放血(以家兔为例)

（1）将兔仰卧并固定其四肢,头部略放低暴露其颈部。

（2）剪去颈部兔毛,消毒后沿颈中部纵切皮肤约 10 cm 长。

（3）用止血钳将皮分开、夹住,小心剥离皮下结缔组织,露出肌层后用止血钳分开肌肉,即可见搏动的颈动脉,剥离颈动脉旁的迷走神经。

（4）在颈动脉的远心端,用黑丝线结扎紧,然后在近心端用动脉夹夹住(动脉夹头部用塑料管或其他包裹,以免损伤动脉),在二者之间约留 4 cm 长的血管。

（5）消毒后,用一黑丝线穿过血管,提起血管后垫上小指,用无菌小剪刀在动脉壁上剪一斜缺口,取长约 25 cm(直径为 1.6 mm)的塑料管,将一端剪成斜面,并将此端插入颈动脉中,用上述穿过血管的黑丝线结扎固定塑料管。将塑料管的另一端放入无菌三角瓶内。

（6）轻轻放开动脉夹,血自行流入三角瓶,当血流缓慢时,可将动物固定架的后肢端抬高,以增加放血量。颈动脉放血可收集兔血 100 ml 以上。

此法多用于分离血清以制备抗体。

【注意事项】

1. 抽血所用的针头、注射器应干燥,否则会引起溶血。

2. 抽血所用的注射器和针头,用过后应立即冲洗或浸泡,否则血液凝固会造成针筒与筒芯黏着,针头堵塞。注射器清洗干净后,应注意配套放好,烘干。

3. 颈动脉放血后期家兔会因心脑缺血进行挣扎,此时应用手固定好兔头部,以免因兔挣扎而使塑料管从颈动脉中滑出。

附:实验动物的处死方法

免疫学实验常常要用动物的新鲜脾脏、胸腺等器官,那么就要先将动物处死,以便取出有关器官进行实验。实验用过的动物也需处死,以便将其掩埋或焚烧。

下面介绍大鼠、小鼠、家兔和豚鼠常用的处死方法：

1. 大白鼠、小白鼠处死方法：

（1）脊椎脱臼法：右手用力向后拉住小鼠尾巴，同时左手拇指和食指用力向下按住鼠头，即可使其脊椎脱臼，立即死亡（图 2.3）

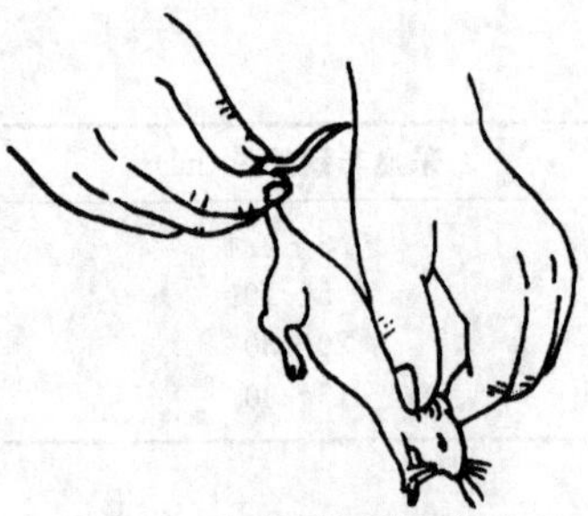

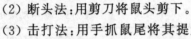

（2）断头法：用剪刀将鼠头剪下。

（3）击打法：用手抓鼠尾将其提起，用力摔击其头部，或用工具击打鼠头而致死。

（4）急性失血法：用去眼球放血法放血致死。

（5）化学致死法：将鼠放入含 0.2%～0.5% CO 的容器中，或使其吸入乙醚、氯仿致死。

图 2.3　小鼠颈椎脱臼方法

2. 豚鼠、家兔的处死方法：

（1）空气栓塞法：于家兔等动物的静脉内注入 20～40 ml 空气，即可死亡。由于空气进入静脉后，随心脏的跳动使血液与空气相混致血液成泡沫状，随血液循环到达全身，造成动脉阻塞，而使动物很快死亡。

（2）急性失血法：切断动物的股动、静脉，并用湿纱布不断擦去股动脉切口处的血液和血块，使切口畅通，3～5 min 可使动物致死。

（3）破坏延脑法：用木棍用力锤击动物的后脑部，损坏其延髓使其致死。

（4）化学药物致死法：静脉内注入 10% KCl 溶液约 10 ml，使动物心肌收缩力丧失，心脏急性扩张停跳而死。另外，静脉内注入 10% 的福尔马林溶液 10～20 ml 可使动物血液内蛋白质凝固引起血循环障碍及缺氧而死。

实验 3　吞噬细胞的吞噬试验

Ⅰ　中性粒细胞的吞噬作用

【实验目的】

熟悉和掌握中性粒细胞吞噬试验的方法与用途。

【实验原理】

血液中的中性粒细胞即小吞噬细胞，通过趋化、调理、吞入和杀菌等几个步骤，能吞噬和消化衰老、死亡细胞及病原微生物等异物。本实验将白色葡萄球菌和中性粒细胞混合，并提供适当的条件，观察中性粒细胞吞噬白色葡萄球菌的现象，判断机体的非特异性免疫水平。

【实验器材】

1. 器具

肝素、刺血针、试管、载玻片、酒精棉球、瑞氏染液、微量移液器、移液头、水浴箱。

2. 材料

白色葡萄球菌 8 h 培养物,置沸水浴 20 min 后离心洗涤 2 次,配成 5×10^8 菌体/ml。

【实验方法】

1. 用酒精棉球消毒耳垂和手指,用刺血针刺破皮肤,取血 40 μl 于加抗凝剂试管中。

2. 用微量移液器取葡萄球菌培养物 40 μl 加入血中,轻摇混合,放 37 ℃温箱内孵育 30 min,每 15 min 振摇 1 次。

3. 吸取白细胞层(即沉淀的红细胞表层)白细胞悬液 40 μl,滴于载玻片一端,待自然干燥后,用 Wright 染液染色。

4. Wright 染色法(瑞氏染色液的配制见附录六)

(1) 将瑞氏(Wright)染色液数滴,滴于血膜上染 1 min。

(2) 加等量缓冲液,轻轻吹打混合,染 5 min。

(3) 水洗、水冲时为防止结晶沉淀,故要加满水后才倾斜倒去。

(4) 干后,用油镜检查中性粒细胞的吞噬情况,结果见图 3.1。

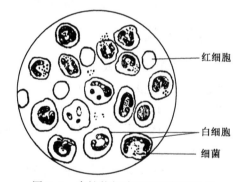

红细胞

白细胞

细菌

图 3.1　中性粒细胞吞噬细菌示意图

(5) 结果判断:

1) 吞噬百分率:即 100 个中性粒细胞中吞噬有葡萄球菌的中性粒细胞数。

2) 吞噬指数:将 100 个中性粒细胞中所吞噬的细菌总数除以 100 即得吞噬指数,即平均每个中性粒细胞吞噬的细菌数。

Ⅱ　巨噬细胞的吞噬作用

【实验目的】

熟悉和掌握巨噬细胞吞噬试验的方法与用途。

【实验原理】

单核巨噬细胞包括血液中的单核细胞和组织中的巨噬细胞,具有吞噬、分泌和参与免疫应答等多种功能,是机体免疫水平和功能的重要指标,与抗肿瘤免疫也有重要关系。本试验将鸡红细胞和巨噬细胞混合,并提供适当的条件,可观察到巨噬细胞吞噬鸡红细胞的现象,据此可判断机体的非特异性免疫水平。

Ⅱ.Ⅰ 人巨噬细胞功能测定

【实验器材】

1. 器具

水浴箱、显微镜、滤纸、无菌纱布、拱形塑料盖(直径 4～5 cm)。

2. 材料

(1) 10%斑蝥浸出液:10 g 中药斑蝥浸泡于装有 100 ml 95%酒精的磨口瓶中,塞紧瓶口,于室温浸泡数日后备用。

(2) 红细胞悬液:鸡翅静脉取血,肝素抗凝(每毫升加入肝素 25～50 u),以1:10比例放入 Alsever 保存液中可保存 1 个月。用生理盐水配成 5%浓度备用。

(3) 姬姆萨染液:染色液的配制见附录六。

【实验方法】

1. 取 1 cm² 滤纸片 2 张,蘸适量 10%斑蝥浸液,放于被检查者经酒精消毒过的前臂屈侧皮肤上,滤纸上压 1 块盖片或塑料薄膜,敷以清洁纱布,用胶布加以固定 4～5 h 后,将滤纸、盖片、纱布一并取下,在斑蝥作用的皮肤上面扣上一个直径 4 cm 的塑料盖,用胶布固定以保护水泡。48 h 后,在前臂皮肤上就形成一个同盖片一样大小的水泡。用酒精棉球消毒水泡表面及其周围皮肤,用消毒注射器将水泡液全部吸出,注入含肝素的试管中,用消毒纱布包好发泡部位。

2. 取出水泡渗出液 0.5 ml,加入经洗涤的 5%的鸡红细胞悬液 0.02 ml,轻轻振摇混匀,置于 37 ℃水浴中保温 30 min,每 10 min 摇动 1 次,离心,取沉淀涂片固定。也可在孵育过程中加入盖片条,2 张合并,放入鸡红细胞和水泡液试管中,使巨噬细胞沿盖片爬,孵育结束后取出小盖片,固定。

3. 将涂片或附着有巨噬细胞的盖片用姬姆萨染色。

4. 结果判断:油镜下计数巨噬细胞吞噬鸡红细胞的情况。计算吞噬百分率(每 100 个巨噬细胞中吞噬有鸡红细胞的巨噬细胞数)和吞噬指数(将 100 个巨噬细胞所吞噬的鸡红细胞总数除以 100 就是吞噬指数,即每个巨噬细胞吞噬鸡红细胞的平均数)。

【注意事项】

1. 上述两项指标是平行的,故只用吞噬百分率即可反映其吞噬活性。
2. 正常人的巨噬细胞吞噬百分率为 60%～65%,吞噬指数约为 1.0。

Ⅱ.Ⅱ 小鼠巨噬细胞功能测定

【实验器材】

1. 器具

注射器、离心管、载玻片、平皿、烧杯、橡皮乳头、解剖剪和镊子、解剖板、水浴箱。

2. 材料

无菌生理盐水、Hank's 液、8%淀粉肉汤液、瑞氏染色液、1%鸡红细胞悬液(制备同前)、小鼠(体重 25 g 左右)。

【实验方法】

1. 实验前 3 d,给小鼠腹腔内注射无菌 8%淀粉肉汤液 1 ml。
2. 实验当天,给小鼠腹腔注射 3～4 ml Hank's 液,轻揉腹部,令其活动 10 min。
3. 颈椎脱臼处死小鼠,仰卧固定。
4. 常规消毒腹部皮肤,左手持镊提起腹中部皮肤。右手用解剖剪剪长 5 mm 的小口,从剪口处朝头、尾部用力,撕开皮肤,暴露腹壁(图 3.2)。

图 3.2 小鼠腹腔暴露操作示意图

5. 提起腹前壁,避开血管剪一小口,用毛细吸管吹吸混匀腹腔内液体,并收集于试管内。
6. 取腹腔液 2～3 滴滴于一张清洁载玻片上,再加等量的 1%鸡红细胞悬液,摇晃混匀。

7. 将载玻片置于湿盒内盖好,于 37 ℃水浴 30 min,其间轻轻晃动载玻片 2 次。

8. 取出载玻片,在生理盐水内清洗 2 次,洗去未吸附的细胞。

9. 干燥后,进行瑞氏染色。

10. 结果判断

油镜下计数巨噬细胞吞噬鸡红细胞情况。计算吞噬百分率和吞噬指数。

Ⅱ.Ⅲ 抗体的调理吞噬作用

【实验目的】

熟悉抗体对巨噬细胞的调理吞噬作用。

【实验原理】

巨噬细胞膜表面有 IgG Fc 受体。当抗原异物与相应抗体结合后,通过 IgG Fc 段与巨噬细胞接触,可加强巨噬细胞对抗原异物的吞噬作用,此为抗体的调理作用。

【实验器材】

1. 同"小鼠巨噬细胞功能测定"实验的器材。

2. 兔抗鸡红细胞溶血素。

【实验方法】

1. 实验前三天,给小鼠腹腔内注射无菌 8%淀粉肉汤液 1 ml。

2. 于 56 ℃水浴加热 30 min 灭活兔抗鸡红细胞溶血素。用 Hank's 液稀释为亚溶血效价。加等体积的 1%的鸡红细胞悬液于其中,混匀。

3. 置于 37 ℃水浴 1～2 h 致敏。

4. 用生理盐水洗涤致敏鸡红细胞三次,以 1 000 r/min 离心 10 min,最后配成 1%悬液。

5. 注射 4 ml 37 ℃预热的 Hank's 液于上述小鼠腹腔内,让小鼠活动 10 min。

6. 重复"小鼠巨噬细胞功能测定"中的 3～5 项操作。

7. 加腹腔液 2～3 滴于 2 张清洁载玻片上,分别加入等量的致敏和未致敏的鸡红细胞悬液于载玻片上,摇晃混匀。

8. 重复"小鼠巨噬细胞功能测定"中的 7～9 项操作。

9. 结果判断:分别计数吞噬致敏的及未致敏的鸡红细胞的巨噬细胞数和所吞噬的鸡红细胞总数,计算吞噬百分率及吞噬指数,比较二者的区别。

【注意事项】

凡需瑞氏染色的涂片必须在空气中自然干燥后再染色,避免加热干燥,否则细胞因受热脱水而皱缩,影响观察吞噬效果。

Ⅱ.Ⅳ　硝基蓝四氮唑(NBT)还原实验

【实验目的】

熟悉硝基蓝四氮唑还原实验的原理和操作步骤。

【实验原理】

本实验是一种测定多形核白细胞等杀菌功能的简易方法,多形核白细胞在杀菌过程中,能量消耗骤增,氧的消耗量增加,己糖磷酸旁路糖代谢活力增强。葡萄糖分解中间产物 6-磷酸葡萄糖氧化脱氢而成为戊糖,所释放的氢被摄入吞噬体内的硝基蓝四氮唑染料接受,使其还原成深蓝色的点状或块状甲腊(formazan)颗粒,沉淀于多形核白细胞的胞浆中。镜下计数细胞内有深蓝色沉淀物的白细胞,并计算出其与细胞总数的百分率,即可代表吞噬细胞的吞噬杀菌能力。

【实验器材】

1. 器具

显微镜、毛细吸管、载玻片等。

2. 材料

(1) 0.2%硝基蓝四氮唑生理盐水溶液,置 4 ℃冰箱中保存备用。

(2) 0.15 mol/L pH 7.2 的磷酸盐葡萄糖盐水缓冲液(0.15 mol/L Na_2HPO_4 生理盐水 7 ml, 0.15 mol/L 的 KH_2PO_4 生理盐水 3 ml,葡萄糖 10 mg)。

(3) 硝基蓝四氮唑工作液(取上述(1)、(2)液等量混合,试验前新鲜配制)。

(4) 含肝素毛细玻管(长 10 cm,内径 1.5～2 mm),将毛细吸管吸满肝素(100 单位/ml),80 ℃烤干。

(5) 甲醇、0.5%沙黄水溶液。

(6) 小试管、载玻片、毛细吸管、刺血针、75%酒精棉球。

【实验方法】

1. 用酒精棉球消毒耳垂后,刺破皮肤,用含肝素毛细吸管取耳垂血约 1/2～2/3 管长,将毛细玻管上下转动,使血液与管壁充分接触,防止凝血。

2. 将肝素抗凝血滴入洁净小试管内(1～2 滴血),加硝基蓝四氮唑工作液

3 滴,摇匀。

3. 置 37 ℃温箱中 15～20 min。

4. 用毛细吸管仔细吸取少量上述清液,或以 1 000 r/min 的速度离心沉淀 3～5 min 后,吸去部分上述清液。

5. 将剩余的液体和细胞轻轻混匀,取一小滴于洁净载玻片的一端。

6. 用另一张末端光滑的载玻片,将细胞悬液推成薄血片,待干。

7. 滴加甲醇固定 3 min,用水冲洗,阴干。

8. 用 0.5％沙黄溶液染 8～10 min,水冲洗,阴干。

9. 置显微镜油镜下观察,多形核白细胞的胞浆中含有块状和斑点状深蓝色甲䐉颗粒沉着者为硝基蓝四氮唑阳性细胞。细胞核有不同程度的退行性变,细胞有时肿大。

10. 结果观察

计数 200 个多形核白细胞中硝基蓝四氮唑阳性细胞。一般以 10％以上为硝基蓝四氮唑还原试验阳性。

【注意事项】

1. NBT 还原受细胞内多种酶作用的影响,因此需设 0 ℃下细胞对照,以排除细胞溶解或其他原因所致细胞内酶释放引起的非特异性反应。

2. NBT 在磷酸盐缓冲液中不易溶解,应注意除掉未溶解的染料颗粒。

Ⅱ.Ⅴ　小鼠碳廓清试验

【实验目的】

1. 熟悉碳廓清试验的原理和方法。
2. 学习用碳廓清试验检测巨噬细胞活性的方法。

【实验原理】

巨噬细胞对异物具有较强的吞噬作用,所以将一定浓度的碳粒经小鼠尾静脉注射进入血液,当血流将碳粒带到肝、脾等处时,就会被这些部位的巨噬细胞清除。在一定浓度范围内,碳粒的清除速率与其剂量呈指函数关系,即吞噬速度与血碳浓度成正比,而与已吞噬的碳粒量成反比。

若以血碳浓度的对数值为纵坐标,时间为横坐标,两者则呈直线关系,其斜率 (K) 表示吞噬速率,即未经校正的吞噬指数。这是因为小鼠的肝、脾重量不等,故 K 值不同,所以,一般以校正的吞噬指数 α 表示,α 反映了每单位组织重量的吞噬活性。计算公式如下:

$$\alpha = \frac{体重}{肝重 + 脾重} \times \sqrt[3]{K}。$$

【实验器材】

1. 器具

计时器、721 分光光度计、扭力天平、注射器。

2. 材料

(1) 生理盐水。

(2) 0.1% Na_2CO_3 溶液:取 0.1 g Na_2CO_3,加蒸馏水至 100 ml,溶解即成。

(3) 印度墨汁:用生理盐水稀释 2～4 倍。

【实验方法】

1. 将稀释的印度墨汁,按小白鼠每 10 g 体重 0.1 ml 计算,经尾静脉注入体内。待墨汁注射完毕,立即计时。

2. 注入墨汁后 2～20 min 内,分别从眼眶后静脉丛取血 20 μl,于 2 ml Na_2CO_3 溶液中,摇匀。用 721 分光光度计于 600 nm 波长处测光密度值(OD),以 Na_2CO_3 溶液作为空白。

3. 颈椎脱臼法处死小鼠,取出肝脏和脾脏,用滤纸吸干其表面血液,称重。

4. 按下式计算吞噬指数 α:

$$K = \frac{\lg OD_1 - \lg OD_2}{t_2 - t_1}$$

K 为经校正的吞噬指数;

OD_1 为 t_1 时(例如 2 min)血标本的 OD 值;

OD_2 为 t_2 时(例如 10 min)血标本的 OD 值。

$$吞噬指数 \alpha = \frac{体重}{肝重 + 脾重} \times \sqrt[3]{K}。$$

【注意事项】

1. 墨汁经放置后碳粒沉于瓶底,临用前应摇匀。

2. 在给小鼠尾静脉注射前,可用温水浸泡鼠尾,或用纱布等物蘸取温水热敷鼠尾数分钟,使局部血管充血,便于注射。注射时尽可能从尾端部开始。

3. 因每只小鼠要连续取血数次,所以每次眼眶内取血时,应尽量减少出血。

实验 4　溶菌酶的测定

【实验目的】

学习唾液溶菌酶溶菌活性测定的方法。

【实验原理】

溶菌酶(lysozyme)主要是由吞噬细胞合成并分泌的一种小分子黏性蛋白质,属乙酰氨基多糖酶。存在于唾液、乳汁、泪液和鼻及气管等分泌物中,能溶解革兰阳性细菌。由于它的高等电点(pH 11.0),能与细菌牢固结合,并水解细菌细胞壁肽聚糖,使细菌裂解死亡。溶菌酶与溶壁微球菌(M. lysodeikticus)作用后,可使该菌因细胞壁破坏而溶解,致使加样孔周围出现溶菌环。溶菌环直径与样品中溶菌酶含量的对数呈直线关系。

【实验器材】

1. 器具

分光光度计、水浴箱、温箱、1 ml 与 5 ml 的无菌吸管、10×100 mm 小试管、毛细吸管、平皿、打孔器(内径 3 mm)、微量取样器。

2. 材料

(1) 无菌 pH 6.4、1/15 mol/L PBS。

(2) 5 mol/L KOH 溶液。

(3) 溶菌酶标准品。

(4) 微球菌普通琼脂斜面 24~36 h 培养物。

(5) 3%琼脂(用 pH 6.4、1/15 mol/L PBS 配制)。

(6) 待检品:受试者唾液。

【实验方法】

1. 光学测定法

(1) 菌液的配制:

1) 无菌吸取 5 ml 1/15 mol/L PBS 加到微球菌培养管中,置室温中 5~10 min,旋转培养管,制成菌悬液。

2) 分光光度计波长 640 nm,测定并调整细菌浓度达到透光率为 30%~40%。

（2）溶菌酶标准液的配制：

称取溶菌酶标准纯品，用 pH 6.4、1/15 mol/L 的 PBS 配成 1 000 $\mu g/ml$，置冰箱冻存，临用时再稀释成 100、50、25、10 $\mu g/ml$。

（3）收集唾液标本：

待检者用清水漱口后，将唾液收集于消毒平皿内。吸取液体部分置于试管内，经 PBS 适当稀释或不稀释使用。

（4）标准曲线的绘制及样品的测定：

1）将配制好的菌液置于 37 ℃水浴中预热。

2）列 2 排试管，每排 8 支。第 1 排 1～4 管分别加入不同浓度的溶菌酶标准品，第 5～8 管加唾液，每管 0.2 ml。第 2 排依同样方法加入标准的及待测的样品，每管 0.2 ml，然后每支管中分别加入 5 mol/L 的 KOH 液 1 滴。置 37 ℃水浴预热 5 min。

3）每管各加入预热的菌液 1.8 ml，置 37 ℃水浴 2 min。

4）在第 1 排试管内各加 5 mol/L KOH 液 1 滴，终止反应。

5）依次将各管中的菌液倒入比色杯（光程 0.5 cm）内，用 640 nm 波长测透光率。以第 1 排各管所测定透光率为 $T_1\%$，第 2 排各管所测之透光率为 $T_0\%$，$T_1\% - T_0\% = TD\%$（透光率差值，即第 1 排各管的 $T_1\%$ 与第 2 排相应各管 $T_0\%$ 之差）。4 个不同浓度的标准品可求得 4 个透光率差值。

6）以不同浓度标准品测得的透光率差值为纵坐标，标准品溶菌酶浓度为横坐标，在半对数坐标纸上绘制标准曲线。

7）计算所测样品的透光率差值，此即样品中溶菌酶所致透光率的变化。从标准曲线上即可查得相应浓度溶菌酶的含量，再乘以样品的稀释倍数，即可知原样品中的溶菌酶含量。

2．琼脂平板法

（1）加热融化 3％琼脂，冷至 60～70 ℃，与预热好的微球菌液等体积混合，倾注于无菌平皿内（直径 9 cm），每皿 15 ml。

（2）凝固后，无菌操作用打孔器打孔，孔间距约 1.5 cm，每平板可打孔 8～9 个。

（3）各孔内依次加溶菌酶标准品和唾液样品（制备与前法相同），每孔 20 μl。样品避免溢出孔外。

（4）置于 24～26 ℃水浴 12～18 h。测量小孔周围溶菌环直径。

（5）以溶菌酶标准品的浓度为纵坐标（对数坐标），溶菌环直径为横坐标。在半对数坐标纸上绘制标准曲线。待测样品的溶菌酶含量可依据溶菌环直径大小，从标准曲线中查出相应浓度的含量，乘以样品的稀释倍数得出。

（6）结果判断

分别记录光学测定法检测的 $T_1\%$、$T_0\%$ 值,求出 $TD\%$ 值,以及琼脂平板法所测之溶菌环直径(mm)于表 4-2,按要求绘制标准曲线,并从标准曲线上查出所测样品的溶菌酶含量。

表 4-2　唾液中溶菌酶含量的测定

管　号 光学测定法	溶菌酶标准品				唾液样品			
	1	2	3	4	5	6	7	8
$T_1\%$								
$T_0\%$								
$TD\%$								
琼脂平板法 溶菌环直径(mm)								

【注意事项】

1. 平板法观察结果无严格的时间规定。标准曲线绘制后,每次检测样品时,最好在同一块平板上备有标准品的对照,以便比较。

2. 慢性气管炎患者痰中溶菌酶含量降低。

实验 5　血清补体的测定

【实验目的】

学习血清补体活性的测定与观察结果的方法。

【实验原理】

补体($C_1 \sim C_9$)能使抗体(溶血素)致敏的绵羊红细胞(抗原)溶解。若新鲜受检血清(补体来源)加入致敏羊红细胞后,溶血程度有所减弱,说明其补体系统中的一个或数个成分含量或活性不足。补体活性与溶血程度之间在一定程度内(如 $20\% \sim 80\%$)溶血率呈正相关,一般以 50% 溶血作为判别点(CH_{50}),即终点观察指标。人血清总补体正常值为 $50 \sim 100\ CH_{50}\ U/ml$。血清总补体活性测定可用于变态反应性疾病的辅助诊断,主要反映补体($C_1 \sim C_9$)经传统途径活化的活性。在急性炎症、感染时常可见补体活性的升高。低补体活性血症多见于急性肾小球肾炎、亚急性细菌性心内膜炎、急性乙型病毒性肝炎等。

【实验器材】

1. 器具

紫外分光光度计、试管、吸管。

2. 材料

(1) TEAB 缓冲液(pH 7.3～7.4)

成分:	三乙醇胺	28 ml
	1 mol/L HCl	180 ml
	NaCl	75 g
	$MgCl_2 \cdot 6H_2O$	1.0 g
	$CaCl_2 \cdot 2H_2O$	0.2 g

制法:将上述成分混合,加水至 1 000 ml,即配成 10 倍贮存液。工作液用 9 份蒸馏水稀释使用,离子强度 0.15。

(2) 用 1:2 000 稀释的兔抗绵羊红细胞(SRBC)的抗体致敏的 SRBC,TEAB 缓冲液配制,5×10^8 细胞/ml。

(3) 人血清。

【实验方法】

1. 用 TEAB 缓冲液将人血清作 1:50 稀释。

2. 将此稀释血清分别吸移 1.5、2.0、2.5、3.0、3.5 和 4.0 ml 到一系列反应试管中。

3. 加所需量的 TEAB 缓冲液,使每管中液体的体积为 6.5 ml。

4. 所有管精确地加入 1 ml SRBC 悬液,每管混合物的总体积是 7.5 ml。

5. 加 1 ml SRBC 到 6.5 ml 缓冲液中,建立细胞空白对照;加 1.0 ml SRBC 到 6.5 ml 蒸馏水中,建立完全溶血对照。

6. 所有试验管和对照管,在 37 ℃孵育 1 h。在孵育期间,要经常振荡,不要让细胞沉淀。

7. 孵育后,以 2 000 r/min 离心 10 min,小心将上清液倒在标有记号的管内,在紫外分光光度计波长 541 nm 读取上清液的血红蛋白的 OD 值,通过减去细胞空白读数,校正每试验管和完全溶血对照管的读数。通过用校正的完全溶血的 OD 值除以校正的 OD 值,确定每管溶血程度(y)(y = 溶解的和未溶解的细胞上清液的 OD 值比,$y = 1.0$ 是完全溶血,$y = 0.5$ 是 50%溶血)。

8. 使用 lg-lg 图纸,将每管的 $y/(1-y)$ 值,对相应的补体量,绘成坐标图,从图上读 50%溶血剂量。

9. 补体水平以 1 ml 未稀释血清所含的 50%溶血剂量($CH_{50}U$/ml)表示。

【注意事项】

待检血清必须新鲜；致敏的 SRBC 在 24 h 内使用。

实验 6 凝 集 反 应

凝集反应(agglutination)是颗粒性抗原(如细菌、细胞)与相应抗体在适当浓度的电解质存在下，经过一定时间，出现肉眼可见的凝集块。参与反应的抗原称为凝集原(agglutinogen)，其抗体称为凝集素(agglutinin)。

凝集反应常用方法有玻片法、试管法及微量血凝反应板法。

Ⅰ 直接凝集反应

直接凝集反应(direct agglutination)是指细菌、红细胞等颗粒性抗原，在适量电解质参与下，直接与相应抗体结合而出现的凝集现象。

Ⅰ.Ⅰ 玻片凝集试验

【实验目的】

1. 掌握玻片凝集试验的操作方法，了解其特点和用途。
2. 学习玻片凝集试验结果的观察方法。

【实验原理】

颗粒性抗原与其特异性抗体在电解质存在下于玻片上出现肉眼可见的凝集小块，称为玻片凝集试验(slide agglutination test)，该方法多用作定性试验。一般是用一滴已知诊断血清与一滴受检菌液或红细胞悬液，在玻片上混匀后，短时间内用肉眼观察结果。

【实验器材】

接种环、载玻片、诊断血清、生理盐水、标准菌液。

【实验方法】

1. 取洁净载玻片 1 张，用蜡笔划分 4 格。

2. 用接种环按无菌操作取已知诊断血清置于 1、3 格各 2 环。

3. 用接种环取生理盐水于 2、4 格中各 2 环。

4. 用接种环取标准菌液少许于第 2 格生理盐水中混匀,随即转移 1 环菌液于第 1 格混匀。

5. 灭菌接种环,同样方法取待检菌液少许于第 4 格中混匀,再与第 3 格混匀。

6. 将玻片轻轻晃动,观察结果,1 格为阳性对照,应出现乳白色凝集块,2、4 格为阴性对照,无凝集块,注意观察 3 格有无凝集块。

【注意事项】

1. 每一受检菌均须作细菌悬液对照,观察受检菌是否发生自凝。

2. 混匀细菌浓度,一般以约含细菌 12 亿/ml 为宜。

Ⅰ.Ⅱ　试管凝集试验

【实验目的】

1. 学习试管凝集试验的操作与观察结果的方法,了解其临床意义。

2. 掌握血清凝集效价的定义。

【实验原理】

抗原与不同稀释度的抗体在试管内直接结合而出现的凝集现象称为试管凝集试验(tube agglutination test),该方法多用于半定量试验。原则上是用定量抗原悬液与一系列递倍稀释的受检血清混合,在保温静置后观察结果,以判定受检血清中有无相应抗体及其效价(titer)。

【实验器材】

受检血清、生理盐水、诊断菌液、试管。

【实验方法】

见表 6-1。

1. 将待检血清进行一系列倍比稀释。

2. 加一定量的诊断菌液。

3. 孵育 1～2 h,使细菌和抗体充分反应。

4. 观察每支试管内抗原的凝集程度,通常以产生明显凝集现象的最高血清稀

21世纪生物学基础课系列实验教材

释度为血清中抗体的效价。

凝集分 5 级，强弱判定以"＋"、"－"表示如下：

＋＋＋＋:很强，细菌全部凝集，菌液澄清，轻摇有大片凝集块；

＋＋＋:强，细菌绝大部分凝集。液体有轻度混浊，凝集块较小；

＋＋:中等强度，细菌部分凝集于管底，液体半澄清，凝集块小；

＋:弱，细菌仅少量凝集，液体混浊；

－:不凝集，液体混浊与对照管相似。

表 6-1　试管凝集试验操作程序(ml)

	管　号								
	1	2	3	4	5	6	7	8	9
生理盐水	0.9	0.5	0.5	0.5	0.5	0.5	0.5	0.5	0.5
受检血清	0.1	0.5	0.5	0.5	0.5	0.5	0.5	0.5	－
血清稀释度	1:10	1:20	1:40	1:80	1:160	1:320	1:640	1:1 280	－
诊断菌液	0.5	0.5	0.5	0.5	0.5	0.5	0.5	0.5	0.5
最终稀释倍数	1:20	1:40	1:80	1:160	1:320	1:640	1:1 280	1:2 560	－

【注意事项】

1. 试管凝集试验敏感性不高，特异性受诊断菌不稳定、易自凝的影响，如果电解质浓度和 pH 不适当，也可引起非特异性凝集，出现假阳性。

2. 试管凝集试验在临床上主要用已知抗原测定受检者血清中有无某种特异性抗体及其含量(效价)，以辅助临床诊断疾病或流行病学研究，如：

(1) 诊断伤寒及副伤寒的肥达试验(Widal test)；

(2) 用变形杆菌抗原诊断斑疹伤寒、恙虫病的外-斐试验(Weil-Felix test)；

(3) 交叉配血试验。

Ⅰ.Ⅲ　血型鉴定及交叉配血试验

【实验目的】

1. 了解血型鉴定的原理，掌握其鉴定方法。

2. 了解交叉配血的意义。

【实验原理】

血型是人体的一种遗传性状，表现为红细胞表面抗原的差异。红细胞上的血型抗原有遗传上各自独立的 15 个系统。其中重要的是 ABO 血型和 Rh 血型 2 个系统。根据人类天然存在于红血细胞上凝集原与血清中凝集素的不同,可将人类血型分为四个不同的类型,即 A、B、AB 和 O 型,称作 ABO 血型系统。用已知的抗 A 血清及抗 B 血清与待检红细胞做凝集试验,从而判断红细胞上的血型抗原以确定其 ABO 血型,常用血型鉴定法有玻片法及试管法 2种。Rh 抗原是人与恒河猴红细胞表面的异嗜性抗原,共含有 C、c、D、d、E、e 6 种抗原,其中 D 抗原性最强。用抗 D 血清与红细胞做凝集试验,凡凝集者说明红细胞上有 D 抗原,为 Rh 阳性;反之为 Rh 阴性。Rh 血型鉴定方法有若干种,例如抗球蛋白试验、木瓜酶凝集试验、盐水凝集试验等,此处介绍玻片法测定 Rh 血型。由于抗 D 血清多为不完全抗体,其凝集血球需借助血浆或血清中的白蛋白。

交叉配血试验是通过输血人血清与受血人红细胞以及输血人红细胞与受血人血清相互交叉混合,观察有无凝集发生,用以鉴定两人之间血型是否相合,避免因亚型或技术操作不当使血型鉴定发生错误,以致引起输血反应或意外事故。

1. ABO 血型鉴定试验

(1) 玻片法

【实验器材】

1) 器具

小试管、毛细吸管、牙签、双孔凹玻片、刺血针、棉球、显微镜。

2) 材料

① 标准 A 及 B 型血清(A 型为红色,B 型为蓝色)。

② 生理盐水。

③ 酒精。

【实验方法】

1) 用酒精棉球消毒被检者耳垂或手指尖端,用消毒刺血针刺破皮肤,取 1～2滴血放入盛有生理盐水的小试管内,混匀使成为红细胞悬液(浓度约为 1%)。

2) 取双孔凹玻片 1 张,在两孔处标明 A、B,用毛细管分别吸取标准 A 及 B 型血清,各加 1 滴于相应孔内。

3) 用毛细吸管吸取待检红细胞悬液,各加 2 滴于 A、B 血清中,然后用牙签搅拌混匀(注意千万不能用同一端在 A、B 两血清中搅拌,应分别用两端搅拌)。

4) 手持玻片,前后左右轻轻转动,使其充分混匀,置室温 10～15 min。观察有无凝集发生,如观察不清,可放在低倍显微镜下检查。如有凝集,可见红细胞凝集成块;无凝集者红细胞呈均匀分散。

5) 根据凝集情况,判断其 ABO 血型(表 6-2)。

表 6-2　不同血型检查的结果

标准 A 型血清(内含 B 凝集素)	标准 B 型血清(内含 A 凝集素)	血型
−	−	O
−	+	A
+	−	B
+	+	AB

（2）试管法

【实验器材】

1）器具

小试管、毛细吸管、载玻片、离心机、显微镜。

2）材料

标准 A 及 B 型血清、待检红细胞悬液(1%)。

【实验方法】

1）取洁净小试管 2 支,分别标明"A"、"B",毛细吸管滴加 A 型标准血清 2 滴于 A 管中,B 管中滴加 2 滴标准 B 型血清。

2）两管中各加待检红细胞悬液 2 滴,充分摇匀,置室温或 37 ℃水浴箱中 30 min 观察结果,也可置离心机内以 1 000 r/min 离心沉淀 1 min,然后观察结果。

3）观察结果时,将试管斜持,轻轻摇动,使沉淀细胞悬浮,对光观察有无凝块形成,有凝块者为阳性,分散者为阴性。必要时可将沉淀物倾倒于载玻片上,在低倍镜下检查。

2. Rh 血型鉴定试验

【实验器材】

（1）器具

毛细吸管、碘酒、酒精棉球、牙签、载玻片、温箱、酒精灯。

（2）材料

静脉血、抗 D 血清、抗凝剂(EDTA 二钾盐)、生理盐水。

【实验方法】

（1）制备 50%红细胞悬液:

1）抽取静脉血(EDTA 二钾盐抗凝),以 2 000 r/min 离心 5 min。

2）观察下层红细胞与上层血浆容积,用毛细吸管吸弃多余的血浆,使之与血细胞等积。

3）用毛细吸管轻轻混匀血浆与红细胞,即制成用自身血浆配制的 50%红细胞悬液。

（2）接通温箱电源,调节其表面温度为 40 ℃,取一玻片,分成 2 格,留置于温箱表面加热 5 min(若无温箱,可将载置酒精灯上加热,用手背测试载玻片热度,能忍受约为 40 ℃)。

(3) 于第 1、2 格内分别加 1 滴抗 D 血清与生理盐水,然后各加 1 滴血球悬液于抗 D 血清与生理盐水内,用牙签分别混匀。将温箱来回倾斜,使充分混匀,3 min内观察结果(若无温箱,可在温室内操作)。

(4) 实验结果观察

凝集(Rh 阳性):红细胞凝集,周围液体澄清。

无凝集(Rh 阴性):红细胞仍呈悬液,无凝集物形成。

【注意事项】

(1) 50%血球悬液除了用自身血浆制备外,也可用自身血清或 AB 型人血浆、血清制备。

(2) 玻片法测定 Rh 血型需高浓度的红细胞与蛋白质,且需温热,故必须在 3 min 内判断结果,以免将干涸误认为凝集。

(3) 市售抗 D 血清有不完全抗体及完全抗体之分,测定方法应遵照说明。

3. 交叉配血试验

【实验器材】

(1) 器具

毛细吸管、载玻片、牙签。

(2) 材料

1) 血清:输血者血清、受血者血清。

2) 红细胞悬液:输血者红细胞悬液、受血者红细胞悬液。

【实验方法】

采用玻片法。

(1) 取洁净载玻片 1 张,划分为 2 格,标明 1、2。于 1 处滴加输血者红细胞及受血者血清,于两处滴加输血者血清及受血者红细胞各 1 滴。

(2) 以牙签分别混匀,将载玻片前后左右转动数分钟,观察有无凝集发生。

(3) 结果判断如表 6-3 所示。

表 6-3　交叉配血试验结果判断

受血者血清 + 输血者红细胞	输血者血清 + 受血者红细胞	能否输血
—	—	可以
+	+	不可以
+	—	不可以
—	+	一般不用,急需时可考虑少量使用

21 世纪生物学基础课系列实验教材

Ⅱ　间接凝集试验

将可溶性抗原(或抗体)吸附于一类与免疫特异性无关的载体微球上,形成人工的免疫微球(或致敏载体),此时与相应抗体(或抗原)作用可产生免疫微球凝集现象,称间接凝集反应(indirect agglutination test)。

实验中常用的载体微球有人"O"型血红细胞、绵羊或家兔红细胞、含 SPA 的葡萄球菌、硅酸铝、活性炭及聚苯乙烯乳胶等。根据所用载体的不同又分为间接血球凝集试验、间接乳胶凝集试验、间接炭凝集试验等。常用于检测血清中的抗体或抗原,辅助疾病诊断。

Ⅱ.Ⅰ　间接血凝试验

【实验目的】

1. 了解间接血凝试验的基本原理及用途。
2. 学习间接血凝试验的方法及观察结果的方法。

【实验原理】

间接血凝试验(indirect hemagglutination test)是将可溶性抗原(细菌的提取液等)吸附于红细胞成为抗原致敏红细胞,这种"致敏红细胞"与相应抗体作用可产生红细胞凝集现象(图 6.1)。间接血凝试验为间接凝集试验之一种,常用于检测血清中的抗体,辅助疾病诊断。

【实验器材】

1. 器具

水浴箱、试管、吸管。

2. 材料

(1) 伤寒杆菌"O"抗原。

(2) 伤寒杆菌 O_{901} 免疫兔血清。

(3) 2%绵羊红细胞悬液、生理盐水。

【实验方法】

1. "O"抗原的制备:将伤寒杆菌 O_{901} 接种于柯氏瓶,37 ℃培养 18～24 h,用生理盐水洗下菌苔配制成 100 亿细菌/ml 的悬液,置 100 ℃水中 2 h,离心沉淀,吸取上清液分装于无菌试管中,放入 4 ℃冰箱保存备用。

2. 致敏红细胞悬液制备:取一定稀释度的抗原(应事先滴定)加等量 2%绵羊

红细胞悬液,混合后放入 37 ℃水浴箱中,每隔 15 min 取出振摇 1 次,共经 2 h,然后取出,用生理盐水洗涤 3 次,再配制成 0.25％的悬液。

3. 操作步骤

(1) 取小试管 10 支,排于试管架上,于第 1 管中加入生理盐水 0.9 ml,其余各管加 0.25 ml。

(2) 以吸管吸取已加热灭活的免疫血清 0.1 ml,加入第 1 管,混匀后吸取 0.75 ml 于第 2 管中加 0.25 ml,余下的 0.5 ml 弃去。

(3) 将第 2 管血清与盐水混合后,吸取 0.25 ml 至第 3 管。如此依次稀释到第 9 管,自第 9 管中吸出 0.25 ml 弃去,第 10 管不加血清留作对照。

(4) 每管中加等量已致敏的 0.25％绵羊红细胞悬液,混匀后放入 37 ℃水浴中 2 h 观察结果。

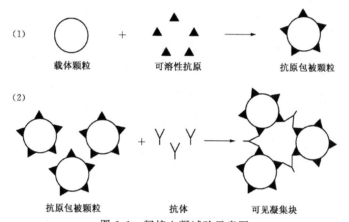

图 6.1　间接血凝试验示意图

(5) 实验结果观察

间接血凝效价:凡最高稀释度的免疫血清试管中呈现明显血凝者(2＋),即为该血清的间接血凝效价。

Ⅱ.Ⅱ　反向间接血凝试验

【实验目的】

1. 了解反向间接血凝试验的基本原理及用途。
2. 学习反向间接血凝试验的方法及观察结果的方法。

【实验原理】

将绵羊红细胞或人的"O"型血红细胞用醛类固定(称为醛化,可改变红细胞表面性质,使其易于吸附蛋白质类的抗原及抗体,并可长期保存使用),把纯化的抗体吸附于醛化红细胞上,即制成抗体致敏的红细胞,它能与相应可溶性抗原结合,出现红细胞凝集,此即反向间接血凝试验(reverse indirect hemagglutination test)(图6.2)。常用于检查 HBsAg、甲胎蛋白、新型隐球菌荚膜抗原等可溶性抗原。

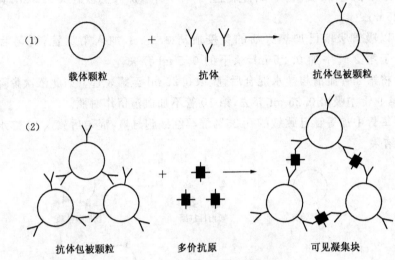

图 6.2 反向间接血凝试验示意图

【实验器材】

1. 器具

"V"型微量血凝板、0.025 ml 稀释棒、微量搅拌器、刻度吸管、滴管(40 滴/ml)。

2. 材料

(1) 1∶20 抗-HBs 致敏的醛化红细胞。

(2) 纯化的 1∶20 抗-HBs。

(3) 待检血清、稀释液。

【实验方法】

1. 配制致敏红细胞悬液:于每瓶冻干诊断红细胞加 4 ml 稀释液,轻轻旋摇使成均匀红细胞悬液,浓度约为 0.6%。

2. 正式试验:加样程序见表6-4。

(1) 在"V"型血凝板上,每份待检血清设立 8 孔,于各孔内用 40 滴/ml 滴管各加 1 滴稀释液(相当于 0.025)。

(2) 用 0.025 ml 容量的稀释棒蘸满待检血清分别依次在各孔内捻转作倍比稀释(一般每孔内均需捻转 10 次左右),直至第 7 孔、第 8 孔为致敏红细胞对照。

21世纪生物学基础课系列实验教材

另设第 9 孔为阳性对照,加 0.025 ml HBsAg 阳性血清。

表 6-4　反向间接血凝试验操作程序(ml)

孔　号	1	2	3	4	5	6	7	8	9
生理盐水	0.025	0.025	0.025	0.025	0.025	0.025	0.025	0.025	0.025
待检血清	0.025	0.025	0.025	0.025	0.025	0.025	0.025	—	阳性血清
致敏红细胞	0.025	0.025	0.025	0.025	0.025	0.025	0.025	0.025	0.025
血清稀释度	1:4	1:8	1:16	1:32	1:64	1:128	1:256	红细胞对照	阳性对照

37 ℃ 1 h 观察结果。

(3) 于每孔中加入 0.025 ml 混匀的致敏红细胞悬液。

(4) 将血凝板置于微型振荡器上振荡 1～2 min,置 37 ℃ 1 h 后观察结果:

不凝集:红细胞全部下沉,集中于孔底,形成致密的圆点。

明显凝集(＋＋):红细胞于孔底形成薄膜状凝集,中央可见疏松的红点。

出现明显凝集的血清最高稀释度为 HBsAg 效价,凡效价 > 1:16 者需进一步做中和试验。

3. 中和试验:在血凝板上每份标本设测定排与对照排,每排 8 孔,于每孔加稀释液 0.025 ml,用 2 只稀释棒蘸取被检血清,分别在第 2 排作倍比稀释至第 7 孔,第 8 孔不含血清,为红细胞对照。然后,于测定排各孔加稀释液 0.025 ml,对照排各孔加 1:20 抗-HBs 0.025 ml。1～2 min 后,血凝板置 37 ℃ 30 min。取出,于各孔加 0.025 ml 致敏红细胞振摇混匀,37 ℃ 水浴 1 h 后观察结果。

凡正式试验效价 > 1:16,且中和试验的对照排凝集孔数至少低于测定排凝集孔数 2 孔者,为 HBsAg 阳性,否则是非特异性凝集。

【注意事项】

1. 配制的致敏红细胞悬液一般在当天用完,在 2～10 ℃ 的条件下,使用期不超过 3 天。

2. 试验用的血凝板、滴管、稀释棒等器材必须十分清洁,否则易造成非特异性凝集。

3. 血凝板、稀释棒用后均需用体积分数为 10% 的次氯酸钠浸泡过夜;滴管需煮沸 10 min,然后用水冲净,再用蒸馏水冲洗,晾干备用。

Ⅱ.Ⅲ　间接凝集抑制试验

【实验目的】

1. 了解间接凝集抑制试验的基本原理及用途。

2. 学习间接凝集抑制试验的操作方法。

【实验原理】

在间接凝集试验中,若先将抗原与抗体混合,隔一定时间后再加入抗原致敏的颗粒,此时,则因抗体已被先加入的抗原结合,而不能再与致敏颗粒结合,不出现凝集现象,称间接凝集抑制试验(indirect agglutination inhibition test)。若被检材料中无抗原存在,加入抗体后,再加入致敏颗粒,抗体则可与其结合,而出现凝集现象。临床上常用的妊娠试验(pregnancy testing)即采用此原理(图6.3)。

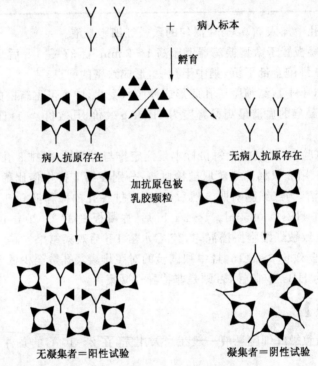

图 6.3 间接凝集抑制试验示意图

【实验器材】

1. 器具
妊娠反应板、滴管、牙签。

2. 材料
(1) 孕妇尿与非孕妇尿标本。

(2) 吸附有人类绒毛膜促性腺激素(HCG)的聚苯乙烯乳胶抗原。

(3) 兔抗绒毛膜促性腺激素的免疫血清。

【实验方法】

1. 取反应板(背面涂以黑漆)1块,在2圈处标明1、2。
2. 用滴管吸非孕妇尿1滴,滴在圈1内,吸孕妇尿1滴,滴在圈2内。

另取一滴管在圈1、2内各加免疫血清1滴,用牙签混匀。1 min后,在2圈内各加乳胶抗原1滴,用牙签混合。缓慢摇动3～5 min,在强光下观察结果。

3. 实验结果观察

阳性尿圈呈均匀浑浊乳状液;正常尿格出现均匀一致的白色细小凝集物;待检尿若为乳状液,妊娠试验阳性;若呈现细小凝集物,则妊娠试验阴性。

【注意事项】

1. 乳胶抗原使用前一定要摇匀。
2. 放置时间不应过长,一般不超过5 min。
3. 注意不出现凝集为阳性,出现凝集为阴性。

Ⅱ.Ⅳ 金黄色葡萄球菌A蛋白(SPA)协同凝集试验

【实验目的】

1. 掌握SPA试验的基本原理,熟悉其用途。
2. 学习SPA试验的操作方法。

【实验原理】

金黄色葡萄球菌的细胞壁成分中,含有一种称为A蛋白的抗原物质(SPA)有与人及多种哺乳动物IgG的Fc段发生非特异性结合,因此可利用金黄色葡萄球菌为载体吸附IgG。当SPA与IgG的Fc段结合后,有抗体活性的Fab段暴露于SPA菌的表面,此时若有与该IgG相应特异性抗原存在时,则可发生凝集反应,即为金黄色葡萄球菌A蛋白协同凝集试验(staphylococcal protein A coagglutination test)(图6.4)。

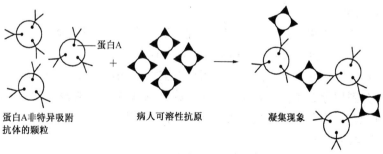

蛋白A

蛋白A非特异吸附　　　病人可溶性抗原　　　　凝集现象
抗体的颗粒

图6.4 协同凝集试验示意图

21世纪生物学基础课系列实验教材

本试验是反向间接凝集试验的一种,特异性及敏感性均高,主要用于检测可溶性微量抗原。

【实验器材】

1. 器具

离心机、水浴箱、冰箱、培养箱、玻片、牙签等。

2. 材料

(1) 流行性脑膜炎病人脑脊液(用前经煮沸处理 2 min,并适当稀释)。

(2) 含 0.5％福尔马林 0.01 mol/L PBS。

(3) A 群脑膜炎球菌家兔免疫血清(用前经 56 ℃ 30 min 灭活)。

(4) SPA 菌稳定液。

(5) 0.05％～0.1％ NaN$_3$。

【实验方法】

1. SPA 菌稳定液的制备

选取能产生 SPA 的金黄色葡萄球菌 Cowan Ⅰ 株接种在琼脂斜面培养基上,37 ℃孵育 18～24 h。用少量 PBS 洗下菌苔,以 3 000 r/min 离心 30 min,其沉淀物用 PBS 洗 2 次,然后以含 0.5％福尔马林 0.01 mol/L PBS 制成 10％悬液,置室温作用 6 h 或过夜。再将此悬液 56 ℃加热 30 min,迅速冷却,再以 PBS 洗 3 次,最后用含 0.05％～0.1％ NaN$_3$ 的 PBS 制成 10％悬液,置 4 ℃冰箱保存备用。

2. 抗体标记 SPA 菌的制备

将 SPA 菌稳定液用 PBS 洗 1 次后,再用 PBS 制成 2％悬液。用 PBS 将免疫血清稀释至适宜浓度,一般可将测定合适的稀释度减少半倍(如适宜浓度为 1:8,则实际应用为 1:6)。将 2％ SPA 菌稳定液与稀释免疫血清等量混合,置 37 ℃水浴中 30 min(也可置 4 ℃冰箱过夜)。取出混合液后,以 3 000 r/min 离心 30 min,弃上清,其沉淀物用 PBS 洗 2 次,然后用含 0.05％～0.1％ NaN$_3$,制成 2％悬液,放 4 ℃冰箱保存备用,一般可保存 1 个月左右,其敏感性不变。

3. 试验方法

(1) 取洁净玻片 1 张,将其分为 3 大格,第 1 格及第 2 格先各加 1 滴抗体标记 SPA 菌液,第 3 格加 1 滴未经抗体标记的葡萄球菌菌液。

(2) 然后第 1 格及第 3 格各加 1 滴病人脑脊液,第 2 格加 1 滴生理盐水。

(3) 分别用牙签混合均匀并不断摇动玻片,在日光灯下观察结果,一般在几分钟内出现反应。分析各板反应有何不同,并作出判断。

4. 实验结果

第 1 格内形成白色凝集物,第 2、3 格内无凝集。

【注意事项】

1. 用前仔细检查试剂本身有无自凝颗粒。

2. 本试验的特异性取决于标记用抗血清的特异性,凝集反应的强弱取决于抗血清的效价高低,故应选用特异性强和效价高的抗血清。

实验7　沉　淀　反　应

可溶性抗原(如血清、细菌浸出液、毒素等)和相应抗体结合,在有适量电解质存在下,经过一定时间,在二者比例适当时形成肉眼可见的沉淀物,称为沉淀反应(precipitation)。参加反应的抗原称为沉淀原(precipitionogen),而相应的抗体称为沉淀素(precipitin)。由于沉淀反应抗原多系胶体溶液,沉淀物主要是由抗体蛋白所组成,为求得抗原与抗体的适宜比例,故操作中通常是稀释抗原,而不稀释抗体,并以抗原的稀释度作为沉淀反应的效价。沉淀反应应用广泛,种类较多,可分为环状沉淀反应、絮状反应和琼脂扩散3种类型。

I　环状沉淀试验

【实验目的】

了解环状沉淀试验的原理及用途,学习环状沉淀试验的操作方法及观察结果的方法。

【实验原理】

环状沉淀试验(ring precipitation test)是把可溶性抗原加入已含抗体溶液的环状沉淀管液面上,当对应的抗原与抗体相遇,在二者交界面处可出现乳白色环状沉淀物,即为阳性反应。本试验常用于抗原的定性试验,如诊断炭疽的 Ascoli 试验、血迹的鉴别等。

【实验器材】

1. 器具

沉淀管(内径 1.5～3 mm)、毛细吸管。

2. 材料

(1) 免疫血清:抗人血清。

（2）抗原：人血清和鸡血清稀释液。

（3）生理盐水。

【实验方法】

1. 排列 3 支沉淀管，按表 7-1 加入各成分。

2. 室温下静置 15 min，观察两液面接触处，有白色沉淀环出现者为阳性。

3. 实验结果：1 号管为阳性；2 号和 3 号管为阴性。

表 7-1　环状沉淀反应（ml）

试管号	抗人血清	人血清	鸡血清	生理盐水
1	0.2	0.2	—	—
2	0.2	—	0.2	—
3	—	0.2	—	0.2

【注意事项】

1. 加抗原时应使沉淀管倾斜，使其缓缓由管壁流下，轻浮于抗体上面，勿使相混，避免气泡产生。

2. 观察时将沉淀管平放在眼前，如在小管后面衬以黑纸或手指，使光线从斜上方射入两液面交界处，则能更清楚地看到沉淀环。

Ⅱ　絮　状　试　验

【实验目的】

了解絮状试验的原理及用途，学习絮状试验的操作方法及观察结果的方法。

【实验原理】

絮状试验（flocculation test）将抗原与相应抗体在试管内或凹玻片上混匀，如出现肉眼可见的絮状颗粒，称为阳性反应。曾用于测定梅毒抗体的康氏试验（Kahn 试验）是絮状沉淀的代表试验，现今已被更简便、敏感的 USR 或 PRR 方法替代。

【实验器材】

1. 器具

小试管、吸管。

2. 材料

（1）抗原白喉类毒素。

（2）抗体白喉抗毒素。

（3）生理盐水。

【实验方法】

1. 第 1 支试管内加入白喉类毒素和白喉抗毒素各 1 ml(100 u/ml)。

2. 第 2 支试管内加入白喉类毒素和生理盐水各 1 ml。

3. 充分摇匀后置 45 ℃ 水浴箱内，经 3～5 min 后观察结果。

4. 结果观察

第 1 支试管内出现絮状颗粒为阳性，第 2 支试管内不出现絮状颗粒为对照。

Ⅲ　免疫浊度试验

经典的免疫沉淀试验是抗原和抗体在反应终点时判定结果，方法有耗时、敏感度低(10～100 mg/L)和不能自动化等缺点。20 世纪 70 年代以来，根据抗原和抗体所在液相内快速结合并产生浊度的原理，建立了免疫比浊法(turbidimetry)和散射比浊法(nephelometry)，借助多种自动化分析仪器来完成。

Ⅲ.Ⅰ　透　射　比　浊　法

【实验目的】

了解透射比浊法的原理及用途，学习透射比浊法的操作方法及观察结果的方法。

【实验原理】

抗原抗体在一定缓冲液中形成免疫复合物(IC)，当光线透过反应溶液时，由于溶液内复合物粒子对光线的反射和吸收，引起透射光减少，免疫复合物量越多，透射光越少，即光线吸收越多，可用吸光度表示。吸光度和复合物的量成正比，当抗体量固定时，与待检抗原量成正比。用抗原标准品建立标准曲线，可测出待检抗原含量。

【实验方法】

1. 用稀释缓冲液将待检样品和标准品按规定稀释，取一定量加至测定管中。

2. 加适量工作浓度(用方阵法预先滴定)的抗体，孵育一定时间，测定吸光度(A)值。

3. 以不同浓度抗原含量为横坐标，吸光度为纵坐标绘标准曲线。从标准曲线可得待检抗原量。

21 世纪生物学基础课系列实验教材

该方法敏感度高于单向扩散试验 5~10 倍,批内、批间重复性较好,变异系数 < 10%,操作简便快速,1 h 可出结果。

Ⅲ.Ⅱ 散射比浊法

散射光是指一定波长的光沿水平轴照射,碰到小颗粒的免疫复合物,光线被折射,发生偏转,这种偏射的角度可因光线波长和颗粒大小的不同而有所区别。散射浊度法是在入射光的一定角度检测粒子发出的散射光,散射光的强度与复合物的含量成正比,即待测抗原越多,形成的复合物越多,散射光强度越强。又可分为速率散射比浊法(rate nephelometry)和终点散射比浊法(endpoint nephelometry)。

1. 速率散射比浊法

【实验目的】

了解速率散射比浊法的原理及用途,学习该法的操作方法及观察结果的方法。

【实验原理】

速率散射比浊法是一种抗原抗体结合动态测定法。所谓速率是抗原抗体结合反应过程中,在单位时间内两者结合的速度。速率法是测定最大反应速率,即在抗原抗体反应达最高峰时,通常为数十秒钟,测定其复合物形成的量。峰值的高低在抗体过量情况下与抗原的量成正比。峰值出现的时间与抗体的浓度及其亲和力直接相关。不同抗原含量其速率峰值不同,通过微电脑处理,求出抗原含量。

【实验方法】

(1) 用稀释液将待检抗原稀释成一定的浓度。

(2) 把待检抗原和不同浓度的标准抗原加至试管内,再加入一定浓度的抗体,立即比浊,记录速率单位(RU)。

(3) 以标准抗原含量为横坐标,RU 值为纵坐标,于普通坐标纸上绘制标准曲线。根据待测抗原的 RU 值,查出相应抗原含量。

该方法检测不必等抗原抗体反应达到平衡,大大节约反应时间,每小时可检测数十份标本;并且敏感度高,最小检出量为 μg/L 水平。

2. 终点散射比浊法

【实验原理】

让抗原抗体作用一定时间,使其反应达到平衡后,测定其复合物量。复合物的浊度不再受时间影响,但反应复合物聚合产生絮状沉淀之前(大约反应数十秒钟)进行浊度测定。

【实验方法】

(1) 用稀释液稀释待检抗原和标准抗原。

(2) 取一定量稀释的待检抗原液和不同浓度标准抗原溶液加至试管中,加抗体充分混匀,孵育一定时间,比浊。

(3) 以抗原标准品量为横坐标,浊度值为纵坐标,绘制标准曲线。根据待检抗原的浊度值,查出抗原的含量。

该方法敏感度达 mg/L 水平,可自动化检测,但反应时间较长。

Ⅳ　琼脂扩散试验

琼脂扩散(agar diffusion)为可溶性抗原与抗体在琼脂凝胶中所呈现的一种沉淀反应,当对应的抗原、抗体在半固体琼脂中相遇,且二者比例适当时,便出现可见的白色沉淀线。这种沉淀线是一组抗原、抗体的特异性复合物。当琼脂中有多组不同的抗原、抗体存在时,便各自依其扩散速度的差异,在适当部位形成独立的沉淀线。因此,琼脂扩散不仅用于疾病的诊断,更广泛地用于抗原成分的分析等。

琼脂扩散有单向、双向两种基本类型。扩散与电泳结合又有多种方法,如对流免疫电泳、火箭电泳、免疫电泳和交叉电泳等。

Ⅳ.Ⅰ　单向琼脂扩散试验

【实验目的】

1. 观察单向琼脂扩散试验所形成的沉淀环,了解沉淀环的直径与抗原或抗体浓度的关系。

2. 通过本试验掌握一种抗原定量的测定方法。

【实验原理】

单向琼脂扩散试验(simple agar diffusion test)是一种定量试验。将一定量的抗体混合于琼脂内,倾注于玻璃板上,待凝后在琼脂层打孔,再将抗原加入孔内。孔中抗原在向四周扩散时,与琼脂层中的抗体结合,在比例合适处形成抗原抗体复合物,呈现白色沉淀环,环的大小与抗原的浓度成正比。如事先用已知不同浓度的标准抗原制成标准曲线,则未知标本中的抗原含量,即可从标准曲线中求出。

沉淀环的直径与待检标本内抗原含量不是直线关系,有两种计算方法:

1. Mancini 曲线:适用于大分子抗原,扩散时间大于 48 h,使用普通坐标纸作图,扩散环直径平方和抗原浓度呈线性关系。

2. Fehcy 曲线:适用于小分子抗原,扩散时间较短,使用半对数坐标纸作图,抗原浓度的对数和扩散环直径之间呈线性关系。

本试验主要用于检查标本中各组免疫球蛋白和血清中各种补体成分的含量,灵敏度较高。

【实验器材】

1. 器具

打孔器(内径 3 mm)、微量注射器、水浴箱、玻片。

2. 材料

(1) 3%琼脂(取精制琼脂粉 3 g 加到 100 ml、0.01 mol/L、pH 7.2~7.4 的 PBS 液中加热溶解。加 NaN_3 至终浓度为 0.01%以防腐,置 4 ℃冰箱中备用)。

(2) 马抗人 IgG 诊断血清(单向扩散效价为 1:80)。

(3) 冻干的正常人混合血清(混合有已知含量的各种免疫球蛋白)。

(4) 待检血清。

(5) 0.01 mol/L、pH 7.2~7.4 的磷酸盐溶液。

【实验方法】

1. 将 3%琼脂置沸水中完全溶化,并保温于 56 ℃水浴中。

2. 用 0.01 mol/L 的 PBS 将马抗人 IgG 血清作 1:40 稀释,保温于 56 ℃水浴中,当琼脂和抗血清都为 56 ℃时,二者等量混合。仍置于 56 ℃水浴中保温。此时琼脂浓度为 1.5%,抗血清浓度为 1:80。

3. 将混合的抗血清和琼脂趁热倾注于水平放置的玻片上,琼脂厚 1~1.5 mm。冷却凝固后,用打孔器按图 7.1 或 7.2 所示打孔。

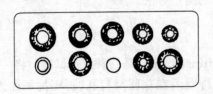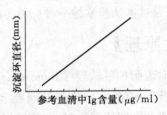

图 7.1　单向扩散试验结果(左)及标准曲线示意图(右)

4. 取冻干的标准血清(抗原)加入 0.5 ml 蒸馏水,待完全溶解后,根据已知的 IgG 含量用 PBS 液稀释为几种不同稀释度,使 IgG 含量分别为每毫升 30、100、150、200、400 μg。用微量注射器吸取各种稀释度的标准血清,加于琼脂板的孔中。一种稀释度加 2 个孔,加好样品的琼脂板放于湿盒内,37 ℃温箱中扩散 24 小时。

5. 24 h 后取出,测量沉淀环直径。以两相同稀释度孔沉淀环直径的平均值为纵坐标,相应孔中 IgG 的含量为横坐标,在半对数坐标纸上或用回归方程处理后,绘出标准曲线。

6. 检测待检者血清时,需采用与绘制标准曲线同一批的琼脂板。先将待检血清用 PBS 作 1∶40 稀释,然后于每孔中加 10 μl,每份标本加 2 孔。置于 37 ℃环境中 24 h 后,取沉淀环直径的平均值,在标准曲线中求出 IgG 的含量,乘以标本的稀释倍数(40),即为该血清中 IgG 的含量。

【注意事项】

1. 制备免疫琼脂板时要掌握好温度,温度高时抗体易变性,温度低时琼脂凝固不均。

2. 沉淀环的直径以毫米为单位测量。

3. 加样量要准确,加样孔不得混有气泡。

Ⅳ.Ⅱ　双向琼脂扩散试验

【实验目的】

1. 了解双向琼脂扩散试验的原理和用途。

2. 观察抗原、抗体在琼脂板中形成的沉淀线。

【实验原理】

双向琼脂扩散试验(double agar diffusion test)是将抗原和抗体分别加到琼脂板相对应的孔中,两者各自向四周扩散,若二者相对应,在比例合适处形成白色沉淀线。若同时含有多种抗原抗体系统,因其扩散速度不同,可在琼脂层中形成多条沉淀线。

本试验可用于多种抗原成分的分析和鉴定,如检测甲胎蛋白、乙型肝炎表面抗原以及鉴定抗体的纯度等。缺点是所需时间较长,灵敏度不太高。

【实验器材】

1. 器具

打孔器(内径 3 mm)、温箱、载玻片。

2. 材料

(1) 1% 琼脂(生理盐水配制)。

(2) 待检血清、阳性血清。

21 世纪生物学基础课系列实验教材

（3）甲胎蛋白诊断血清。

【实验方法】

1. 取 1% 琼脂在水浴中加热溶化。

2. 取洁净载玻片 1 张，放于水平台上。将已溶化的琼脂用吸管趁热吸加于玻片上，每片加 3.5 ml 左右。待冷凝后按图 7.2 打孔，孔径 3 mm。挑去琼脂柱，将琼脂板在火焰高处通过数次补底。

3. 在中心孔内加入甲胎蛋白诊断血清（已知抗体）。

4. 于 1、4 孔内加入已知阳性血清作为对照。

5. 于 2、3、5、6 各孔内分别加入待检血清。

6. 将加好样品的琼脂板放于湿盒内，置 37℃温箱中 24 小时，观察记录结果。

7. 结果观察

若待检血清标本产生沉淀线，并与阳性对照所产生的沉淀物吻接成一线，则表示为阳性。如无沉淀线或与阳性血清沉淀线交叉，则表示是阴性（图 7.3）。

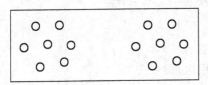

图 7.2　双向琼脂扩散打孔示意图

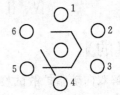

图 7.3　双向琼脂扩散结果示意图

双向扩散时，在抗原和抗体的对应孔和临近孔之间，由于加入的抗原和抗体的成分不同，沉淀线的位置、数目与特征也有差别，这些都有助于分析抗原或抗体的成分，如：

1. 抗原与抗体的浓度相等，沉淀线在 2 孔之间呈直线形；抗体的浓度比抗原低，沉淀线靠近抗体一方；抗原浓度比抗体低，沉淀线靠近抗原一方。

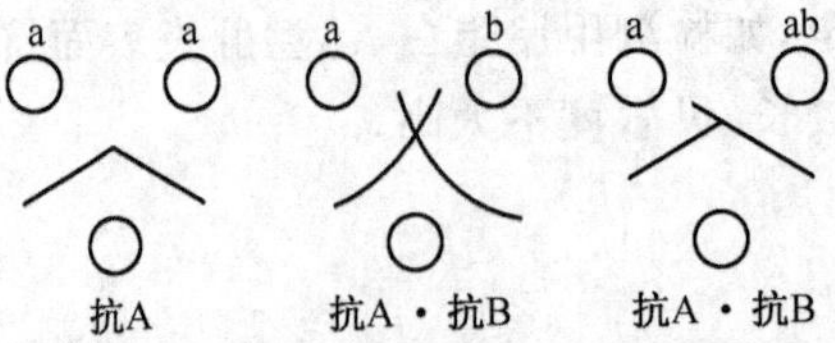

2. 在三角相对的排列孔中，若两抗原孔抗原相同，与同一相应抗体反应，2 条沉淀线顶端相联；若两抗原孔抗原不相同，与 2 种不同抗体反应，2 条沉淀线相交；若一抗原孔有 2 种不同抗原，另一抗原孔只有其中的一种抗原，抗体孔有 2 种相应的抗体，则形成的沉淀线既能连接，又出现一小支带（图 7.4）。

抗A　　　抗A·抗B　　　抗A·抗B

图 7.4　双向琼脂扩散沉淀线示意图

【注意事项】

　　1. 扩散时间要适当。时间过短,沉淀线不能出现;时间过长,会使已形成的沉淀线解离或散开而出现假象。

　　2. 加抗原和抗体时,应各用 1 支微量加液器,加样后要分别用生理盐水清洗。

Ⅳ.Ⅲ　对流免疫电泳

【实验目的】

　　熟悉和掌握对流免疫电泳的原理和方法,了解其用途。

【实验原理】

　　对流免疫电泳(counter immunoelectrophoresis)是把扩散和电泳技术结合在一起的方法。多数蛋白质抗原物质在碱性环境中由于羧基电离而带负电荷,在电泳时从负极向正极移动。抗体属球蛋白,所暴露的极性基团较少,在缓冲液中解离也少,而且分子质量较大,移动较慢,在琼脂电渗作用下由正极向负极移动,这样就使抗原和抗体定向移动,发生反应,并在短时间内出现肉眼可见的白色沉淀线,故可用于快速诊断。同时,由于抗原、抗体在电场中的定向移动,限制了抗原抗体分子的自由扩散,因而提高了试验的敏感度(比双扩散高 8～10 倍)。该法临床上常用于检测甲胎蛋白及乙型肝炎抗原等。

【实验器材】

　　1. 器具

　　电泳仪、电泳槽、打孔器、载玻片、毛细吸管。

　　2. 材料

　　(1) 抗原:羊血清。

　　(2) 抗体:兔抗羊免疫血清。

　　(3) 琼脂:1％琼脂(用 pH 8.6 离子强度 0.05 的巴比妥缓冲液配制)。

【实验方法】

　　1. 取洁净载玻片 1 张,将加热溶化的 1％琼脂 3 ml 左右加于载玻片上,待凝。

　　2. 用内径 3 mm 打孔器打孔,孔距 4 mm(图 7.5)

　　3. 将两对应孔的左侧加入羊血清,右侧中加入兔抗羊免疫血清。加样时应加满小孔但不能溢出。

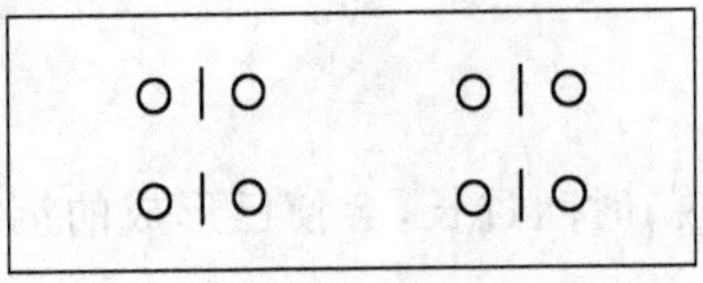

图 7.5　对流免疫电泳示意图

4. 将加好样品的琼脂板置于电泳槽上,抗原孔置负极端,抗体孔置正极端。琼脂板两端分别用 4 层纱布与 0.05 mol/L、pH 8.6 的缓冲液相连,接通电源。电流以载玻片的宽度计算,为 4 mA/cm;电压以载玻片的长度计算,为 6 V/cm,通过 1～2 h,切断电源,取出观察结果。如若沉淀线不太清晰时,可放于 37 ℃温箱数小时,以增加沉淀线的清晰度。

5. 结果观察:

将载玻片对着强光源观察,在待测抗原与抗体孔之间出现白色沉淀线。

【注意事项】

1. 电泳时电流不宜过大,以免蛋白质变性。

2. 抗原、抗体的电极方向不能放反。

3. 抗原、抗体相对浓度要适当,抗原太浓太稀时都不易出现沉淀线。

4. 电泳所需时间与孔间距离有关,距离越大,电泳时间越长。

Ⅳ.Ⅳ　火箭免疫电泳

【实验目的】

掌握火箭免疫电泳的原理和方法,熟悉其用途。

【实验原理】

火箭免疫电泳(rocket immunoelectrophoresis)是在单向免疫扩散的基础上发展起来的一种技术。在电场作用下,将待检抗原在含适量抗体的离子琼脂中电泳后,抗原在扩散过程中与抗体在比例合适处形成锥形沉淀峰,其形状如火箭,故又称火箭电泳。沉淀峰的高低与抗原的浓度成正比。将沉淀峰与事先用已知不同浓度的标准抗原制成的标准曲线比较,即可求出标本中抗原的含量。本法敏感度较高,所需时间较短。

【实验器材】

1. 器具

电泳仪、打孔器、载玻片、微量注射器。

2. 材料

(1)抗原:待检血清。

（2）抗体：甲胎蛋白诊断血清。

（3）琼脂：2％琼脂（用离子强度 0.05、pH 8.6 的巴比妥缓冲液配制）。

【实验方法】

1. 将甲胎蛋白诊断血清用离子强度 0.025、pH 8.6 的巴比妥缓冲液稀释成 1：100，56 ℃左右保温。

2. 取溶化并冷至 56 ℃左右的 2％琼脂与 1：100 稀释的诊断血清等量混合，并立即倾注于载玻片上，制成琼脂板。

3. 待冷凝后，在琼脂板一端用 3 mm 打孔器打孔，孔距 5 mm。

4. 将待检血清及不同稀释度的标准抗原用微量注射器加入孔内，每孔 10 μl，量要准确。

5. 将抗原孔端放于电泳槽负极，电压 10 V/cm，电泳 1～2 h。

6. 电泳毕，切断电源，取出琼脂板，自孔中心至沉淀峰顶端精确测量其长度，然后在标准曲线上求得其含量（图 7.6）。

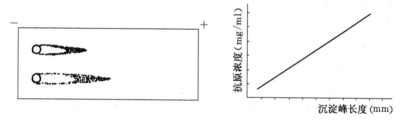

图 7.6　火箭电泳示意图

7. 结果观察：

制作标准曲线，以沉淀峰的高度作横坐标，抗原浓度作纵坐标，画出标准曲线。以测得的待检抗原峰的高度查标准曲线，即知待检抗原浓度。

【注意事项】

1. 电泳后可直接观察测量，也可干燥后染色观察。

2. 用低电压、低离子强度、电泳时间长些效果更好。

3. 加样后应及时电泳。

Ⅳ．Ⅴ 免 疫 电 泳

【实验目的】

熟悉和掌握免疫电泳的原理和方法，了解其用途。

21世纪生物学基础课系列实验教材

【实验原理】

免疫电泳(immunoelectrophoresis)是将电泳和琼脂扩散相结合用于分析抗原组成的一种定性方法,具有灵敏快速的优点。试验可分如下两个步骤。

1. 电泳:将待检的可溶性物质在琼脂板上进行电泳分离。由于各种可溶性蛋白分子的大小、质量与所带电荷不同,在电场的作用下,其带电分子的运动速度具有一定规律,因此通过电泳能够把混合物中的各种不同成分分离开。

2. 琼脂扩散:电泳后在琼脂槽中加入相应抗血清,然后置于湿盒内进行双扩散。当抗原与抗体相遇且比例适合时,可形成不溶性复合物,出现特异性沉淀线,根据沉淀线的数量和位置可鉴定分析各种抗原成分及其性质。

【实验器材】

1. 器具

载玻片、直径 3 mm 打孔器、0.2 cm × 0.6 cm × 6.0 cm 的聚苯乙烯塑料条、微量加液器、电泳仪、注射器针头、吸管。

2. 材料

(1) 待检血清。

(2) 正常人血清。

(3) 兔抗人血清。

(4) 1‰离子琼脂(用离子强度 0.05、pH 8.6 的巴比妥缓冲液配制)。

【实验方法】

1. 制板:载玻片放于水平台面上,将塑料条放置于载玻片上,吸取 4 ml 热溶的 1‰琼脂于载玻片上,自然凝固后,取出塑料条,即成琼脂槽,再按图 7.7 打孔,挑去孔中的琼脂。

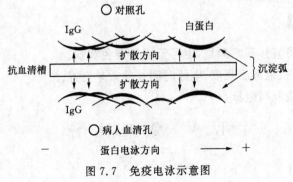

图 7.7 免疫电泳示意图

2. 加样:用微量加液器往孔中加入标本,勿使溢出。

3. 电泳:电压 4 V/cm,电泳 1.5 h。

4. 扩散:琼脂槽内加入兔抗人血清,充满槽内,琼脂板置湿盒内 37 ℃扩散 24 h,观察结果。可见在琼脂槽的两边出现相对称的弧形沉淀线。

【注意事项】

1. 电泳扩散后可直接观察,也可染色观察。无色标本要在黑色背景下,用斜射光观察。

2. 搭桥应完全紧密接触,以免因电流不均而发生沉淀线歪曲。

Ⅳ.Ⅵ 交叉免疫电泳

【实验目的】

掌握交叉免疫电泳的原理和方法,熟悉其用途。

【实验原理】

交叉免疫电泳(crossed immunoelectrophoresis)是指琼脂免疫电泳和火箭电泳的发展。抗原先在普通琼脂中电泳(同免疫电泳),然后在一侧倾注上含抗体的琼脂,将板作 90°转位,再进行第 2 次电泳(同火箭电泳)。第 1 次电泳是将抗原各个成分拉开,第 2 次电泳是将各种不同成分在抗体中形成火箭。这种方法克服了免疫电泳中各种成分堆集形成融合线的缺点,同时也可比较、观察复合蛋白的各个成分的含量,并且也可作简单几个成分的定量研究。

【实验器材】

1. 器具

"火箭免疫电泳"中的器具、玻璃板(50 mm × 70 mm × 1 mm)、直径 5 mm 的打孔器。

2. 材料

(1) 破伤风类毒素。

(2) 破伤风抗毒素。

(3) 1.5%琼脂糖(用离子强度 0.02、pH 8.6 的巴比妥缓冲液配制)。

【实验方法】

1. 调好水平台,将融化的琼脂糖倒在置于水平台上的玻璃板上,每块板倾注 5.2 ml。

2. 待琼脂糖凝固后,用刀片切割成条,然后用长条刀片慢慢地将 1 条抗原凝

21世纪生物学基础课系列实验教材

胶带 A 移到另一块同样大小玻璃板上,用打孔器在距阴极端 1 cm 处打 2 个孔,孔距为 5 mm。

3. 用微量加液器往每孔加 20 μl 抗原(两孔中可加不同稀释度的同种抗原,也可加不同种的抗原)。

4. 第一向电泳是把 A 凝胶条移到电泳槽上,抗原接负极端,另一端接正极,用 2 层滤纸连接凝胶与缓冲液的桥,在 150 V 下电泳 1 h。

5. 第一向电泳毕,把凝胶移到水平台上,取 0.18 ml 抗血清加入 3.5 ml 琼脂糖,混匀后倾注在板上余下的一侧(即空白板的 B 部分)。

6. 第二向电泳,再如火箭电泳法进行第 2 次电泳,第 1 次电泳的琼脂条放阴极侧,在 70 V 的电压下电泳 16 h。

7. 电泳后取出直接观察或干燥后染色观察。

【注意事项】

1. 所用器材必须清洁,无油质及蛋白质之类的物质,以免干扰。

2. 孔径、孔距要掌握好,以防样品间的相互干扰,加抗原、抗体时,勿使样品外溢或带进气泡。

V 酶联免疫电泳转移印染法

【实验目的】

掌握酶联免疫电泳转移印染法的原理和方法,熟悉其用途。

【实验原理】

酶联免疫电泳转移印染法(enzyme-linked immuno-electrotransfer blot, EITB)又称免疫印迹法(immuno-blotting)。将 SDS-聚丙烯酰胺凝胶电泳的高分辨率与酶联免疫吸附试验的高敏感性有效地结合,可用于鉴定微量蛋白或低效价的抗体。

【实验器材】

1. 器具

电印迹装置、电泳装置、硝酸纤维素膜、滤纸等。

2. 材料

(1) 分离胶缓冲液:1 mol/L 的盐酸 48 ml、Tris 36.3 g、TEMED(四甲基乙二胺)0.46 ml,加水至 100 ml,pH 8.0。

(2) 浓缩胶缓冲液:1 mol/L 盐酸 48 ml、Tris 5.98 g、TEMED 0.46 ml,加水

至 100 ml，pH 6.7。

（3）Acr-Bis 液：丙烯酰胺（Acr）30.0 g、甲叉双丙烯酰胺（Bis）0.8 g，加水至 100 ml。

（4）电极缓冲液：Tris 6 g、甘氨酸 28.8 g、10％ SDS 10 ml，加水至 1 000 ml，pH 8.3。

（5）分离胶制备：分离胶缓冲液 1.25 ml、Acr-Bis 液 2.5 ml、10％ SDS 0.1 ml，加水至 9.95 ml，混匀后抽气 1 min，再加入 10％过硫酸铵 0.05 ml，混合后注入夹心玻板中，并在凝胶液上层小心地注入薄薄一层水，置 37 ℃环境中聚合 30 min 左右。

（6）浓缩胶制备：浓缩胶缓冲液 1.25 ml、Acr-Bis 1.00 ml、10％ SDS 0.1 ml，加水至 7.55 ml，混合后抽气 1 min，再加入 10％过硫酸铵 0.1 ml，混合。倒掉分离胶上层的水，并注入一些浓缩胶缓冲液沈漾一下，然后再加入浓缩胶，置室温聚合 30 min 左右。

（7）蛋白样品的处理：用 0.025 mol/L Tris-HCl 缓冲液（含 1％～2％的蛋白解离剂 SDS）稀释蛋白样品，为了更有效地打开二硫键，往往在用 SDS 处理蛋白样品时再加入 0.1％的 2-巯基乙醇，沸水煮 2 min，冷却后样品液中加入少量甘油以起抗对流作用，使样品不致被电泳槽缓冲液所稀释，并加入适量 1％溴酚蓝作指示剂。

（8）抗体。

【实验方法】

1. SDS-聚丙烯酰胺凝胶电泳：凝胶板置于垂直电泳槽中，加入蛋白质样品后，控制电流为 3 mA/cm，当样品全部进入分离胶时，恒电流 5 mA/cm，电压为 100 V 左右。溴酚蓝示踪染料到达近底部 2 cm 时停止电泳，电泳时间大约 3 小时。为了提高分辨率通常采用 SDS-不连续系统电泳，常用的缓冲液的离子强度为 0.01～0.1，分离效果较好。

2. 电泳转移过程：电泳后的聚丙烯酰胺凝胶，硝酸纤维素薄膜（0.45 μm 孔径，Millipore）经去离子水冲洗后，置于转移缓冲液（Tris 25 mmol/L、甘氨酸 192 mmol/L、20％甲醇，pH 为 8.3）中平衡 3 次，每次 20 min。然后将二者密切接触夹于滤纸中，滤纸、凝胶、滤膜之间不得引入气泡，因气泡将干扰电场，破坏蛋白质从凝胶转移到薄膜上。插入装满转移缓冲液的电泳转移槽中，硝酸纤维素膜面对着阳极，一般电流控制在 300～400 mA，电泳转移 2 h 左右。应用冷却装置以保持温度的基本恒定。

3. 免疫印染过程：首先将电泳转移后的硝酸纤维素膜浸泡在用缓冲液（10 mmol/L Tris-HCl、0.9％ NaCl，pH 7.4）配制的 3％ BSA 中，37 ℃温育 1 h，用缓冲液漂洗后,浸入含 3％ BSA 的缓冲液稀释的第一抗体中,4 ℃过夜。次日取出印染物,在缓冲液中漂洗 3 次,每次 10 min,然后用含有 3％ BSA 和 10％兔血清的缓冲液稀释的酶标第二抗体温育,37 ℃ 2 h,经缓冲液漂洗 3 次,印染物置于底物液中,显色,终止酶反应,观察结果。

该法实际应用广泛,如:①研究 DNA 或 RNA 与蛋白质的关系;②分析蛋白质的结构;③纯化单价抗体;④鉴定或筛选单克隆抗体;⑤对自体免疫病的研究,如鉴定自体抗原;⑥对各种病原体包括细菌、病毒、衣原体、寄生虫等感染的免疫反应的研究。

【注意事项】

1. 抗体的选择

表 7-2 显示了各种抗体的优缺点。

表 7-2　抗体的选择

	多克隆抗体	单克隆抗体	混合的单克隆抗体
信号强度	较 好	差异极大(0～最佳)	最佳
特异性	良好,但有一定的背景	最佳,但有交叉反应	最佳
优 点	通常能识别变性抗原	特异性好,抗体来源不受限制	信号强,特异性好 抗体来源不受限制
缺 点	不易重复,有时背景较深,抗体需滴定	通常不能识别变性抗原	

2. 背景问题

常见的背景问题包括弥散性背景过高和非特异性背景条带。

3. 印迹膜上非特异性蛋白质结合位点的封闭

表 7-3　常用的封闭液

封闭缓冲液	组　成*	优　点	缺　点
5％脱脂奶粉	5％脱脂奶粉溶于 PBS(w/v)	便宜,背景清晰	易变质,可掩饰某些抗原,不适合于亲和素/链霉素技术
5％脱脂奶粉/吐温	5％脱脂奶粉溶于 0.2％吐温 20/PBS(w/v)	便宜,背景清晰	易变质,可掩饰某些抗原
吐温	0.2％吐温 20 溶于 PBS(w/v)	可以在抗原检测后进行染色,信号强	可能有一些残留的本底
BSA	3％ BSA	信号强	相对较贵

表 7-3 总结了常用的封闭液及其优缺点。尽管这些封闭液在某些情况下使用较为满意,但是仍需要仔细选择以确保其能适合于检测试剂。几乎适合于所有检测系统的两种封闭缓冲液是脱脂奶粉和牛血清白蛋白。但是建议不同的抗原和实验方法需认真选择封闭缓冲液。例如,BSA(V 部分)和牛奶都含有磷酸化的酪氨酸和生

物素,用特异性抗磷酸化酪氨酸抗体进行实验时,这会给解释实验结果造成一定的混淆,也给亲和素/链霉亲和素检测的应用带来一些问题。某些牛奶制品可抑制碱性磷酸酶的活性。一般封闭缓冲液使用不当会导致无信号或检测背景较高。

4. 转印问题

转印中常遇到转印效率低的问题。为了使转印有效进行,必须在电极和通过滤纸/凝胶/转印膜/滤纸夹层组合之间保持良好的电流通路。在整个电极的表面电流分布必须是均匀的,这意味着电极必须保持洁净而且不黏附任何非导电物质。此外,两电极之间的任何直接连接、在滤纸/凝胶/转印膜/滤纸夹层组合内存在的任何气泡也都会在局部阻止转印过程。

另一个常见问题是大分子量蛋白质的转印比较困难,这是转印方法难以克服的问题。如果蛋白质在分离胶中移动较慢,它从胶中移出也将较慢。若是这种情况,须降低分离胶的浓度。如果研究的是多个不同大小的多肽,一个浓度的胶又不能满足要求时,可以考虑用不同浓度的丙烯酰胺配制两种分离胶。

5. 设置对照与解释结果

实验中要设置对照,对照的设置是为解释结果而做的,因此如何解释结果即如何设置对照。免疫印迹从细胞裂解液开始就须设置两组对照,包括含有已知抗原的阳性对照样品和能与阴性对照抗体发生反应的细胞裂解物。阳性对照是含有已知的或标准量的待测抗原样品,来源于细菌或杆状病毒超常表达系统或已鉴定的细胞系。它可提示免疫印迹是否成功,并能对抗原的相对分子量进行精确比较;如果阳性对照中抗原的量是已知的,可粗略估计出待测样品中抗原的含量。阴性对照给出的是非免疫抗体与待测样品的背景读数。若有可能,再设置一个不含待测抗原的细胞裂解液对照(例如来源于含无效基因的细胞)更利于解释结果。

6. 免疫印迹技术的灵敏度

对于化学发光检测系统和多数抗体制剂来说,检测最低值可达到约 $2\,fmol/L$ (10^{-15})的水平,相当于 $0.1\,ng$ 的 $5\,000\,kDa$ 的蛋白质,高于此浓度的样品较易检出。一个标准的 SDS-聚丙烯酰胺凝胶泳道的上样量为 $150\,\mu g$(小胶道可为 $15\,\mu g$),如果上样量过大条带会发生扭曲变形。因此,$50\,kDa$ 中等大小蛋白抗原的上样量以 $0.1\,ng/150\,\mu g$(或 $1/15\,000\,000$)为宜。如分析的是哺乳类细胞的蛋白,这一检测最低值就相当于每个细胞有 $1\,000$ 个 $50\,kDa$ 的蛋白分子;若要检测更低水平的蛋白,需要对抗原进行部分纯化。可采用细胞分步分离、层析或免疫沉淀的方法进行;如果待测抗原的分子量与细胞中含量丰富的蛋白(例如肌动蛋白)相近似,转膜将不会受到限制。有若干种方法常用于提高免疫印迹的灵敏度,一种是在电泳之前应用免疫沉淀法将抗原进行纯化和浓缩,该法可浓缩浓度极低的抗原,并可在电泳和免疫印迹之前将其与无关的蛋白质分离,使对极低浓度抗原的研究成为可能。其他提高检测灵敏度的方法都是针对增强信号本身强度设计的。其中包括使用信号更好和更强的荧光试剂或使条带局部酶的活性增强。一些公司不断地推出新的性能更好的化学发光检测系统,而使用者则继续注重于使用研制更好和更灵敏的试剂。

信号可通过使用三重检测系统而得到加强,例如:使一抗、二抗和三抗相继与抗原结合形成复合物,这必然使得结合物中标记抗体分子的数量增多。如假设有5个二抗分子可结合在一抗上,又有5个三抗分子可结合在二抗上,那么该系统就比仅用标记一抗所产生的信号增强25倍。

21世纪生物学基础课系列实验教材

实验 8 补体的制备与补体单位的滴定

【实验目的】

掌握补体的制备和补体单位的滴定原理和方法,熟悉其用途。

【实验原理】

补体是存在于正常人和动物血清中的一组正常血清蛋白成分,实验室常用豚鼠的新鲜血清为补体的来源。在补体结合试验中所加的补体应有一定剂量,否则将使试验结果发生错误。由于补体不稳定,易受多种理化因素影响,故在每次试验前应作补体单位的滴定。

【实验器材】

1. 器具

无菌平皿、小试管、滴管、水浴箱、冰箱。

2. 材料

豚鼠、生理盐水、溶血素(2个单位)、2%羊红细胞。

【实验方法】

1. 补体的制备

一般选用3~5只健康未妊娠的豚鼠,以无菌操作心脏取血,将血液置于无菌平皿中铺成薄层待凝后分离血清,放入4℃冰箱以备使用。

2. 补体单位的滴定

滴定时先将4℃保存的豚鼠新鲜血清作1:30稀释,然后按表8-1滴定。加补体时将滴管插入管底,剂量必须准确。

21世纪生物学基础课系列实验教材

表 8-1　补体的单位滴定(ml)

管号	补体 (1:30)	稀释 抗原	生理盐水		溶血素 (2 个单位)	2% 羊红细胞		假定结果
1	0.2	0.5	1.30	摇匀置37℃水浴箱内45min	0.5	0.5	摇匀置37℃水浴箱内15～30min	不溶
2	0.25	0.5	1.25		0.5	0.5		稍溶
3	0.30	0.5	1.20		0.5	0.5		全溶
4	0.35	0.5	1.15		0.5	0.5		全溶
5	0.4	0.5	1.10		0.5	0.5		全溶
6	0.45	0.5	1.05		0.5	0.5		全溶
7	0.5	0.5	1.00		0.5	0.5		全溶
8	—	0.5	1.50		0.5	0.5		不溶

【注意事项】

凡能使一定量的红细胞发生完全溶解的最小补体量,称为 1 个恰定单位。表中自第 3 管开始出现完全溶血,因此第 3 管所含的补体量(即 1:30 稀释的补体0.3 ml)即为 1 个恰定单位。但由于在实际应用时补体可能有部分损失,故须酌量增加一些,通常以较恰定单位补体含量高 1 管(上表第 4 管)为补体的 1 个实用单位。

正式试验时使用 2 个实用单位,以减少假阳性反应。按上表所示,1:30 稀释的补体 0.35 ml 为 1 个实用单位,2 个实用单位即为 0.35×2 = 0.7 ml。为便于稀释,常用 1 ml 量计算,计算式为:

$$0.7 : 1 = 30 : X$$
$$X = 30/0.7 = 42.86$$

即用 1 ml 未稀释的补体加 42.86 ml 生理盐水即成。

实验 9　溶血素的制备与溶血素单位的滴定

【实验目的】

掌握溶血素的制备和溶血素单位滴定的原理和方法,熟悉其用途。

【实验原理】

绵羊红细胞免疫家兔后可产生抗绵羊红细胞的抗体,该抗体能与绵羊红细胞结合,在补体参与下,能使绵羊红细胞溶解,此抗体也称溶血素,常用于补体结合及总补体活性测定等实验中。

【实验器材】

1. 器具

冰箱、水浴箱、显微镜、平皿、小试管、滴管、注射器。

2. 材料

家兔、全羊血、20％羊红细胞悬液。

【实验方法】

1. 溶血素的制备

溶血素制备的方法有多种,大多采用不同浓度的绵羊红细胞以不同途径注射家兔而得。例如先皮内注射全羊血,再静脉注射 20％羊红细胞悬液,注射剂量及间隔见表 9-1。最后一次注射后,间歇 3 天,自耳静脉采血,滴定溶血素单位。如达到 1∶5 000 以上时,可由心脏或颈动脉放血,分离血清,加等量无菌甘油防腐,贮于 4 ℃冰箱中备用。

表 9-1　溶血素的制备法

注射日期	注射途径	注射剂量
1	皮内	全羊血 0.5 ml
3	皮内	全羊血 1.0 ml
5	皮内	全羊血 1.5 ml
7	皮内	全羊血 2.0 ml
9	皮内	全羊血 2.5 ml
12	静脉	20％羊红细胞 1.0 ml
15	静脉	20％羊红细胞 1.0 ml

2. 溶血素单位滴定法

操作步骤见表 9-2,取各种不同稀释度的溶血素 0.5 ml,按表 9-2 与其他成分混合,置于 37 ℃水浴箱中 30 分钟,然后观察结果,凡最高稀释度的溶血素可呈现完全溶血者为 1 个单位。

表 9-2　溶血素的滴定(ml)

管号	溶血素	补体(1∶30)	生理盐水	2％羊红细胞		假定结果
1	0.5(1∶200)	0.30	1.70	0.5	摇匀置 37 ℃水浴箱内 15～30 min	全溶
2	0.5(1∶400)	0.30	1.70	0.5		全溶
3	0.5(1∶500)	0.30	1.70	0.5		全溶
4	0.5(1∶600)	0.30	1.70	0.5		全溶
5	0.5(1∶800)	0.30	1.70	0.5		全溶
6	0.5(1∶1 000)	0.30	1.70	0.5		全溶
7	0.5(1∶1 200)	0.30	1.70	0.5		全溶
8	0.5(1∶1 600)	0.30	1.70	0.5		全溶
9	0.5(1∶2 000)	0.30	1.70	0.5		全溶

（续表）

管号	溶血素	补体(1:30)	生理盐水	2%羊红细胞	假定结果
10	0.5(1:2 400)	0.30	1.70	0.5	全　溶
11	0.5(1:3 200)	0.30	1.70	0.5	全　溶
12	0.5(1:4 000)	0.30	1.70	0.5	全　溶
13	0.5(1:4 800)	0.30	1.70	0.5	全　溶
14	0.5(1:6 400)	0.30	1.70	0.5	大半溶
15	0.5(1:8 000)	0.30	1.70	0.5	全不溶
16	—	—	2.5	0.5	全不溶

按表 9-2 假定结果，第 13 管即 1:4 800 稀释度的溶血素 0.5 ml 为 1 个单位。正式试验时常用 0.5 ml 中含有 2 个溶血素单位的溶液，此时原液作 1:2 400 倍稀释即成。

【注意事项】

1. 抗原注射的方式和量要准确。

2. 补体和绵羊红细胞要新鲜。

实验 10　血清溶血素含量的测定

【实验目的】

学习用分光光度计测定血清中溶血素含量的方法。

【实验原理】

经绵羊红细胞(SRBC)免疫动物的淋巴细胞可产生抗 SRBC 抗体(溶血素)，并释放至外周血。这种抗体在试管内与 SRBC 温育，在补体参与下可发生溶血反应。免疫动物血清中溶血素的含量可以通过溶血过程中释放的血红蛋白来测出。

【实验器材】

1. 器具

离心机、分光光度计、移液管、37 ℃水浴箱、试管、注射器。

2. 材料

(1) Alsever 液：见附录一。

(2) 都氏试剂(测血红蛋白用)：碳酸氢钠 1.0 g，高铁氰化钾 0.2 g，氰化钾 0.05 g，蒸馏水 1 000 ml。

(3) SRBC：在无菌条件下，自健康成年绵羊外颈静脉取血，置血液于有玻璃珠的三角烧瓶中轻摇 10 min 以除去纤维蛋白,加入 2 倍量的保存液,置于 4 ℃冰箱备用。临用时用生理盐水洗涤 3 次,经 2 000 r/min 离心 10 min 得压积红细胞,再按所需浓度稀释。

(4) 补体:新鲜豚鼠(至少 3 只)混合血清经 SRBC(10:1)于 4 ℃吸收 30 min 后置于-20 ℃以下备用。

【实验方法】

1. 免疫动物

小鼠腹腔注射 20％的 SRBC 0.2 ml/d,免疫后第 4 天摘眼球或腹动脉取血,分离血清,将血清稀释(一般 500 倍以上)后供测定。

2. 溶血反应

反应管内依次加入经稀释的血清 1 ml、5％ SRBC 0.5 ml、10％补体 1 ml,置 37 ℃恒温水浴中保温 30 min,然后移至冰浴中终止反应,以 1 500 r/min 离心 5 min,取上清液 1 ml,加都氏试剂 3 ml,可出现棕色,摇匀放置 10 min,于540 nm 波长比色读取吸光度。

3. SRBC 半数溶血值的测定

取 5％的 SRBC 0.25 ml,加入都氏试剂至 4 ml,比色读取吸光度值,即为实验中所用 SRBC 半数溶血时的吸光度值。

4. 计算

用样品管中溶血值 CH_{50} 按下式计算:

$$每只鼠的血清 CH_{50} = \frac{样品的吸光度值}{SRBC 半数溶血时的吸光度值} \times 稀释倍数。$$

【注意事项】

1. 进行溶血反应时,要依次加入经过稀释的血清、SRBC 和补体。

2. 溶血反应进行完后要及时用冰浴终止反应。

实验 11 补体参与的反应

Ⅰ 溶 血 试 验

【实验目的】

掌握溶血试验和补体结合试验的原理和方法,熟悉其用途。

【实验原理】

动物接受异种红细胞注射而免疫,于血清中产生特异性抗体(即溶血素),此红细胞与相应特异抗体结合,在电解质存在时能发生凝集,若再有补体参与,红细胞则被溶解,称溶血反应(hemolysis)。此反应可作为补体结合试验的指示系统。

【实验器材】

1. 器具

小试管、吸管、37 ℃水浴箱。

2. 材料

(1) 2%绵羊红细胞悬液(SRBC)。

(2) 溶血素(2 个单位)。

(3) 补体(2 个实用单位)。

(4) 生理盐水。

【实验方法】

取小试管 4 支,分别注明管号,按表 11-1 依次将各成分加入试管中。

表 11-1　溶血实验(ml)

试管号	溶血素(2 个单位)	2%绵羊细胞	补体(2 个实用单位)	生理盐水	结果
1(试验管)	0.5	0.5	0.5	0.5	37 ℃
2(溶血素对照)	0.5	0.5	—	1.0	水浴
3(补体对照)	—	0.5	0.5	1.0	30 min
4(羊红细胞对照)	—	0.5	—	1.5	

【实验结果】

溶血:液体呈红色透明。

不溶血:呈红细胞混悬液。

Ⅱ　补体结合试验

【实验目的】

掌握补体结合试验的原理和方法,熟悉其用途。

21世纪生物学基础课系列实验教材

【实验原理】

补体结合试验(complement fixation test)是一种有补体参与,并以绵羊红细胞和溶血素作为指示系统的抗原抗体反应。参与本反应的5种成分可分为2个系统,一为待检系统:即为已知抗原(或抗体)和待检的抗体(或抗原);另一为指示系统,即绵羊红细胞及其相应溶血素。待检的抗原、抗体和先加入的补体作用后,再加入指示系统,若不出现溶血,则为补体结合阳性,表示待检系统中的抗原与抗体相对应,两者特异性结合后固定了补体,指示系统无补体结合,故不发生溶血;反之若出现溶血现象,则为补体结合阴性,表示待检的抗原抗体不对应或缺少一方,不能固定补体,游离补体被后加入的指示系统固定,导致绵羊红细胞溶解。

本反应敏感性、特异性均较高,可用于检测某些病毒病、立克次体病、梅毒病等。由于参与反应的各种成分之间要求有适当量的关系,因此做本试验之前必须通过一系列预备试验来确定补体、溶血素、抗原或抗体的使用量。

【实验器材】

1. 器具

小试管、吸管、37 ℃水浴箱。

2. 材料

(1) 抗原:用伤寒杆菌可溶性抗原、2％绵羊红细胞悬液。

(2) 抗体:用待检血清(试验前 56 ℃ 30 min 灭活)、溶血素(2个单位)。

(3) 补体(2个实用单位)。

(4) 生理盐水。

【实验方法】

1. 取小试管5支,分别注明管号,按表11-2依次将各成分加入试管中(容量单位均为 ml)。

表 11-2　补体结合试验(ml)

试管号	待检血清	生理盐水	抗原	补体 (2个实用单位)		溶血素 (2个单位)	2％绵羊红细胞	结果	
1(试验管)	0.2	—	0.5	1.0	37 ℃	0.5	0.5	37 ℃	
2(血清对照)	0.2	0.5	—	1.0	水浴	0.5	0.5	水浴	
3(抗原对照)	—	0.2	0.5	1.0	10 min	0.5	0.5	30 min	
4(溶血素对照)	—	0.7	—	1.0		0.5	0.5		
5(SRBC对照)	—	2.2	—	—		—	0.5		

2. 结果判断:

首先观察各对照管的结果是否正确,如不适合,试验结果的可靠性应加考虑。

21世纪生物学基础课系列实验教材

然后判断待检血清是否为阳性反应,以 100% 不溶血为强阳性,50% 不溶血为阳性,完全溶血者为阴性。

【注意事项】

1. 以细菌作抗原时,应使用细菌的提取液而不用悬液,通过滴定找出最适稀释度。

2. 待检血清需 56 ℃ 灭活 30 min。

3. 补体性质不稳定,以试验的当天采取效果最好,操作时尽量减少在室温停留的时间。

实验 12　红细胞 C3b 受体花环形成实验

【实验目的】

1. 掌握花环法测定红细胞 C3b 受体的原理与方法。

2. 了解红细胞的免疫功能及其检测方法。

【实验原理】

红细胞膜上 C3b 受体(CD35)可与补体致敏的酵母菌黏附形成花环(RBC-C3bR 花环);红细胞膜上黏附的 IC(免疫复合物)中 C3b 分子可与未致敏的酵母菌黏附形成花环(RBC-IC 花环)。RBC-C3bR 和 RBC-IC 花环率可作为红细胞免疫黏附功能的指标,如二项指标都低下,判为原发性红细胞免疫功能低下,为红细胞膜 C3b 受体受到破坏和影响所致;如果 RBC-C3b 受体花环率降低,而 RBC-IC 花环率增高,为继发性红细胞免疫功能低下,是由于 CIC 增加,红细胞黏附 IC 过多引起的。此两项试验可作为临床上免疫性疾病的疗效及预后检测指标。

【实验器材】

1. 器具

离心机、细胞计数板、定性滤纸、光学显微镜、试管、水浴箱、载玻片。

2. 材料

小鼠、肝素、生理盐水、酵母菌、0.25% 戊二醛、甲醛、瑞氏染液。

【实验方法】

1. 制备待测红细胞悬液:将肝素抗凝的指血或静脉血用生理盐水洗涤离心 3

次，以 2 000 r/min 离心 3～5 min，计数后配成 1.25×10^7/ml 的红细胞悬液备用。

2. 酵母菌培养：取酵母菌菌种接种于沙保培养基，28 ℃培养 24 h 即可。

3. 制备补体致敏的酵母菌悬液：将酵母菌用生理盐水洗涤 3 次后，配成 1%悬液，水浴内煮沸 20 min，充分混匀。用二层定性滤纸（或 16 层纱布）过滤，除去小凝块，在低倍镜下呈单个酵母菌细胞分散状态，加等量小白鼠血清，混匀后置 37 ℃水浴致敏 15 min。用生理盐水洗涤 1 次，以 2 500 r/min 离心 10 min。去尽上清，用生理盐水重混悬。计数后配成 1×10^8/ml 补体（C3）致敏的酵母菌悬液。

4. 取两支小试管，每管加待测红细胞悬液 100 μl，第一管再加补体致敏酵母菌悬液 100 μl，第二管加未致敏的酵母菌悬液 100 μl，摇匀放 37 ℃水浴 30 min；取出用手腕轻轻摇匀，加生理盐水 200 μl；混匀后，再加 0.25%戊二醛 75 μl 轻轻混匀；分别取 1/3 量水平涂片，吹干，加甲醇固定；用瑞氏法染色，油镜下计数。

5. 红细胞上黏附 2 个或 2 个以上酵母菌者为花环。分别计数 200 个红细胞，算出花环阳性细胞百分率。第一管为 RBC-C3b 受体花环率，第二管为 RBC-IC 花环率。

【注意事项】

1. 酵母菌要分散不能自凝，要充分吹打分散。

2. 水浴时防止红细胞破坏。

3. 细胞计数要准确，红细胞与酵母菌比例要合适，红细胞应新鲜。

4. 有实验表明，类风湿性关节炎、SLE 和肿瘤患者等，其红细胞黏附酵母菌的能力低下，故 RCR 形成率降低，体内循环免疫复合物增多，故只 RICR 形成率增高。学龄前儿童的黏附力略低于成年，随着身体发育成熟，7 岁儿童已接近成人。随着年龄增长，体内循环免疫复合物增多，60 岁以上则出现红细胞免疫黏附力下降。

5. 肿瘤和非肿瘤患者的红细胞黏附力下降，但以肿瘤患者的下降最为明显，并能反映出不同病程和治疗前后的变化。所以有人认为对红细胞免疫功能的检测具有十分重要的临床应用价值。

6. 红细胞可免疫黏附各种肿瘤细胞，形成肿瘤红细胞花环（tumor cell rosette，TRR），但加入血清作用于肿瘤细胞后，花环率可明显升高。

实验 13   IgG 的提取、纯化及兔抗人 IgG 免疫血清的制备

【实验目的】

1. 学习 IgG 提取纯化过程和制备兔抗人 IgG（免疫血清）的过程。

2. 了解分离、纯化抗体的原理。

【实验原理】

制备酶标抗体或荧光抗体的免疫球蛋白必须高度纯化并具有特异性,不含有非抗体的血清蛋白。另外,为了浓集和提高抗体的效价常需要分离和提纯免疫球蛋白。对免疫球蛋白的分离纯化有两方面的含义:一是从理化性质上提取均质的免疫球蛋白部分,使免疫球蛋白和其他蛋白质分离,去除杂质、浓集和提高各类免疫球蛋白的含量;二是从免疫学角度上提取对某种特定抗原的特异性抗体,这种特异性抗体可以是几类免疫球蛋白(如 IgG、IgM、IgA)的混合物。为了除去各类免疫球蛋白中与相应抗原无关的抗体成分,可利用相应抗原特异性地沉淀或亲和吸附等方法达到纯化目的。

IgG 占血清抗体的 70%～80%,其中约有一半分布于血管内,另外一半在其他部位。因此,抗体的分离纯化主要是分离纯化 IgG 从电泳迁移范围来看,IgG 的迁移度很广,从慢 γ 区延伸至快 β 区,以至 a_2 区。因此要提纯 IgG 必须从血清中利用化学方法除去血清白蛋白,沉淀出血清 γ 球蛋白,进而用透析和过滤的方法去掉血清 γ 球蛋白中的盐类物质。经脱盐的纯净 γ 球蛋白中含有各种免疫球蛋白。根据这些蛋白质的分子量和其他物理、化学性质上的差异,采用盐析法、离子交换层析法、凝胶过滤法、亲和层析法、电泳法或超速离心等方法得到提纯的 IgG。

盐析法分离提纯 IgG,其原理是由于溶液是由溶剂和溶质组成的。绝大多数的溶质可以通过加入中性盐类使溶质从溶液中析出,这个过程称为盐析。蛋白质溶液是胶体溶液,它也具有这种性质。不同的蛋白质在同一浓度盐溶液中的溶解度不同,在低盐浓度范围内,蛋白质的溶解度随着盐类浓度升高而增高,但当盐类浓度不断上升时,蛋白质的溶解度又以不同程度下降并先后析出。因此,不同性质的蛋白质可以通过加入不同浓度的中性盐类而分段的从溶液中沉淀出来。

许多中性盐都能使蛋白质盐析,如硫酸铵、硫酸钠、硫酸镁、氯化钠和磷酸盐等。常用的为硫酸铵,因它具有溶解度高且受温度影响较小的优点,在室温或冰箱(4 ℃)内均可进行。硫酸钠虽然有较高的溶解度,且不含氮,不影响蛋白质的测定,但易受到温度的影响,盐析温度在 30 ℃ 以上,故较少使用。

一般认为在 pH 7.0 时,50% 硫酸铵度可将所有的 5 种 Ig 沉淀出来;33% 饱和度时,大部分 IgG 可沉淀出来;40% 饱和度时,沉淀物得率最高,但含 IgM、IgA 等 β 球蛋白部分增多。

利用盐析法提取的免疫球蛋白,不能得到纯净的免疫球蛋白,欲获得较纯的产品,必须同时结合其他方法,如凝胶过滤、离子交换、亲和层析、区带电泳等。

【实验器材】

1. 器具

高速离心机、冰冻离心机、透析袋、自动收集器、玻棒、烧杯、试管、冰箱、Sephadex G-50 凝胶柱、干燥箱、无菌钵、弗氏不完全佐剂、卡介苗、琼脂双扩散板等。

2. 材料

健康家兔（体重 2 kg）、人 IgG、人羊毛脂、石蜡油、生理盐水、注射器及针头、碘酒、酒精棉球等、抗血清、DEAE-纤维素 DE-52、1% 氯化钡溶液、0.01 mol/L 磷酸盐缓冲液(pH 7.4)、0.005 mol/L 磷酸盐缓冲液(pH 8.0)、饱和硫酸铵溶液、奈氏试剂。

【实验方法】

1. IgG 提取、纯化

(1) 取 10 ml 抗血清加等量的 pH 7.4、0.01 mol/L 的磷酸盐缓冲液或生理盐水（磷酸盐缓冲液较生理盐水好，因很少引起蛋白质变性），将血清稀释一倍，慢慢摇动以免形成泡沫。

(2) 在冰浴中逐滴加入 20 ml 饱和硫酸铵溶液，边加边搅拌，以防止形成团块，减少沉淀。此时即有大量的 γ-球蛋白沉淀（主要是 IgG）。

(3) 置冰箱静置 30 min 或更长时间后，冷冻离心（3 000～4 000 r/min，15 min)，弃上清。沉淀用 10 ml 0.01 mol/L 的磷酸盐缓冲液溶解。

(4) 逐滴加入 5 ml 饱和硫酸铵边加边搅拌，使饱和度为 33%，置 4 ℃ 冰箱 30～60 min，离心收集沉淀。同法重复 3、4 步骤 3 次，可得到较纯的 IgG。

(5) 透析除盐：将沉淀物溶于少量 pH 7.4、0.01 mol/L 磷酸盐缓冲液中，装入透析袋中透析。首先用蒸馏水透析 2～10 min，以后在 pH 7.4、0.01 mol/L 磷酸盐缓冲液中透析。4 ℃ 恒定振荡透析袋外液，每天换外液 3～5 次。一般透析 2～3 d，直至全部 SO_4^{2-} 或 NH_4^+ 被除去为止（当有 SO_4^{2-} 存在时，加入 1% $BaCl_2$ 时可形成白色沉淀；有 NH_4^+ 存在时，加入奈氏试剂则产生黄色沉淀）。也可用 Sephadex G-50 凝胶柱层析除盐。这种粗提的 IgG 可用于制备荧光标记抗体等。

(6) 如需进一步纯化 IgG，需将上述粗制的 IgG 装入透析袋，用 pH 8.0、0.005 mol/L 磷酸缓冲液平衡后，用 DEAE-纤维素 DE-52 层析柱分步洗脱（柱子预先用 pH 8.0、0.005 mol/L 磷酸缓冲液平衡)、IgG 可从 pH 8.0、0.005 mol/L 磷酸盐缓冲液洗脱出。洗脱液经浓缩，透析即得成品。经 DEAE 层析柱后制得的 IgG 纯度高，但得率较少，且效价明显降低。

IgG 的分离、纯化全部过程如下：

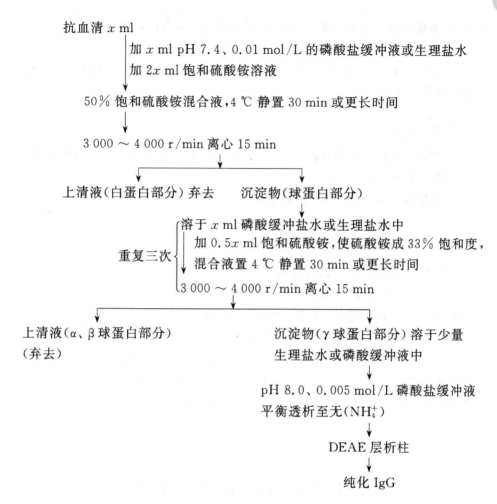

2. 兔抗人 IgG 免疫血清的制备

以人血清 IgG 为抗原,制备兔抗人免疫血清。

(1) IgG 佐剂抗原的制备

1) 弗氏不完全佐剂抗原的制备

称取羊毛脂 8 g,量石蜡油 57 ml,置于 160～170 ℃干燥箱灭菌,用无菌钵研磨均匀 4 ℃冰箱过夜后,观察是否分层,次日仍均匀黏稠者即可使用。

2) IgG-弗氏完全佐剂的制备

将弗氏不完全佐剂放在无菌研钵中,在无菌条件下边研磨边逐滴加入卡介苗及 IgG(弗氏不完全佐剂∶卡介苗∶IgG＝10 ml∶150 mg∶140 mg),沿一个方向充分研磨,磨毕置冰箱过夜,不分层方可使用。

(2) 免疫动物

于家兔颈后、两后肢大腿外侧共三个部位,皮下注射 IgG 佐剂抗原 1 ml。三周后,原处附近重复注射一次,必要时还可第三次注射 IgG 抗原。

（3）收获免疫血清

于末次注射后第 7 天试血,琼脂双扩散试验效合格,即可放血收获血清,此即为兔抗人 IgG 免疫血清。

【注意事项】

1. 提取免疫球蛋白最好在 2～4 ℃条件下进行,时间不太长也可在室温进行。全部材料使用前均应冷却。

2. 硫酸铵浓度可按下述公式调整：

$$V = V_0 \frac{S_2 - S_1}{1 - S_2}$$

V 为所需用的饱和硫酸铵体积；

V_0 为调整前的原溶液体积；

S_2 为所需达到的饱和度（用百分饱和度表示）；

S_1 为原溶液中硫酸铵饱和度（用百分饱和度表示）。

3. 如采用血浆分离纯化 IgG 时,需先加入等体积的 pH 7.4、0.01 mol/L 的磷酸盐缓冲液或生理盐水,再加入 1/4 体积的饱和硫酸铵溶液,使其饱和度约为 20%,离心去除纤维蛋白原后,再按上述方法进行操作。

实验 14　单克隆抗体技术

【实验目的】

1. 学习制备单克隆抗体技术的原理、方法以及关键步骤。
2. 熟悉单克隆抗体的优点。

【实验原理】

1975 年 Köhler 和 Milstein 创立了单克隆抗体技术（The technique of mono-clonal antibody）。他们将小鼠骨髓瘤细胞和绵羊红细胞免疫的小鼠脾细胞进行融合,形成的杂交细胞既可产生抗体,又可无限增殖,从而创立了单克隆抗体杂交瘤技术。单克隆抗体（monoclonal antibody，McAb）具有结构均一、纯度高、特异性强、效价高、交叉反应少等优点,不足的是其鼠源性对人具有较强的免疫原性,反复人体使用后可诱导产生人抗鼠的免疫应答,从而削弱其作用,甚至导致免疫病理损伤。

【实验器材】

1. 器具

超净工作台、倒置显微镜、精密天平、水浴箱、普通冰箱、低温冰箱、液氮罐、离心机、高压灭菌器或烤箱、恒温培养箱、CO_2 孵育箱、细菌滤器、剪刀、镊子、眼科剪刀、眼科镊子、止血钳、医用黏合剂或万能胶、小鼠解剖台板、血球计数板、1 ml 和 10 ml 吸管、毛细吸管、1 ml 和 10 ml 注射器、4 号和 7 号针头、微量加样器及配套尖头、盐水瓶及橡皮塞、烧杯、细胞培养瓶、平底细胞培养板(24 孔和 96 孔)、细胞冷冻管、无菌锥形(带盖)15 ml 和 50 ml 塑料离心管、研磨棒及其配套圆底中管、小盒(具一定隔温能力)、培养皿。

2. 材料

(1) 细胞融合剂聚乙二醇(PEG):MERCK 公司分子量 4 000 kDa 或 4 000 kDa+1 500 kDa PEG 。

(2) 0.2 mol/L 的 L-谷氨酰胺(L-G)溶液:称取 2.9 g L-谷氨酰胺(分子量146.15),用三蒸水或去离子水溶解至 100 ml,除菌过滤,分装小瓶,5 ml/瓶,−30 ℃保存。

(3) 青、链霉素(双抗)溶液:青霉素 G(钠盐)100 万 U 和链霉素(硫酸盐)1 g,溶于 100 ml 灭菌三蒸水或去离子水中,分装小瓶,5 ml/瓶,−30 ℃保存。

(4) RPMI-1640 培养液不完全培养液:RPMI-1640 粉剂 10.4 g 溶于 1 000 ml 双蒸水;$NaHCO_3$ 2 g(搅拌使其充分溶解);青、链霉素(双抗)溶液 1 ml;0.2 mol/L-谷氨酰胺(L-G)溶液 1 ml;调 pH 至 7.2。配好后除菌过滤,分装,400 ml/瓶,4 ℃或−30 ℃保存。

(5) FCS RPMI-1640 培养液完全培养液:20 ml 胎牛血清+80 ml RPMI-1640培养液。

(6) 氨基喋呤(A)贮存液(100×,$4×10^5$ mol/L):取 1.76 mg 氨基喋呤(分子量440.4)溶于 90 ml 三蒸水或去离子水中,滴加 1 mol/L 的 NaOH 0.5 ml,置磁力搅拌器搅拌。完全溶解后,加 1 mol/L 的 HCl 0.5 ml 中和,补加三蒸水或去离子水至 100 ml,除菌过滤,分装小瓶,4.5 ml/瓶,−30 ℃保存。

(7) 次黄嘌呤和胸腺嘧啶核苷(HT)储存液(100×,H 为 10^{-2} mol/L;T 为$1.6×10^{-3}$ mol/L):称取 136.1 mg 次黄嘌呤和 38.8 mg 胸腺嘧啶核苷,加三蒸水或去离子水至 100 ml,置 50 ℃水浴中使其完全溶解,除菌过滤,分装小瓶,2 ml/瓶,−30 ℃保存。用前 37 ℃加温助溶。

(8) HAT 培养液:78 ml RPMI-1640 培养液+1 ml A 储存液+1 ml HT 储存液+20 ml FCS。

（9）HT 培养液：79 ml RPMI-1640 培养液＋1 ml HT 储存液＋20 ml FCS。

（10）细胞冻存液

细胞冻存液 1：90 ml FCS＋10 ml 二甲亚砜（DMSO），4 ℃或－30 ℃保存。DMSO 本身有毒、无菌，配制时不需灭菌。

细胞冻存液 2：90 ml 20％ FCS RPMI-1640 培养液＋10 ml DMSO，4 ℃或－30 ℃保存。

（11）8-杂氮鸟嘌呤储存液（8-AG）：取 200 mg 8-杂氮鸟嘌呤（分子量：152.1），加入 4 mol/L 的 NaOH 1 ml，待其溶解后，加 1 mol/L 的 HCl 中和，再加三蒸水或去离子水至 100 ml，除菌过滤，分装小瓶，－30 ℃保存。使用时按 1‰浓度加入培养液中（终浓度 20 μg/ml）。

（12）无菌 Ficoll 液（淋巴细胞分离液）。

（13）胎牛血清或小牛血清：培养液牛血清质量是决定融合成功与否和杂交瘤数量多少的关键因素。市售血清质量相差极大，以有限稀释克隆化法逐批甚至逐头筛选。

（14）克隆化法筛选血清：取待筛选血清配制 20％FCS RPMI-1640 培养液，用骨髓瘤细胞以有限稀释法进行克隆化，使每孔含 1 个细胞。5～7 d 左右观察细胞克隆化生长情况。一般优质血清可使 70％以上的孔长出克隆，且克隆生长迅速，细胞明亮，胞浆丰满，边缘清晰。

（15）BALB/c 小鼠。

【实验方法】

制备单克隆抗体包括动物免疫、细胞融合、选择杂交瘤、检测抗体、杂交瘤细胞的克隆化、冻存以及单克隆抗体的大量生产等一系列实验步骤。下面按照制备单克隆抗体的流程顺序，逐一介绍其实验方法。

细胞融合前的准备

1. 免疫方案

选择适合的免疫方案对于获得高质量的 McAb 至关重要。通常要在融合前两个月左右确立免疫方案并开始初次免疫，免疫方案应根据抗原的特性而定。

（1）颗粒性抗原免疫性较强，不加佐剂就可获得很好的免疫效果。以细胞性抗原为例：免疫细胞数为每只小鼠 $1 \times 10^7/0.5$ ml 生理盐水，腹腔注射。初次免疫，间隔 2 到 3 周第二次免疫，间隔 3 周后第三次免疫，10 天后，取血测效价。加强免疫 3 天后，取脾融合。

（2）可溶性抗原免疫原性弱，一般要加佐剂。将抗原和佐剂等体积混合在一起，研磨成油包水的乳糜状。

初次免疫，Ag 5～50 μg/只，加弗氏完全佐剂皮下多点注射，一般 0.2 ml/点。

间隔 3 周后第二次免疫,剂量途径同上,加弗氏不完全佐剂。间隔 3 周后第三次免疫,剂量同上,不加佐剂,生理盐水中腹腔注射。7～10 d 后采血测其效价,检测免疫效果。间隔 2～3 周后加强免疫,剂量 50 μg 为宜,静脉注射。3 d 后,取脾融合。

2. 饲养细胞的制备

在制备 McAb 过程中,许多环节需要加饲养细胞,如:在杂交瘤细胞筛选、克隆化和扩大培养过程中,加入饲养细胞是十分必要的。常用的饲养细胞有:小鼠腹腔巨噬细胞、小鼠脾脏细胞或小鼠胸腺细胞,小鼠腹腔巨噬细胞较为常用,制备方法如下:

(1) 取与免疫小鼠相同品系 6～10 周龄的 BALB/c 小鼠。

(2) 颈椎脱臼处死,浸泡于 75% 酒精中 3～5 min,用无菌剪刀剪开皮肤,暴露腹膜。用无菌注射器注入 6～8 ml 培养液,反复冲洗,吸出冲洗液。

(3) 放入 10 ml 离心管,1 200 r/min 离心 5～6 min。

(4) 用 20% 胎牛血清(FCS)的培养液混悬,调整细胞数为 1×10^5/ml。加入 96 孔板,100 μl/孔,放入 37 ℃ 的 CO_2 孵育箱培养。一般饲养细胞在融合前一天制备,一只小鼠可获得 $5 \times 10^6 \sim 8 \times 10^6$ 个腹腔巨噬细胞,若用小鼠胸腺细胞作为饲养细胞,细胞浓度为 5×10^6 个/ml,小鼠脾细胞为 1×10^6 个/ml,均为 100 μl/孔。

3. 骨髓瘤细胞

骨髓瘤细胞系和免疫动物应属于同一品系,这样杂交融合率高,也便于接种杂交瘤细胞在同一品系小鼠腹腔内产生大量 McAb。常用骨髓瘤细胞系有:NS1、SP2/0、X63、Ag8.653 等。

骨髓瘤细胞的最大密度不得超过 10^6 个/ml,一般扩大培养以 1∶10 稀释传代,每 3～5 d 传代一次。细胞的倍增时间为 16～20 min,上述骨髓瘤细胞系均为悬浮或轻微贴壁生长,用弯头滴管轻轻吹打即可悬起细胞。

一般在融合前的两周就应开始复苏骨髓瘤细胞,为确保该细胞对 HAT 的敏感性,每 3～6 月应用 8-AG 筛选一次,以防止细胞的突变。确保骨髓瘤细胞处于对数生长期,形态良好,活细胞计数高于 95%,也是决定细胞融合成败的关键。

4. 免疫脾细胞的制备

免疫脾细胞指的是处于免疫状态的脾脏中 B 淋巴母细胞——浆母细胞。一般取最后一次加强免疫 3 d 以后的脾脏,制备成细胞悬液,由于此时 B 淋巴母细胞比例较大,融合的成功率较高。

脾细胞悬液的制备:在无菌条件下取出脾脏,用不完全的培养液洗一次,置平皿中不锈钢筛网上,用注射器针芯研磨成细胞悬液后计数。一般免疫后脾脏体积约是正常鼠脾脏体积的 2 倍,细胞数为 2×10^8 个左右。

细胞融合及杂交瘤的选择

1．细胞融合流程

（1）取对数生长的骨髓瘤细胞 SP2/0，1 000 r/min 离心 5 min，弃上清，用不完全培养液混悬细胞后计数，取所需的细胞数，用不完全培养液洗涤 2 次。

（2）同时制备免疫脾细胞悬液，用不完全培养液洗涤 2 次。

（3）将骨髓瘤细胞与脾细胞按 1∶10 或 1∶5 的比例混合在一起，在 50 ml 塑料离心管内用不完全培养液洗 1 次，1 200 r/min 离心 8 min。

（4）弃上清，吸净残留液体，以免影响 PEG 的浓度。

（5）轻轻弹击离心管底，使细胞沉淀略为松动。

（6）在室温下融合：30 s 内加入 37 ℃预热的 1 ml、45％ PEG，含 5％ DMSO，边加边搅拌。作用 90～120 s。加预热 37 ℃的不完全培养液，终止 PEG 作用，连续每 2 分钟内分别加入 1 ml、2 ml、3 ml、4 ml、5 ml 和 10 ml。

（7）800 r/min 离心 6 min。

（8）弃上清，先用 6 ml 左右 FCS RPMI-1640 轻轻混悬，切记不能用力吹打，以免使融合在一起的细胞散开。

（9）根据所用 96 孔培养板的数量，补加完全培养液，每块 96 孔板需 10 ml。

（10）将融合后的细胞悬液加入含有饲养细胞的 96 孔板，100 μl/孔，37 ℃、5％ CO_2 孵育箱培养。

2. HAT 选择杂交瘤

小鼠骨髓瘤细胞与小鼠脾细胞在融合剂聚乙二醇（PEG）的作用下，细胞间发生随机的融合，形成具有 5 种细胞成分的混合体，其中包括未融合的骨髓瘤细胞和脾细胞，骨髓瘤细胞与骨髓瘤细胞、脾细胞与脾细胞以及骨髓瘤细胞与脾细胞三类融合细胞，只有骨髓瘤细胞与脾细胞融合才能成为杂交瘤细胞。由于小鼠脾细胞在体外培养条件下只能存活几天，且不能增殖，因此它不影响杂交瘤细胞的生长；而小鼠的骨髓瘤细胞生长能力极强，增殖速度快，必须及时清除骨髓瘤细胞、骨髓瘤细胞与骨髓瘤细胞融合的同核体细胞。为此应用次黄嘌呤（H）、氨基喋呤（A）和胸腺嘧啶核苷（T）选择性培养液（HAT）加入融合后的培养系统中。

骨髓瘤细胞的 DNA 合成途径有两条：一条是生物合成的主要途径，由氨基酸及其他小分子化合物合成核苷酸，进而合成 DNA，叶酸衍生物是必不可少的媒介物，它参与嘌呤环和胸腺嘧啶甲基的生物合成，HAT 培养液中的氨基喋呤是叶酸拮抗剂，因此可以阻断骨髓瘤细胞内 DNA 合成的主要途径；另一条途径是补救途径或称替代途径，正常细胞可利用 HAT 培养液中的次黄嘌呤和胸腺嘧啶核苷，在次黄嘌呤-鸟嘌呤磷酸核糖转移酶（HGRPT）和胸腺嘧啶核苷激酶（TK）的催化下经旁路合成 DNA。骨髓瘤细胞是经过 8-AG 或 6-巯基鸟嘌呤（6-TG）筛选而得到的遗传基因缺陷型的细胞系，骨髓瘤细胞缺乏次黄嘌呤（鸟嘌呤磷酸核糖转移酶 HGRPT⁻）或胸腺嘧啶核苷激酶（TK⁻）。因此，当骨髓瘤细胞主要合成途径被氨

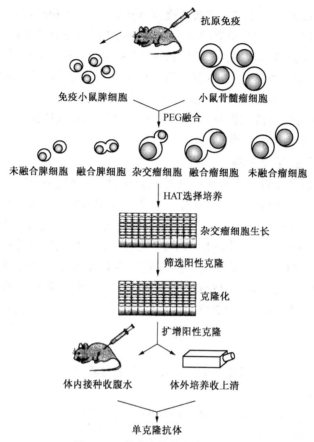

图 14.1　单克隆抗体的制备程序

基喋呤阻断后,由于其缺乏上述两种酶,从而导致骨髓瘤细胞在 HAT 培养系统中的死亡。杂交瘤细胞由于从 B 细胞获得上述两种酶,则能利用补充在培养液中的次黄嘌呤和胸腺嘧啶核苷经旁路途径合成 DNA,使杂交瘤细胞得以生存和扩增。

确定 HAT 选择培养的时间和浓度:一般在融合 24 h 后,加 HAT 选择培养液(HT 和 HAT 均有 50×商品化试剂,用时 1 ml 加入 50 ml FCS RPMI-1640 培养液中)。

因为在培养板内已加入饲养细胞、融合后的细胞,200 μl/孔,所以在加选择培养液时应加 3 倍量的 HAT。

50×HAT:H 为 5×10^{-3} mol/L, A 为 2×10^{-5} mol/L, T 为 8×10^{-4} mol/L。

一般用 HAT 选择培养液培养两周后,改用 HT 培养液,再维持培养两周,改用一般培养液。

抗体的检测

筛选杂交瘤细胞通过选择性培养而获得杂交细胞系中,仅少数能分泌针对免疫原的特异性抗体。一般在杂交瘤细胞布满孔底 1/10 面积时,即可开始检测特异性抗体,筛选出所需要的杂交瘤细胞系。检测抗体应根据抗原的性质、抗体的类型不同,而选择不同的筛选方法,一般以快速、简便、特异、敏感为原则。

1. ELISA 用于可溶性抗原(蛋白质)、细胞和病毒等 McAb 的检测。

2. RIA 用于可溶性抗原、细胞 McAb 的检测。

3. FACS(荧光激活细胞分类仪)用于检查细胞表面抗原的 McAb 检测。

4. IFA 用于细胞和病毒的 McAb 检测。

杂交瘤的克隆化和冻存

克隆化一般是指将抗体阳性孔进行克隆化,因为经过 HAT 筛选后的杂交瘤克隆不能保证一个孔内只有一个克隆。经常会有所需要的抗体(特异性抗体)分泌细胞和其他无关抗体分泌细胞,要想将这些细胞彼此分开,就需要克隆化。克隆化的原则是,抗体阳性的杂交克隆应尽早进行克隆化,否则抗体分泌的细胞会被抗体非分泌的细胞所抑制,因为抗体非分泌细胞的生长速度比抗体分泌细胞的生长速度快,二者竞争的结果会使抗体分泌的细胞丢失。即使克隆化过的杂交瘤细胞也需要定期地再克隆,以防止杂交瘤细胞的突变或染色体丢失,从而丧失产生抗体的能力。

1. 克隆化方法

克隆化的方法很多,最常用的是有限稀释法和软琼脂平板法。

(1) 有限稀释法

首先制备饲养细胞悬液(同融合前准备)。计数阳性孔细胞,并调整细胞数在 $1 \times 10^3 \sim 5 \times 10^3$ 个/ml。

取 130 个细胞放入 6.5 ml 含饲养细胞的完全培养液,即 20 个细胞/ml,以 100 μl/孔加 A、B、C 三排为每排 12 个孔,2 个细胞/孔。余下 2.9 ml 细胞悬液补加 2.9 ml 含饲养细胞的完全培养液,细胞数为 10 个/ml,100 μl/孔加 D、E、F 三排,1 个/孔。余下的 2.2 ml 细胞悬液补加 2.2 ml 含饲养细胞的完全培养液,细胞数为 5 个/ml,100 μl/孔,加 G、H 两排,为 0.5 个/孔。培养 4～5 d 后,在倒置显微镜上可见到小的细胞克隆,补加完全培养液 200 μl/孔。第 8～9 d 时,肉眼可见细胞克隆,及时进行抗体检测(初次克隆化的杂交瘤细胞需要在完全培养液中加 HT)。

(2) 软琼脂平板法

首先配制 0.5％琼脂液:由 1 份 1％琼脂(1％琼脂水溶液高压灭菌,42 ℃预热)+1 份含 20％ 2 倍浓缩的 FCS RPMI-1640,置 42 ℃保温。用上述 0.5％琼脂液(含有饲养细胞)15 ml 倾注至直径为 9 cm 的平皿中,在室温中待凝固后作为基底层备用。按 100/ml、500/ml 浓度配制需克隆的细胞悬液。1 ml 0.5％琼脂液(42 ℃预热)在室温中分别与 1 ml 不同浓度的细胞悬液相混合。混匀后立即倾注于琼脂基底层上,室温 10 min,使其凝固,孵育于 37 ℃、5％CO_2 的孵育箱中。

4～6 d 后即可见针尖大小白色克隆,7～10 d 后,直接移种至含饲养细胞的 24 孔板中进行培养。之后检测抗体,扩大培养,必要时再克隆化。

2. 杂交瘤细胞的冻存

及时冻存原始孔的杂交瘤细胞和每次克隆化得到的亚克隆细胞是十分重要的,因为在没有建立一个稳定分泌抗体细胞系的时候,细胞的培养过程中随时可能发生细胞的污染、分泌抗体能力的丧失等现象。

杂交瘤细胞的冻存方法同其他细胞系的冻存方法一样,细胞应在每支安瓿含 1×10^6 个以上,但对原始孔的杂交瘤细胞可以因培养环境的不同而改变,在 24 孔培养板中培养,当长满孔底时,一孔就可以冻成一支安瓿。

冻存液最好预冷,操作动作轻柔、迅速。冻存时从室温可立即降到 0 ℃,之后一般按每分钟降温 2～3 ℃,待降至 -70 ℃可放入液氮中;或细胞管立即放入 -70 ℃的超低温冰箱,次日转入液氮中。也可以用细胞冻存装置进行冻存。冻存细胞要定期复苏,检查细胞的活性和分泌抗体的稳定性,在液氮中细胞可保存数年。

单克隆抗体的鉴定

对制备的 McAb 进行系统的鉴定是十分必要的,应对其做如下方面的鉴定:

1. 抗体特异性的鉴定:除用抗原进行抗体的检测外,还应用与其抗原成分相关的其他抗原进行交叉试验,方法可用 ELISA、IFA 法。

2. McAb 的 Ig 类与亚类的鉴定:一般在用酶标或荧光素标记的第二抗体进行筛选时,已经基本上确定了抗体的 Ig 类型。如果用的是酶标或荧光素标记的兔抗鼠 IgG 或 IgM,则检测出来的抗体一般是 IgG 类或 IgM 类。至于亚类则需要用标准抗亚类血清系统作双扩或夹心 ELISA 来确定。在作双扩试验时,如加入适量的 PEG(3%)将有利于沉淀线的形成。

3. McAb 中和活性的鉴定:用动物的或细胞的保护实验来确定 McAb 的生物学活性,例如确定抗病毒 McAb 的中和活性,则可用抗体和病毒同时接种于易感的动物或敏感的细胞,来观察动物或细胞是否得到抗体的保护。

4. McAb 识别抗原表位的鉴定:用生物传感器、竞争结合试验、测相加指数的方法,测定 McAb 所识别抗原位点,来确定 McAb 的识别的表位是否相同。

5. McAb 亲和力的鉴定:用生物传感器、ELISA 或 RIA 竞争结合试验来确定 McAb 与相应抗原结合的亲和力。

【注意事项】

由于制备 McAb 的实验周期长、环节多,所以影响因素就比较多。

1. 污染

包括细菌、霉菌和支原体的污染,这是杂交瘤工作中最棘手的问题,一旦发现有霉菌污染就应及早将污染板抛弃,以免污染整个培养环境。支原体的污染主要来源于牛血清,此外其他添加剂、实验室工作人员及环境也可能造成支原体污染。因此对每一批小牛血清和长期传代培养的细胞系进行支原体的检查,查出污染源应及时采取措施处理。对于污染的杂交瘤细胞可以采取生物学的过滤方法,将污染的杂交瘤细胞注射于 BALB/c 小鼠的腹腔,待长出腹水或实体瘤时,无菌取出腹水分离出杂交瘤细胞,一般可除去支原体污染。

2. 融合后杂交瘤不生长

在保证融合技术没有问题的前提下主要考虑下列因素:①PEG 有毒性或作用时间过长;②牛血清的质量太差,用前没有进行严格的筛选;③骨髓瘤细胞污染了支原体;④HAT 有问题,主要是 A 含量过高或 HT 含量不足;⑤饲养层细胞加入的量与时间对杂交瘤细胞的生长影响显著。

3. 杂交瘤细胞不分泌抗体或停止分泌抗体

①融合后有细胞生长,但无抗体产生,可能是 HAT 中 A 失效,或骨髓瘤细胞发生突变,变成 A 抵抗细胞所致;②有可能是免疫原抗原性弱,免疫效果不好;③原分泌抗体的杂交瘤细胞变为阴性,可能是细胞支原体污染,或非抗体分泌细胞克隆竞争性生长,从而抑制了抗体分泌细胞的生长,也可能发生染色体丢失。

4. 杂交瘤细胞难以克隆化

可能与小牛血清质量、杂交瘤细胞的活性状态有关,或由于细胞有支原体污染,使克隆化难以成功。若是融合后的早期克隆化,应在培养液中加 HT。

实验15　人单克隆抗体的制备

【实验目的】

掌握人单克隆抗体制备的原理与方法。

【实验原理】

为了克服鼠源性单克隆抗体在人体内应用所产生的各种弊端,使单克隆抗体在体内诊断与治疗、体内稀有抗原的研究、药物导向与追踪方面得以更好地应用,制备人单克隆抗体是必然的发展方向。尽管早在 1977 年就获得到了分泌特异性抗体的人细胞系,但至今还没有人单克隆抗体能够真正临床应用,其原因是人单克隆抗体制备技术本身的研究进展缓慢,许多困难难以克服。没有可用的人单克隆抗体,也就谈不上体内应用。随着抗体工程技术的发展,发达国家的抗体治疗已经进入了收获阶段,现在已有了 9 个人源化单克隆抗体产品。国际上致力于人源化单克隆抗体开发的企业已有 250 家,正在开发中的产品有 700 个,其中 100 个左右已经进入临床研究,单克隆抗体药物约占所有在开发的生物技术药品的 25% 左右。

【实验器材】

1. 器具

超净工作台、倒置显微镜、恒温培养箱、水浴箱、精密天平、普通冰箱、低温冰箱、液氮罐、离心机、高压灭菌器或烤箱、细菌滤器、培养皿、剪刀、镊子、眼科剪刀、眼科镊子、止血钳、医用黏合剂或万能胶、血球计数板、1 ml 和 10 ml 吸管、毛细吸管、1 ml 和 10 ml 注射器、4 号和 7 号针头、微量加样器及配套尖头、盐水瓶及橡皮塞、烧杯、细胞培养瓶、平底细胞培养板(24 孔和 96 孔)、细胞冷冻管、无菌锥形底带盖 15 ml 和 50 ml 塑料离心管(或带盖短中管)、研磨棒及其配套圆底中管、小盒子、PCR 仪、电泳仪。

2. 材料

(1) 同单克隆抗体的制备试剂。

(2) 无菌 Ficoll 液(淋巴细胞分离液)。

(3) 1%(V/V)美洲商陆(PWM)。

(4) 胎牛血清或小牛血清。

(5) 人 AB 型血清。

【实验方法】

杂交瘤技术制备人单克隆抗体

1. 骨髓瘤细胞和其他融合细胞系

人骨髓瘤细胞不稳定,抗体分泌及克隆产生能力不良。尽管许多实验室花了大量时间和精力选择细胞系,也获得了很多细胞系,但没有一个细胞系能够像小鼠骨髓瘤细胞系那样稳定,而且培养条件要求高,细胞生长缓慢,融合后的杂交瘤稳定性更差。无论人浆细胞瘤还是人淋巴样细胞系,融合后杂交瘤的抗体产生率均很低。而且,人骨髓瘤都产生自己的 Ig,杂交瘤细胞分泌的 Ig 含两个亲代 Ig 和杂交 Ig,给杂交瘤的鉴定和人单克隆抗体的纯化带来了困难。

部分制备人杂交瘤的细胞系如下:GM15006TGA12、KR4、LICR-LON-Hmy2、UC729、GM4672、GM152、U266、TM-H2、SKO-007、DHMC 等。

2. 特异性 B 淋巴细胞的制备

(1) 采用动物免疫方法对所需抗原实施人的体内免疫显然是不现实的,只能取免疫接种者或自然感染者外周血淋巴细胞作融合细胞来源,而外周血淋巴细胞不是好的融合细胞。曾有人用 SCID 小鼠进行体内免疫,SCID 小鼠是一种免疫系统严重联合免疫缺陷(Severe Combination immunodeficient disease, SCID)的小鼠模型,SCID 小鼠对植入的人免疫细胞不排斥。将破伤风类毒素(TT)免疫过的人外周血淋巴细胞注入 SCID 鼠腹腔,于第 2 天给 SCID 小鼠追加注射 TT,以后每隔两周加强 1 次,8 周内 SCID 小鼠血清中特异性抗体持续升高。SCID 鼠淋巴结中含有 25％的人 B 淋巴细胞。

(2) 体外免疫。首先分离人淋巴细胞。然后取待致敏人淋巴细胞置于 B 淋巴细胞培养液中,使待致敏人淋巴细胞浓度为 1×10^8 个细胞/ml,加入 10～100 μg/ml 抗原,培养 3～7 d 后用于融合。

B 淋巴细胞培养液:将人淋巴细胞 1×10^6 个/ml 加入到含 5％人 AB 型血清和 1 000 U/ml rhIL-2 的 RPMI-1640 培养液培养 24 小时,离心收集培养上清。含 20％人 AB 血清、1％(V/V)美洲商陆(PWM)、20％人淋巴细胞培养上清的 RPMI-1640 培养液即为 B 淋巴细胞培养液。

3. 饲养细胞。人胚胎细胞、人成纤维细胞、人或鼠淋巴细胞、巨噬细胞等可作饲养细胞。经 LPS 刺激的 P338 细胞系细胞培养上清可促进人杂交瘤细胞生长。

4. 细胞融合、HAT 及 HT 选择培养系统、克隆化、抗体检定同鼠杂交瘤制备。

转化 B 淋巴细胞制备人单克隆抗体

1. EB 病毒转化免疫淋巴细胞建立分泌特异性单克隆抗体细胞系:EB 病毒是一种疱疹病毒,可感染人 B 淋巴细胞并使细胞转化,促进 B 淋巴细胞建系,建系成功率达 100％。

EB 病毒通常从狨猴细胞系 B95-8 的培养上清液中获得,B 淋巴细胞经抗原致敏后,加入 B95-8 培养上清,继续培养,可获体外永久生存的 B 淋巴细胞细胞系。然后用经目的特异性抗原致敏的红细胞、层析柱材或免疫磁珠分离 B 淋巴细胞,选出特异性 B 淋巴细胞,经克隆化并反复筛选,可获分泌特异性单克隆抗体的 B 淋巴细胞系。

制备的分泌特异性单克隆抗体的 B 淋巴细胞系的缺点是抗体产量非常低,而且细胞培养一段时间后停止分泌抗体(<8 个月)。

2. EB 病毒转化-杂交法:先用 EB 病毒转化 B 淋巴细胞,再按常规方法使转化 B 淋巴细胞与骨髓瘤细胞融合,制备杂交瘤细胞。这种方法制备的杂交瘤虽然可产生较高水平抗体,但同样是不稳定的(<14 个月)。

鼠-人嵌合抗体

通过基因工程技术将鼠源抗体的 V 区基因与人源抗体 C 区基因重组,导入细胞内表达制备的抗体称为嵌合抗体。嵌合抗体 Ig C 区是人源性的,而 Ig 引起免疫反应主要是由 Ig C 区造成的,嵌合抗体可保留鼠抗体对抗原的高亲和性,又减弱鼠源抗体对人的免疫原性,因此,嵌合抗体可能较大程度地解决鼠单克隆抗体在人体内应用引起的不良后果。

制备嵌合抗体的技术路线如下：

1. 制备单克隆抗体杂交瘤细胞。

2. 杂交瘤细胞 RNA 的提取。

3. 单克隆抗体 V 区基因扩增：以 RNA 为模板，合成 cDNA；以 cDNA 为模板，合成鼠单克隆抗体 V 区基因。

4. 嵌合抗体表达载体构建：表达载体应包括人 Ig C 区基因，Ig 真核细胞表达元件如启动子、增强子等，将鼠 Ig V 区基因插入该表达载体中。

5. 鼠-人嵌合抗体表达载体导入细胞表达：表达细胞可用 NS1、SP2/0、CHO、COS 细胞。

人单克隆抗体的生产

体外培养方法生产人单克隆抗体同鼠源性单克隆抗体。人-人杂交瘤可接种在经^{60}Co 照射（3.5～4 Gy）的裸鼠体内或 SCID 小鼠体内生长。但小鼠病毒感染问题较难解决，而人单克隆抗体的目的是人体内应用，原则上不能使用病毒污染制品。因此，人单克隆抗体的生产宜用体外培养法。总的来说，人单克隆抗体目前存在难以克服的难点，试图用现有技术与经验制备人单克隆抗体并达到人单克隆抗体体内应用的目的是比较困难的，有待技术上的突破。

【注意事项】

1. 操作都应在无菌条件下进行。

2. RPMI-1640 培养液放置过长并发现细胞生长不良，应补加 L-谷氨酰胺溶液。

3. 细胞融合鉴定时应注意混合抗体的非特异性问题。

实验 16　双特异性抗体的制备

【实验目的】

掌握双特异性抗体的制备原理与方法。

【实验原理】

双特异性抗体（Bispecific antibody，BsAb）又称双功能抗体。是具有双重特异性的抗体，即一个抗体分子的两个抗原结合部位分别结合两种不同的抗原。

双特异性抗体的制备有 3 种方法：①杂交-杂交瘤技术；②基因工程技术；③化学偶联。

杂交-杂交瘤技术是建立杂交-杂交瘤选择培养系统。例如用化学失活的方法同时处理两个杂交瘤，分别使其各有一个代谢途径受阻或耐受，融合后的杂交-杂交瘤细胞依靠互补作用而存活。如：驯化杂交瘤 1，使其能够在含放线菌素 D 的培养液中生存；驯化杂交瘤 2，使其能够在含依米替丁的培养液中生存。按常规方法融合后，置含依米替丁和放线菌素 D 的选择培养液中，杂交瘤 1 不能在含依米替丁的培养液中生存，杂交瘤 2 不能在含放线菌素 D 的培养液中生存，融合细胞继承了杂交瘤 1 和杂交瘤 2 的抗药能力而得以存活。此外还有基因导入，即将两种抗药基因分别导入两个杂交瘤细胞。荧光标记法：用两种不同的荧光素分别标记两个杂交瘤细胞，融合后用 FACS 选择具有两种荧光的杂交-杂交瘤细胞培养。而最实用的方法是驯化一个杂交瘤细胞，使其成为缺乏 HGPRT 酶而不能在 HAT 培养液中存活的突变细胞株，然后再与小鼠免疫脾细胞融合，用 HAT 培养液选择培养两次杂交瘤细胞。

基因工程技术制备 BsAb 时，首先需要获得两种亲本单克隆抗体的 V 区基因及其基因序列，在此基础上构建 BsAb。可以将两种单克隆抗体的轻、重链基因同时转入同一骨髓瘤细胞，或将编码一种单克隆抗体的轻、重链基因导入分泌另一单克隆抗体的杂交瘤细胞，以表达 BsAb；也可将获得相应 Ig 的基因克隆通过基因剪切，再连接上理想的抗体的类、亚类以及人 Ig C 区和抗体的其他区域，以制备鼠-人嵌合抗体、小分子抗体、BsF(Ab')$_2$ 或改型的 BsAb。

化学偶联方法是将两种不同特异性的单克隆抗体或 F(Ab') 片段在化学制剂的作用下合成大分子的双特异性抗体或双特异性的 F(Ab') 杂合分子。

双特异性抗体制备的难点在于双特异性抗体的纯化。由于杂交-杂交瘤细胞是两种抗体形成细胞融合产生的，其来源于两种亲代 Ig 的基因共显性表达，可产生两种重链(H1，H2)和两种轻链(L1，L2)。H1、H2、L1、L2 在胞浆中可有 10 种组合方式，形成单特异性、双特异性和无活性的 3 组共 10 种抗体。一般 H1、L1 及 H2、L2 的组合不是随机的，不同亲代来源的 H 链和 L 链组合成无活性 Fab 段的可能性极小；H、L 半分子间的相互作用由 κ 链的类别决定，不同类的 H 链半分子不易组合成杂合分子。这样，杂交-杂交瘤细胞主要分泌的抗体共 3 种，即两种双价的单特异性抗体和单价的双特异性抗体。而 3 种抗体的性质非常相似，因此，从 3 种抗体中分离双特异性抗体极为困难。

【实验器材】

1. 器具

低速离心机、96 孔与 24 孔细胞培养板、酶标板、硝酸纤维素膜、层析柱、免疫磁珠、SPA 亲和层析柱等。

2. 材料

0.1 mol/L Citric-NaOH、硫酸铵、^{51}Cr、分子筛、PBS、EDTA、2-巯基乙醇胺、胃蛋白酶、Ellman(5, 5'-dithio-bis92-nitrobenzoicacid)、PBS、生理盐水、DTT、乙酸钠缓冲液、SPDP、NaCl、Tris-HCl、HT 培养液、HAT 培养液、FCS RPMI-1640 培养液、8-AG FCS RPMI-1640 培养液、pH 7.5 的缓冲液、pH 4.5 的乙酸钠缓冲液、亚砷酸钠、放射性核素、生物素、荧光素、醛化细胞等。

【实验方法】

杂交瘤技术制备双特异性抗体

首先,需要制备两种(或一种)抗原特异性的单克隆抗体杂交瘤细胞株。

1. 化学诱导法

(1) 小鼠免疫:获得一种单克隆抗体杂交瘤细胞株后,即可开始免疫小鼠,免疫方法同常规单克隆抗体的制备。

(2) HAT 敏感杂交瘤细胞株的建立:杂交瘤细胞分别悬于含不同浓度梯度的 8-AG 20%FCS RPMI-1640 培养液中,接种 24 孔细胞培养板。8-AG 的浓度:0.1 μg/ml、1 μg/ml、2 μg/ml、5 μg/ml、10 μg/ml、20 μg/ml、40 μg/ml。3～5 d 后,将细胞全部死亡孔的前一稀释滴度孔细胞继续培养,等细胞生长良好以后,增加一个滴度的 8-AG,要保留原 8-AG 浓度的细胞,依次类推,逐渐增加 8-AG 浓度。用 HAT 培养液检查杂交瘤细胞的驯化情况,直至杂交瘤细胞在 HAT 培养液中全部死亡。继续维持该浓度的 8-AG 培养 3～5 d,检测该驯化的杂交瘤细胞抗体分泌情况。然后换成 20%FCS RPMI-1640 培养液扩大培养,供融合用。

(3) 取免疫脾细胞与诱导驯化的杂交瘤细胞融合(同常规单克隆抗体的制备,脾细胞与杂交瘤细胞的比例为 5∶1～10∶1)。

(4) HAT 培养液选择培养,5～7 d 待杂交瘤细胞全部死亡以后,换成 HT 培养液。

(5) 目的双特异性抗体杂交瘤筛选可以同时用两种抗原检测,也可以只用免疫原抗原检测。

(6) 克隆化、双特异性抗体检定、双特异性抗体杂交瘤细胞系建株:同常规单克隆抗体的制备。由于两次杂交瘤更易染色体丢失,融合后应体外连续培养 3 个月以上,确保杂交瘤不发生变易。

如果已有两种杂交瘤,可根据上述方法用化学试剂或化学药物同时驯化两个杂交瘤,如用药物 1 驯化杂交瘤 A,药物 2 驯化杂交瘤 B。药物 1 浓度驯化至杂交瘤 A 细胞存活而杂交瘤 B 全部死亡;药物 2 浓度驯化至杂交瘤 B 细胞存活而杂交瘤 A 全部死亡。即可按照常规方法进行融合并完成进一步的工作。

21 世纪生物学基础课系列实验教材

常用的细胞毒性诱导药物有：乌本苷（ouabain，OUA）、放线菌素 D、新霉素、吐根碱、8-AG 和 5-溴脱氧尿嘧啶，均诱导杂交瘤恢复对 HAT 的敏感性。

2. 基因转移法

将某些抗药性基因直接导入杂交瘤细胞内，使其产生抗药性细胞株。常用的有逆转录病毒载体的 neo 基因，G418 筛选；drhf 基因（二氢叶酸还原酶），用甲氨喋呤（MTX）筛选。外源基因导入杂交瘤细胞的方法有磷酸钙沉淀法、脂质体介导法和电穿孔转移法等。

3. 荧光标记法

细胞融合前用不同的荧光素分别标记不同的亲本杂交瘤，融合后用 FACS 分选出双标记的四体瘤细胞。融合细胞在含 20%FCS RPMI-1640 培养液中培养。

化学偶联法制备 BsAb

化学偶联法指应用交联剂将两种不同特异性的单克隆抗体或 F(Ab')$_2$ 交联形成大分子的双功能抗体。化学偶联法制备双特异性抗体的优点是制备周期短，较易分离纯化。但在交联过程中抗体的某些基团易被修饰和改变，使之丧失抗体的生物活性。常用的交联剂有琥珀酰亚胺吡啶二硫酚丙酸[succinimidyle-3-(2-pyridylthio)proprionate，SPDP]和 2-亚氨基噻吩盐酸盐（2-iminothiolane，2-IT）。

1. 直接偶联法

SPDP 是一种广泛用于蛋白质偶联的交联剂。当抗体与过量的 SPDP 反应后，抗体接上 2-硫基吡啶（PD），形成 Ab-PD 复合物。然后在二硫苏糖醇（DTT）作用下还原成 Ab-PDP-SH。Ab1-PDP-SH 与 Ab2-PD 复合物混合反应即产生双特异性抗体。

用此法制备的 BsAb 为二聚体抗体，在此同时还可生成三聚体、四聚体和多聚抗体。为制备有效的二聚体 BsAb，在正式制备前应进行预试验，以确定抗体与 SPDP 的最佳比例。

（1）两种单克隆抗体分别用 50 mmol/L 的 Tris-HCl、50 mmol/L 的 NaCl、pH 7.6 的缓冲液稀释至 1～10 mg/ml，加 3～15 倍于抗体摩尔浓度的 SPDP（SPDP 用 DMSO 溶解），室温孵育 30 min。然后分别用 5 000 倍（V/V）的液体透析，其中 McAb1 用 50 mmol/L 的 PB、300 mmol/L 的 NaCl、pH 7.6 的缓冲液 4℃透析过夜；McAb2 用 100 mmol/L、pH 4.5 的乙酸钠缓冲液 4℃透析过夜。

（2）透析后的 McAb2 加 DTT（终浓度为 50 mmol/L，溶于 DMSO），室温孵育 30 min，用 50 mmol/L 的 PB、300 mmol/L 的 NaCl、pH 7.6 的缓冲液 4℃透析过夜。

（3）透析后的 McAb1 与 McAb2 混合，37℃孵育 1 h。

（4）生理盐水或 PBS 透析。

2. 还原氧化法

还原氧化法制备 BsAb 的方法有多种，在此仅介绍一种简便易行的 Brennan

方法。

McAb 或经胃蛋白酶消化后的 F(Ab')$_2$ 片段在亚砷酸钠存在的条件下与巯基乙胺反应,还原成 F(Ab')-ASOH(亚砷酸钠可封闭巯基)。然后用 Ellman(5,5'-dithio-bis92-nitrobenzoicacid)试剂取代砷酸,使 F(Ab')-ASON 的巯基以硝基苯甲酸(TNB)的形式封闭,这样 F(Ab')-TNB 又可在巯基乙胺的作用下去掉 TNB,并与另一种封闭的 F(Ab')$_2$-TNB 抗体片段在 EDTA 的作用下形成双功能 F(Ab')$_2$ 片段。

(1) 胃蛋白酶消化 McAb 制备 F(Ab')$_2$。

(2) 纯化获得的 F(Ab')$_2$。

(3) 制备 F(Ab')-ASOH:F(Ab')2(3 mg/ml)＋等量 1 mmol/L 2-巯基乙胺、1 mmol/L EDTA、10 mmol/L 亚砷酸钠、100 mmol/L PBS,pH 6.8,室温孵育过夜。

(4) 制备 F(Ab')-TNB:加入固体 Ellman 试剂,终浓度为 5 mmol/L,混匀,室温孵育 30 min。

(5) F(Ab')-NB 纯化:分子筛层析纯化,如 Sephadex G-25,除去 Ellman 试剂。

(6) F(Ab')-TNB 还原,方法同步骤(3)。

(7) 双特异性抗体 F(Ab')$_2$ 制备:还原的 F(Ab')$_2$ 与制备的另一种 F(Ab')$_2$-TNB 抗体片段按 1:1 比例混合,室温孵育 16 h。

(8) 双特异性抗体 F(Ab')$_2$ 纯化:由于双特异性抗体 F(Ab')$_2$ 与 F(Ab')$_2$ 单体分子量存在较大差异,故一般用分子筛层析分离纯化双特异性抗体。

基因工程技术制备 BsAb

基因工程技术构建双特异性抗体的技术路线是:首先需要获得两种亲本 McAb 的 V 区基因及其基因序列,在此基础上构建 BsAb。可以将两种 McAb 的轻、重链基因同时转入同一骨髓瘤细胞,或将编码一种 McAb 轻、重链基因导入分泌另一种 McAb 的杂交瘤细胞。也可将获得的相应 Ig 基因克隆,通过基因剪切,再连接上理想的抗体的类、亚类以及 IgC 区和抗体的其他区域,制备鼠-人嵌合抗体、ScFv、BsF(ab')$_2$ 或改型的 BsAb。

双特异性抗体的鉴定

抗体的鉴定包括 3 个方面的内容:①亲代单特异性鉴定;②双特异性鉴定;③亲和力和抗体的分子特性鉴定。

1. 亲代单特异性鉴定　方法同 McAb 特异性鉴定。

2. 双特异性鉴定　双特异性抗体的双特异性鉴定基本思路如下:

(1) 固相化 1 种抗原,标记另 1 种抗原:固定抗原 1(酶标板、硝酸纤维素膜、层析柱材、免疫磁珠、醛化细胞等),加入双特异性抗体,再加入标记抗原 2(酶、放射性核素、生物素、荧光素等），用相应方法（ELISA、RIA、ABC、FITC 等）检测结合于固定相的标记抗原 2。

（2）固相化两种抗原（层析柱材、免疫磁珠、醛化细胞等），用凝集试验、细胞固定试验、细胞结合试验检测。

常用方法简介

1）BsAb 介导细胞毒试验：适用于抗靶细胞和细胞毒细胞或细胞毒性药物的双特异性抗体。先将标记有 ^{51}Cr 的靶细胞与 BsAb 作用后，再加入效应细胞或药物，作用一定时间后（作用时间约为 4～6 h，加药物时先作用 10～30 min，离心洗细胞，除去非特异性吸附的药物，再孵育 4～6 h），离心，取上清液检测 γ 射线的强度，并计算出杀伤率。该试验需要设抗体对照和空白对照。

2）细胞结合试验：此方法适用于抗靶细胞×效应细胞的 BsAb。等量混合两种细胞后加入 BsAb，同时设 PBS 或生理盐水作空白对照；500 r/min 低速离心 10 min；置 37 ℃ 25 min；吸取细胞滴片，在显微镜下计数细胞结合率。通常以一种靶细胞结合两个以上的效应细胞为结合细胞，计数 200 个细胞。

$$结合率 ＝（效应细胞结合细胞数 / 总效应细胞数）×100\%。$$

3）细胞固定试验：适用于可溶性抗原×细胞性抗原的双特异性抗体。将可溶性抗原固定于 U 型板孔中，用 5％脱脂牛奶封板后加入 BsAb，置 37 ℃ 孵育 1～2 h，洗板后再加入反应细胞，室温作用 30～60 min，500 rpm 离心 5 min，观察结果。如无 BsAb 则细胞呈团状，有 BsAb 则无聚集状细胞出现。

4）抗体均一性鉴定：两种 McAb 在化学交联剂作用下制备的 BsAb，其分子量均一，交联后其分子量是交联前 McAb 的两倍。F(ab')$_2$ 段交联制备的双功能抗体，则交联后其分子量与 F(ab')$_2$ 相当。其测定方法可用等电聚焦、氨基酸序列分析、HPLC 或 SDS-PAGE 法等。

双特异性抗体的大量制备与纯化

1. 大量制备双特异性抗体

采用杂交瘤技术制备的单克隆抗体，可以通过诱生小鼠腹水制备。当该杂交-杂交瘤用常规方法难以制备腹水时，可用裸鼠体内制备腹水。

双特异性抗体理想的制备方法是体外培养，特别是以无血清培养方法制备。但是，由于杂交-杂交瘤细胞不稳定的性质，杂交-杂交瘤细胞长期培养，特别是对无血清培养液的适应性驯化比较困难。

2. 纯化双特异性抗体

杂交-杂交瘤细胞同时分泌两种单特异性的和双特异性的抗体共 3 种抗体，其中双特异性抗体约占全部抗体分子的 12.5％～50％。由于单特异性抗体是双价的，亲和力较单价的双特异性抗体高 10 倍以上，如果双特异性抗体纯化不充分，竞争作用的结果是混合抗体中与抗原结合的大多为单特异性的抗体,双特异性抗体实际上很难与抗原结合。因此,双特异性抗体必须纯化。

(1) 离子交换分离纯化双特异性抗体

盐析法(硫酸铵沉淀)纯化 Ig,去除腹水中的杂蛋白。

DEAE 离子交换层析:硫酸铵沉淀样品用平衡缓冲液平衡,上 DEAE 离子交换柱,离子强度线性梯度洗脱,可得到 3 个洗脱峰,中间峰为双特异性抗体。

(2) 亲和层析分离纯化双特异性抗体

方法 1:(IgG1-IgG 2α双特异性抗体分离实例)盐析法(辛酸-硫酸铵沉淀或硫酸铵沉淀)纯化 Ig,去除腹水中的杂蛋白。辛酸-硫酸铵纯化样品上 SPA 亲和层析柱。用 1.5 mol/L 的 glycine、3 mol/L 的 NaCl、pH 8.9 溶液洗脱,得到穿流峰 1。再用 0.1 mol/L 的 Citric -NaOH、pH 6.0 溶液洗脱,得到洗脱峰 2。之后用 0.1 mol/L的 Citric-NaOH、pH 6.0~pH 5.0 溶液线性梯度洗脱,得到洗脱峰 3。用 0.1 mol/L 的 Citric-NaOH、pH 5.0~pH 4.0 溶液线性梯度洗脱,得到洗脱峰 4。

洗脱 1 峰为未结合的抗体和杂蛋白峰、2 峰为亚类 IgG1 的单特异性单克隆抗体、3 峰为双功能抗体、4 峰为亚类 IgG2a 的单特异性单克隆抗体。

该方法根据 A 蛋白对小鼠 Ig 不同亚类亲和力的差异而设计,只适用于亚类不同的双特异性抗体的纯化,可以根据不同的亚类设计分离双特异性抗体。相对而言,这种方法简单而纯化效果较好,因此,在制备杂交-杂交瘤时,注意选择不同亚类的杂交-杂交瘤,可为双特异性抗体的纯化提供良好的条件。

方法 2:制备抗原 1 和抗原 2 亲和层析柱。用盐析法(辛酸-硫酸铵沉淀或硫酸铵沉淀)纯化 Ig,去除腹水中的杂蛋白。在辛酸-硫酸铵纯化样品上抗原 1 亲和层析柱,抗抗原 2 的单特异性抗体因不与抗原 1 亲和层析柱结合而被分离。抗原 1 亲和层析柱洗脱峰上抗原 2 亲和层析柱,抗抗原 1 的单特异性抗体不与抗原 2 亲和层析柱结合而被分离。洗脱峰即为双特异性抗体。

【注意事项】

1. 化学诱导法以 3 价体杂交瘤,即 HAT 敏感杂交瘤与免疫脾细胞融合制备分泌双特异性抗体的杂交-杂交瘤方法最为方便可靠。4 价体杂交瘤的制备实际操作中困难很多,不易成功。基因转移法涉及病毒载体的构建、整合基因在细胞的稳定表达及细胞克隆化等,复杂且工作量大,但较 4 价体杂交瘤方法为好。

2. 该实验复杂和工作量大,常常因为抗原量不足或抗原难以纯化而不能实际应用。

21世纪生物学基础课系列实验教材

实验 17　石蜡切片制作方法

【实验目的】

熟悉和掌握石蜡切片制作方法。

【实验原理】

进行组织学研究,必须把活的组织或器官制作成显微玻片标本,以便在显微镜下进行观察。显微玻片标本的制作方法众多,但基本要求是尽量保持原结构的真相,应用不同的染色方法,使内部结构清晰易见。石蜡切片制作方法是最常用的一种显微玻片标本的制作方法。

【实验器材】

1. 器具

解剖器一套、单面刀片、切片刀、切片机、载玻片、盖玻片、标本瓶、烧杯、量筒、漏斗、染色缸、树胶瓶、酒精灯、毛笔、绘图纸、滤纸、标签纸、切片石蜡、熔蜡箱(或恒温箱)、展片台(或烫板)、小木块、蜡带盒、烤片盒、切片托盘、显微镜。

2. 材料

蛙或小鼠、95％及无水酒精、固定剂、蛋白甘油、染色液、盐酸酒精、二甲苯、中性树胶、氨水。

【实验方法】

1. 试剂的配制

(1) 70％酒精、80％酒精、90％酒精

95％以下的各级酒精是用95％酒精加蒸馏水稀释而成的。简单的稀释方法是:所需稀释的酒精是多少,就量取多少毫升95％的酒精,再加蒸馏水至95 ml即可。例如,配制70％酒精,就量取70 ml 95％酒精,然后加入蒸馏水至95 ml即成。

(2) 固定剂

常用的固定剂有10％福尔马林、Bouin液和Zenker液等。Bouin液在组织学制片技术方面应用甚广,其配方见附录五。

(3) 蛋白甘油

蛋白甘油是粘贴蜡片用的粘片剂。配法如下:取一新鲜鸡蛋的蛋清,滤去泡

沫,加入等量甘油,搅拌均匀,再加入一小粒麝香草酚防腐。

（4）染色液

以 H-E 染色为例,需配制苏木精染液和伊红染液。染液配制方法见附录六。

（5）盐酸酒精

盐酸酒精用于分色。配制方法是在 100 ml 70％酒精中加入 1 ml 盐酸。

2. 取材和固定

固定的目的在于保存组织内细胞原有的结构和形态,使其与生活时相似,因此要求所取的材料越新鲜越好。把动物杀死后应立即割取组织块,并快速投入固定剂中。

将蛙或小鼠快速剪去头部,打开腹腔,用锐利的刀片割取小块组织(肝、肠等)。组织块的大小以厚度不超过 5 mm 为宜。然后,将取下的组织块迅速投入 10％福尔马林液或 Bouin 液中。固定时间为数小时到 24 小时(需视组织块的大小而定)。

3. 冲洗

经固定的材料,根据所使用固定剂的不同,分别用水或酒精冲洗,以洗去固定剂。固定剂留在组织中会有碍染色。用 Bouin 液固定的材料,可直接移入 70％酒精中,多换几次酒精进行冲洗,直至材料无黄色时为止。也可以酒精中加入几滴氨水或饱和碳酸锂水溶液,以迅速洗去黄色。冲洗后的材料若暂不制片,可保存在 70％酒精中。

4. 脱水

柔软的组织是不易切成薄片的,故必须增加组织的硬度。石蜡切片法就是使石蜡渗入组织,以达到增硬的作用。水与石蜡是不相混合的,因此,在浸蜡前须将组织中的水分完全除去,这一步骤即为脱水。脱水采用脱水剂脱水,常用的脱水剂是酒精。脱水时先从低浓度的酒精开始,然后浓度由低到高递增,直至无水酒精。具体方法是:将材料依次经 70％酒精、80％酒精、95％酒精（Ⅰ）、95％酒精（Ⅱ）、无水酒精（Ⅰ）和无水酒精（Ⅱ),在各级酒精中分别历时 1～2 h。脱水应彻底,否则材料不能透明,影响石蜡的渗入,致使难以切片。

5. 透明

酒精与石蜡也不能混合,因此,脱水后的材料在浸蜡前,还必须经过透明剂透明。透明剂既可替代组织中的酒精,又能溶解石蜡,以利石蜡的渗入。二甲苯是常用的一种透明剂。将脱水后的材料依次经 1∶1 无水酒精与二甲苯、二甲苯（Ⅰ）和二甲苯（Ⅱ）,在各液中历时 0.5～2 h,务使组织达到透明为止。

6. 浸蜡

将已透明的材料移入熔化的石蜡内浸渍即为浸蜡。浸蜡的目的是去除组织中的透明剂,而使石蜡渗入整个组织,获得一定的硬度,以便切成薄的切片。先将装有熔点为 56～58 ℃石蜡的三个蜡杯放在熔蜡箱内熔化,并使熔蜡箱的温度保持恒定（约58℃左右），切勿太高或过低。然后将透明了的材料依次放入蜡杯（Ⅰ）、蜡杯（Ⅱ）和蜡杯（Ⅲ）。浸蜡时间视材料大小而定，一般的浸蜡时间为2～4h左右。

7. 包埋

将浸蜡后的材料包埋于石蜡中，并使它凝固成蜡块，这一过程称为包埋。

包埋前，视组织块的大小先用绘图纸折成一纸盒，作为包埋的模具。纸盒折法如下（图17.1）：先折1、2线，再折3、4线，然后使a、b两线重叠，折出5线，同法折出6线，再折c线。最后依上法折出7、8线及d线即成。

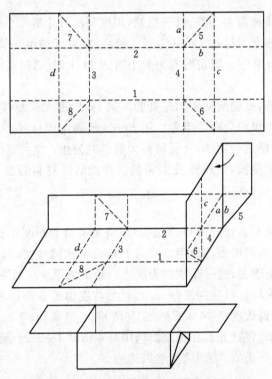

图17.1 包埋纸盒的折法及折成的包埋纸盒

将纸盒盛满已熔化的石蜡，随即将蜡杯Ⅲ中已浸蜡的材料放入其中，应注意使组织块的欲切片的面朝向盒底，位置放正。然后迅速将纸盒半浸于冷水中，待石蜡表面凝结后，将纸盒全部浸入水中冷却。石蜡全部凝固后，拆去纸盒即成蜡块。组织在蜡块中可长期保存。

8. 切片

切片前，先用单面刀片将蜡块修整成切片面上下两边平行的方形或梯形。应注意使切片面上下两边平行，否则切出的蜡带弯曲不直，或无法连成带状。将修整

21世纪生物学基础课系列实验教材

后的蜡块用蜡粘在小木块上,小木块装在切片机上,以待切片。在旋转式切片机上将蜡块切成 4～8 μm 厚的薄片。切下的薄片会连成蜡带。用毛笔轻托轻取蜡带,放在蜡带盒内备用。

9. 贴片和烤片

用小玻棒蘸取一点蛋白甘油滴于一干净的载玻片上,用手指涂匀,并加几滴蒸馏水于载玻片上。将蜡带按要求切成适当长度的蜡片,然后用小镊子将蜡片轻放在载玻片的水面上,再把载玻片放在展片台上(温度为 45 ℃左右)。蜡片受热后,即慢慢展平。待完全展平后,用解剖针将切片位置拨正,倾去载玻片上的余水后,将其放在烤片盒内置于 50 ℃左右恒温箱内烤干。

10. 脱蜡、复水和染色

染色剂多为水溶液,故切片染色前必须先经脱蜡、复水等步骤。染色方法众多,对 H-E 染色而言有下列步骤:

(1) 脱蜡

将烤干的切片依次放入二甲苯(Ⅰ)和二甲苯(Ⅱ)中,各历时 5～10 min,以溶去切片上的石蜡。

(2) 复水

复水是将脱蜡后的切片经逐渐下降的各级浓度酒精至水的过程,即将二甲苯(Ⅱ)中取出的切片依次移入无水酒精、95％酒精、80％酒精、70％酒精和蒸馏水,在各液中停留 1～5 min。

(3) 染色

1) 将蒸馏水洗涤后的切片移入 Harris 苏木精染液中 10～30 min,使细胞核着色。

2) 用自来水洗去切片上残余的染液。

3) 用盐酸酒精分色数秒钟。分色就是褪去细胞质等不应着色部分的颜色,而使细胞核的着色清晰适度。分色时需用显微镜检查切片的分色效果,保证分色适度。

4) 入 1％氨水或自来水浸洗,使切片颜色呈蓝色。

5) 在蒸馏水中浸片刻。

6) 切片依次入 70％酒精、80％酒精和 90％酒精,各历时 1～2 min。

7) 入伊红染液,染 2～5 min,使细胞质着色。

11. 脱水

切片依次入 95％酒精(Ⅰ)、95％酒精(Ⅱ)、无水酒精(Ⅰ)和无水酒精(Ⅱ),在各液中停留 1～5 min。

12. 透明

切片入 1：1 无水酒精与二甲苯、二甲苯(Ⅰ)和二甲苯(Ⅱ),在各液中停留1～

5 min。

13. 封固

将切片从二甲苯（Ⅱ）中取出，用纸或布擦去材料周围的二甲苯。在材料中央滴一小滴中性树胶，然后用镊子加盖盖玻片。盖盖玻片时注意防上气泡出现。切片封好后，放在切片托盘上待树胶干燥。贴上标签，写明切片名称，即可用来观察。

染色结果：细胞核呈鲜艳的蓝色，细胞质及细胞间质呈粉红至红色。

【注意事项】

切片的制作是一个连续的操作过程，需连续几天才能完成。因此，事先要制定工作日程计划，应按顺序进行工作。如不能一次完成制片全过程，要认真考虑到哪个步骤时中断操作。

实验 18　免疫标记技术

免疫标记技术（immunolabelling technique）是指用荧光素、酶、放射性同位素、胶体金或电子致密物质等标记抗体或抗原的检测技术，这类技术的优点很多：特异、敏感、快速、能定性和定量甚至定位，且易于观察，能测出微量抗原或抗体，提高诊断的阳性率。

Ⅰ　免疫酶技术

【实验目的】

掌握免疫酶技术的原理和方法，熟悉其用途。

【实验原理】

免疫酶技术（immunoenzymetic technique）是 60 年代发展起来的。是一种把抗原抗体反应的特异性和酶的专一高效催化底物的能力二者相结合而设计的一种新的血清学方法，也是将免疫反应和组织化学相结合的一种技术。此法是通过化学方法将酶与抗原或抗体结合，形成酶标记物或通过免疫学方法将酶与抗原或抗体结合，形成免疫复合物。这些酶标记物或复合物仍保持其免疫活性和酶活性。然后使它们与相应的抗体或抗原发生反应。已形成酶标记的免疫复合物，在遇到相应酶的底物时，催化其水解、氧化还原等反应，使生成有色产物，酶降解底物的量与呈现的色泽浓度成正比，由此可以反映被测定的抗原或抗体的量。若生成的产物为可溶性的,可用肉眼或比色法定性或定量;若生成的产物为不溶性沉淀物则可用普通的光学显微镜进行抗原或抗体的定位研究。

免疫酶技术既可应用于组织、细胞内抗原检查和定位,又可用于测定可溶性抗原或抗体,后者称酶联免疫吸附试验,它是固相吸附技术和免疫酶技术结合的一种新方法,已被广泛应用于生物学、医学等领域。

酶联免疫吸附试验(enzyme-linked immunosorbent assay,ELISA)是将抗原或抗体吸附在固相载体上,使免疫反应在载体上进行,然后借助特异结合的标记抗体上显示的酶活性,通过测定酶催化底物所得的产物来判断抗原或抗体的量。

测定方法按检测目的可分为:

1. 直接法:将所选择的酶通过适当的交联剂,与特异性抗体球蛋白结合后,与相应抗原孵育,然后用该酶的特殊底物,显示抗原-抗体复合物的存在。

2. 间接法:抗原与相应抗体反应后,用酶标记的抗球蛋白抗体孵育,然后再用酶的特殊底物显示抗原-抗体-抗抗体复合物的存在。本法应用广泛,因为只要用一种标记动物(包括人)的抗球蛋白抗体,就可以检测该种动物的任何一种抗体(图 18.1)。

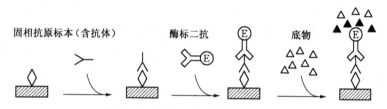

图 18.1　间接法 ELISA 原理示意图

3. 抗体夹心法(双重抗体法):在此法中,使用含特异性抗体的免疫球蛋白致敏载体表面,然后将含抗原的溶液与致敏载体孵育,洗去过剩的抗原溶液,随后加入酶标记的特异性抗体,这种酶标记的抗体便吸附到已被致敏载体所结合的抗原上。孵育后,洗去过剩的酶标记抗体,通过用特殊的底物显示复合物的存在。主要用于测大分子抗原(图 18.2)。

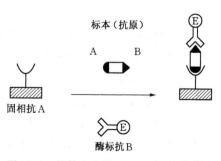

图 18.2　抗体夹心法 ELISA 原理示意图

4. 标记抗原的竞争法：将含特异抗体的免疫球蛋白附着于载体的表面，然后将含抗原的溶液和酶标记的抗原溶液以不同比例混合后与致敏的载体表面孵育，再通过用酶的特殊底物的水解量来确定未知溶液有无抗原及抗原量的多少。在未知溶液中抗原越多，则标记的抗原将附着越少。这是一种专门检测小分子抗原的方法（图18.3）。

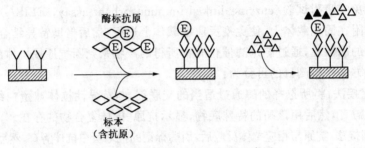

图 18.3　竞争法 ELISA 原理示意图

5. 不标记的抗体酶方法（"桥"法）：这是一种不需要将酶与抗体或抗原交联而使用的方法。抗原与相应抗体反应后，可用 2 种方法检查它们的存在。一种是先加抗球蛋白抗体，与抗体结合后，再加用产生抗体的那种动物制备的抗酶抗体，最后加入相应的酶，并通过用特殊底物显示复合物的存在；另一种方法是先将酶抗体与酶结合，用形成的复合物参与反应，最后也通过用特殊底物显示复合物的存在。

以上这些方法，既可用于定性，也可用于定量。其中广泛应用的是间接法、夹心法和后来发展的 SPA-ELISA。

【实验器材】

1. 器具

（1）固相载体：目前多用聚苯乙烯管、板、珠等，通过物理吸附与抗原或抗体结合。

（2）酶标测定仪。

2. 材料

（1）已知特异性抗体或单克隆抗体（McAb）：要选择纯度高、效价高、亲和力强的抗体，因在标记过程中其活性会有所降低。常用辣根过氧化物酶（HRP）-IgG。

（2）包被缓冲液：0.05 mol/L pH 9.6 的碳酸盐缓冲液（CBS）

　　　　　　　甲液：Na_2CO_3 2.65 g 溶于 500 ml 去离子双蒸水中；

　　　　　　　乙液：$NaHCO_3$ 2.10 g 溶于 500 ml 去离子双蒸水中；

　　　　　　　取甲液 3.5 ml、乙液 6.5 ml 混合即成 。

（3）待测标本：血清或其他液体，需适当稀释以减少非特异性吸附。

（4）洗涤液：

$$
\begin{array}{ll}
\text{NaCl} & 8.0\ \text{g} \\
\text{KH}_2\text{PO}_4 & 0.2\ \text{g} \\
\text{Na}_2\text{HPO}_4 & 2.9\ \text{g}
\end{array}
$$

吐温-20（Tween-20）0.5 ml

去离子水定容至 1 000 ml 即成。

（5）底物缓冲液：pH 5.0 PBS-枸橼酸缓冲液

甲液：枸橼酸 19.2 g 溶于 1 000 ml 双蒸水中

乙液：Na_2HPO_4 71.6 g 溶于 1 000 ml 双蒸水中

取甲液 24.3 ml、乙液 25.7 ml、双蒸水 50 ml 混合即成。

（6）底物配制：

$$
\begin{array}{ll}
\text{邻苯二胺（OPD）} & 40\ \text{mg} \\
\text{pH 5.0 PBS-枸橼酸缓冲液} & 100\ \text{ml} \\
\text{临用前加 30\% } \text{H}_2\text{O}_2 & 0.15\ \text{ml}
\end{array}
$$

（7）终止液（2 mol/L H_2SO_4）

$$
\text{H}_2\text{SO}_4 \qquad\qquad 19.6\ \text{ml}
$$

双蒸水定容至 100 ml 即成。

【实验方法】

以抗体夹心法为例。

1. 已知抗体包被聚苯乙烯微量板，用 0.05 mol/L pH 9.6 CBS 将已知抗体稀释至所需浓度，按每孔 0.2 ml 包被微孔板，置 4 ℃冰箱过夜，次日甩尽孔内液体后，每孔加满含 10% 小牛血清的洗涤液，置 37 ℃湿盒内封板 45 min，甩尽孔内液，用洗涤液洗 3 次，每次 3～5 min。

2. 加待检抗原标本，每份标本作适当稀释，分别加入 2 孔，每孔 0.2 ml，置 37 ℃湿盒内作用 1～2 h 后，按上法洗涤。

3. 加酶标记抗体，选适宜稀释度的酶标记抗体，各孔加 0.2 ml，置 37 ℃湿盒内作用 1～2 h 后，按上法洗涤。

4. 加底物 OPD 溶液，每孔 0.2 ml，置 37 ℃湿盒内作用 30 min。

5. 加终止液，以 2 mol/L H_2SO_4 每孔注入 0.1 ml 终止反应，以 490 nm 测吸光度（A 值），每批试验均应设置阳性与阴性对照。

6. 结果判断：

以 P/N ≥ 2.1，即以待测标本复管均值与阴性对照复管均值的比值≥2.1 为阳性。

如作定量检查，可用标准参考品制备标准曲线，再根据检样的吸光度自标准曲线上换算蛋白含量。

该方法的临床应用及意义为：

1. 测定抗原。应用较多，如微生物及其产物（霍乱毒素、白色念珠菌抗原、HBsAg 等）。根据标准曲线可定量测定 IgE（可测出 1～100 ng）、AFP、激素等。

2. 测定抗体。用于传染病疾患、寄生虫病、病毒疾病、立克次体病等抗体测定。

3. 用于病毒筛选及自身免疫病的测定等。

4. 测定细胞因子及其可溶性受体等。

【注意事项】

1. 固相载体：常用聚苯乙烯微量反应板。但由于厂家、批号不同，常影响吸附力，因而要预先检测各孔光密度总平均值，若相邻两孔的光密度平均值在总平均值的±10％以内为合格，若中间孔与周围边孔平均值超过此值则不能用。同时测定阳性标本与阴性标本光密度值要有明显差异，在 10 倍左右为宜。

2. 吸附条件：因是物理吸附，应找出最大吸附量和最适吸附条件。

(1) pH 值，要求碱性条件，pH 9.0～9.5 为宜。若 pH 7.3 吸附时间需延长，pH 6.0 则非特异吸附现象增加。

(2) 离子强度。要求低离子强度，在 0.05～0.1 mol/L 时，随离子强度增加吸附量减少。

(3) 温度及时间。37 ℃时 1～3 h 接近最大吸附值，4 ℃时需 6 h，一般实验室采用室温 2 h 或 4 ℃过夜。

(4) 蛋白质浓度：要求纯化蛋白质，否则容易出现假阳性，浓度为 1～10 $\mu g/ml$，也可用 0.1～100 $\mu g/ml$，因蛋白质不同而异。吸附蛋白质有一定限度，达到限度后，虽蛋白质浓度增加吸附却不再增加。但若未达到最大吸附量时，载体上残留空位仍可吸附随后加入的蛋白质而增加非特异吸附反应。为避免此种现象，洗涤过程中应加 Tween-20。目前认为中性多糖（右旋糖酐）、天然 DNA 不能吸附。

3. 抗原抗体反应条件：

(1) 中性或弱碱性条件（pH 7～8）有利于复合物的形成。酸性条件则促进复合物解离，因而免疫反应一般在 pH 7.2～7.4 条件下进行。

(2) 低离子强度有利于复合物形成，高离子强度促进复合物解离，因而浓度常采用 0.01～0.05 mol/L。

(3) 去污剂有利于复合物的形成，常用非离子型去污剂 Tween-20。

4. 酶促反应条件：试验结果最终是以酶降解底物生成的产物来表示。因而要求对酶的浓度、底物浓度、抑制剂、温度等严格控制。在酶的浓度固定，底物过量的条件下,酶与底物的产物,随反应时间的延长而增加,因而要严格控制催化反应的时间,一般以 30～60 min 为宜。当达到预定反应时间,应立即加入强酸或强碱,改变 pH 以终止反应。

5. 非特异性吸附:免疫球蛋白聚合物、免疫复合物、血清中其他蛋白成分等均可被吸附,以致本底显色加深。反复冻融的待检血清用于 ELISA 检测,常出现假阳性,可能与聚合的免疫球蛋白非特异吸附有关,故应先离心除去,再进行检测。

Ⅱ　免疫荧光技术

【实验目的】

熟悉和掌握免疫荧光技术的原理和方法,了解其用途。

【实验原理】

免疫荧光技术(immunofluorescence technique)又称荧光抗体技术。它是将免疫化学和血清学的高度特异性、敏感性与显微技术的高度精确性相结合的一种技术。该技术为免疫学、临床组织化学及实验室诊断提供了一项特异性强、敏感性高,具有独特风格的快速诊断工具。其主要缺点是:非特异性染色问题尚未完全解决,结果判定的客观性不足,技术程序也还比较复杂,需在荧光显微镜下检查。

该技术的原理是将荧光色素(常用的有异硫氰酸荧光素-FITC、罗丹明-RB 200)与特异性抗体(少数也用抗原)用化学方法以共价键基团牢固结合,制成荧光标记抗体,此种标记抗体的免疫特异性不受影响。将荧光标记抗体作试剂,在一定条件下浸染标本,洗去多余者,然后用荧光显微镜可检视出呈现荧光的特异性抗原抗体复合物及其存在部位。

【实验器材】

1. 器具
湿盒、荧光显微镜。

2. 材料
荧光色素标记抗体、pH 7.4 PBS、缓冲甘油(PBS:甘油 = 1:1)。

【实验方法】

1. 直接染色法
将荧光色素标记在已知抗体上,直接和待测抗原反应。其优点是方法简便,非特异荧光着色因素少;缺点是不够敏感,且一种标记抗体只能测定一种抗原。方法如下:

(1) 于标本片上(组织、细胞、细菌或其他)滴加标记抗体,放在湿盒中,37 ℃孵育 30 min,取出。

(2) 以 pH 7.4 的 PBS 洗 3 次,每次 5 min 将标本片吹干,加缓冲甘油封片,镜检。

2. 间接染色法

其原理同抗球蛋白试验,制备荧光标记抗球蛋白抗体,以检测未知抗原或未知抗体。此法敏感性高,比直接法高 5～10 倍。仅需标记一种抗球蛋白抗体即可用于多种抗原、抗体系统的检查。缺点是:影响因素多,方法繁琐、时间长,比直接法易出现非特异荧光染色,故需严格控制条件。方法如下:

(1) 于标本片上滴加未标荧光的相应抗体(一抗),置湿盒中 37 ℃ 30 min,取出后以 pH 7.4 的 PBS 洗 3 次,每次 5 min。

(2) 滴加荧光标记抗球蛋白抗体(二抗),置湿盒中 37 ℃ 30 min,取出后以 PBS 洗 3 次,每次 5 min。加 PBS-甘油封片,镜检。

3. 补体染色法

根据补体结合的原理,用荧光标记抗补体抗体(即抗 C_3 的荧光抗体),检测标本中的抗原-抗体-补体复合物中的抗原成分。

4. 活细胞膜免疫荧光染色法

检查人 B 淋巴细胞表面免疫球蛋白的受体。

5. 双重抗体染色法

此种技术用途较多,如同时观察细胞表面 2 种抗原的分布、消长关系,区分末梢血或同一标本片中 T 及 B 淋巴细胞的计数,辩认同一 B 细胞表面的不同类别免疫球蛋白及免疫球蛋白的异型等,常用 FITC 及 RB 200 作双重标记染色。

【注意事项】

荧光显微镜检查时,可将已知阳性、阴性对照和空白标本进行相互比较。判定抗原含量以荧光强度表示。荧光强度用"4＋"、"3＋"、"2＋"、"＋"表示,无特异性荧光者为"－"。特异性荧光呈黄绿色为异硫氰酸荧光素,呈橘红色为 RB 200。

荧光显微镜下所观察到的荧光图像,主要以 2 个指标判断结果,一是形态学特征,另一是荧光强度,必须将两者结合起来综合判断。

该方法的临床应用及意义为:

病原微生物的快速鉴定诊断;寄生虫抗原定位及特异抗体的检测;自身免疫病中自身抗体的检测;在免疫病理方面,用于免疫球蛋白、补体及其他抗原成分的组织定位,以了解免疫复合物病罹患部位和病变基础;在肿瘤免疫诊断中,肿瘤抗原的定位和检测;分析淋巴细胞表面标记、鉴别和计数不同淋巴细胞亚群,不仅有助于淋巴细胞增殖性疾病的免疫分型、病因及发病机制的探讨,而且对肿瘤等患者治

疗效果、预后评估,均有一定参考意义;

Ⅲ 放射性核素标记技术

放射性核素标记技术(radio-nuclide labelling technique)又称为放射免疫测定(radioimmunoassay,RIA),是将放射性核素分析的灵敏性和抗原抗体反应的特异性结合的测定技术。特点是灵敏、特异性高、精确、样品用量少、低放射性不致引起辐射损伤、易规格化及自动化等。但试验需特殊仪器设备。本技术灵敏度达纳克(ng)至皮克(pg)含量。

核素标记技术有以下 2 种方法。

Ⅲ.Ⅰ 放射免疫测定法

【实验目的】

熟悉和掌握放射免疫测定法的原理和方法,了解其用途。

【实验原理】

根据待检抗原与核素标记抗原对有限量的抗体作竞争性结合的特点,常用 ^{131}I、^{3}H、^{14}C、^{32}P 等放射性核素标记于抗原分子上,以其示踪作用来反映未标记抗原与相应特异抗体结合的情况。当标记抗原(Ag^*)及已知抗体(Ab)的量固定时,未标记待检抗原(Ag)与 Ag^* 竞争结合已知 Ab,它们分别形成的免疫复合物,可因未标记的抗原浓度增加而使未标记抗原生成的免疫复合物(Ag-Ab)随之增加,而标记抗原生成的免疫复合物(Ag^*-Ab)减少,故游离的标记抗原(Ag^*)就会增多,反之,若未标记抗原(Ag)量少,则 Ag-Ab 生成量就少,而 Ag^*-Ab 量却增多,游离的 Ag^* 量就减少。用适当方法(如硫酸铵沉淀、抗球蛋白抗体结合或用聚苯乙烯等固相材料吸附)将免疫复合物与游离的抗原分离,分别测定复合物中 Ag^*(B)和游离 Ag^*(F)的放射性,即测定 B 与 F 的放射活性,便可算出 B/F 值,再查对标准竞争抑制曲线,即可得出相应的抗原含量。以 AFP 放射免疫分析为例。

【实验器材】

1. 器具

r'计数仪。

2. 材料

有市售成套试剂盒。

(1) ^{125}I-AFP:用时稀释成 100 000～120 000 cpm/ml。

（2）AFP 标准：6 小瓶，含量分别是 0、20、50、100、200、400 ng/ml。

（3）抗体：包括马抗 AFP 血清和羊抗马 IgG 血清（二抗）。

（4）缓冲液：含 2% 正常马血清的 PBS。

（5）血清：正常人血清，待检血清。

【实验方法】

1. 取 7 支试管，自 AFP 标准 6 小瓶中各吸出 0.1 ml 分别加入 6 支试管中，第 7 支试管为样品管。

2. 取正常人血清注入前 6 支试管中，0.1 ml/管，第 7 管中加入 0.1 ml 待检血清。

3. 将马抗 AFP 血清分别注入各管中，0.1 ml/管。

4. 将 ^{125}I-AFP 分别注入各管中，0.1 ml/管。

5. 补加缓冲液，前 6 管各加 0.6 ml，第 7 管加 0.7 ml，混匀后，置于 25～30 ℃ 18～24 h。

6. 取出诸管加羊抗马 IgG 血清，每管 0.1 ml。

7. 混匀，25～30 ℃ 1 h 后，以 3 500 r/min 离心 15 min，测各管总放射活性 (T)，吸出上清再测沉淀物放射活性(B)，计算结合率：

$$结合率(\%) = B/T \times 100 = B/(B+F) \times 100。$$

8. 以结合率为纵坐标，AFP 标准含量为横坐标，绘制标准竞争抑制曲线，并据此求出待检血清中的 AFP 含量。

9. 参考值：正常人血清 AFP < 20 ng/ml。

Ⅲ.Ⅱ　放射免疫自显影法

在火箭电泳方法的基础上，将样品混入适量放射性核素标记的抗原。标本紧贴感光胶片（X 射线片），随着电泳所形成的沉淀峰，可因射线的照射而感光，经显影及定影处理，即在胶片上留下清晰图像。

该方法应用范围：广泛用于测定多种抗原和抗体；传染性疾病及寄生虫疾病的诊断；内分泌疾病的诊断；血液病的诊断；肿瘤相关抗原、血药浓度的检测等。

放射性废物处理：按"放射防护规定"，"含有人工放射性元素的废物，比放射性(Ci/kg，居里/公斤)大于露天水源限制浓度的 100 倍(半衰期 < 60 d)或 10 倍(半期 > 60 d)者，应按放射性废物处理"。^{3}H 的露天水源限制浓度为 3×10^{-7} Ci/L。能用水冲洗的放射性废物，可冲洗后按一般废物处理；不能用水冲洗的放射性废物，不能扔到一般的垃圾堆中，而应集中存放到放射性废物贮藏库内。

放射性工作场所的空气污染水平也有规定，^{3}H 的最大允许浓度为 5×

10^{-9} Ci/L。只要实验室足够宽敞,通风良好,并尽可能安装通风橱和操作箱,空气污染就不致造成很大危害。

Ⅳ　免疫胶体金标记技术

【实验目的】

掌握免疫胶体金标记技术的原理和方法,熟悉其用途。

【实验原理】

免疫胶体金标记技术(immunologic colloidal gold signature,ICS)是指胶体金是分散相粒子的金溶胶,它可透过滤纸,但不能透过半透膜。金溶胶颗粒表面带有较多电荷,能与蛋白质等高分子物质吸附结合,利用此作用使抗体吸附于金溶胶粒子表面,即金标抗体。金作为一种催化剂,经还原剂(如对苯二酚)处理将显影剂中的银离子还原成不溶性金属银,沉淀在每个金颗粒的周围。银沉淀能在光镜下清楚地显示,借此可达到示踪抗原的目的。以金标记抗体进行免疫组织化学研究时,金溶胶表面的抗体可将金溶胶载运到组织或细胞中的相应抗原位置,在光学显微镜下呈现的颜色分布,可显示抗原、抗体的性质,并可进行组织定位研究,而在电镜下金溶胶能呈现高电子密度,故可用电镜进行组织或细胞的抗原定位、定性及定量研究。

常用的标记物包括抗体、毒素、SPA、PHA、ConA、激素、酶及蛋白质分子等。本技术的实际应用主要有以下几个方面。

1. 光学显微镜上的应用:用于免疫组织化学检测,将特异抗体与组织抗原先发生反应,再用金标记抗体进行染色(即间接法),以确定抗原的分布,也可用金催化还原银离子的原理,结合摄影技术以银增强金标抗体的可见性,即免疫金银法(IGSS)。

2. 电子显微镜上的应用:利用金颗粒高电子密度,经衬染后的组织可对被检抗原或抗体进行组织或细胞的定位观察,作细胞学超微结构的免疫定量研究,也可结合铁蛋白进行双重或多重标记研究。

3. 荧光显微镜上的应用:将荧光素吸附于胶体金,在荧光显微镜下作定向性分布及定位观察免疫荧光标本,加强免疫荧光效果。

以测定抗核抗体为例:

【实验器材】

1. 器具

光学显微镜。

21世纪生物学基础课系列实验教材

2. 材料

(1) 缓冲液   pH 7.4 的 0.02 mol/L Tris-NaCl 缓冲液（TBS）

成分：
Tris	2.42 g
NaCl	8.75 g
BSA	1.00 g
NaN_3	0.50 g

制法：溶解后用重蒸水补足至 1 000 ml，用浓 HCl 调 pH 至 7.4，再加入 Tween-20 和 Triton X-100 各 0.1 ml，混匀。

(2) 银染色液

20.0 g/L 明胶 6 ml，pH 3.5 的枸橼酸缓冲液（枸橼酸 5.1 g，枸橼酸钠 4.7 g，加蒸馏水至 20 ml）1 ml，57.0 g/L 对苯二酚溶液 3 ml，25.0 g/L 硝酸银溶液 0.2 ml，于临用前依序混合。

(3) 胶体金溶液

以 10.0 g/L 氯金酸水溶液 1 ml，加重蒸水 99 ml，混匀，煮沸，迅速加入枸橼酸钠-鞣酸溶液（10.0 g/L 枸橼酸钠 2.0 ml，10.0 g/L 鞣酸 0.45 ml 混合而成）2.45 ml，溶液即成紫红色。继续煮 5 min，置室温中冷却后补足重蒸馏水至 100 ml，即成为直径 5 nm 的胶体金溶液。

(4) 金标记 SPA（SPA-G）

将 SPA 配成 1.0 g/L 后，再作系列稀释。取各稀释度之 SPA 各 0.1 ml，分别加至含 1 ml 胶体金溶液的试管（共 10 支），混合后放置 5 min，各加 100.0 g/L NaCl 溶液 0.1 ml，室温中静置 2 h 后肉眼观察。能使 1 ml 胶体金稳定地保持紫红色不变的最小 SPA 量即 SPA 的最适用量（如 8 mg/L）。实际标记 SPA 用量应再增加 10%～20%，如：取胶体金 100 ml，调 pH 至 6.0，搅拌下加入 SPA 1.0 mg，5 min 后加入 BSA 使达 10.0 g/L 浓度。装透析袋中，埋入变色硅胶中浓缩，经 Sephadex G-200 柱（1.2×300 cm）层析，TBS 洗脱，收集清澈透明的深红色组分，加等量中性甘油混合后分装，置 4 ℃ 保存。

【实验方法】

1. 抗原基质片制备。

2. 免疫金银染色步骤如下：

(1) 将待测血清用 TBS 作 1∶10 稀释，均匀滴加于抗原片上，置 37 ℃ 湿盒中 30 min。

(2) 取出，流水冲洗后用 TBS 清洗 3 次，每次 5 min。

(3) 用 10.0 g/L 的 BSA 封闭 15 min，倾去 BSA，滤纸吸干。

(4) 均匀滴加最适工作浓度（用方阵法滴定）的 SPA-G，置 37 ℃ 湿盒中反应

30 min 后同上法洗涤,吸干。

(5) 均匀滴加新配银染色液,置室温中避光染色约 10 min。流水冲洗净后晾干,以高倍镜或油镜检查。

(6) 结果判断

背景呈极浅的淡棕黄色,阴性细胞无色透明或呈浅棕黄色,阳性细胞核区有棕黑色颗粒吸附。

V 生物素-亲和素免疫测定法

【实验目的】

熟悉和掌握生物素-亲和素免疫测定法的原理和方法,了解其用途。

【实验原理】

生物素(B)-亲和素(A)系统(BAS)是 20 世纪 70 年代后期发展起来的一种新型生物反应放大系统,其特殊放大作用显著地提高了检测的敏感性,具有高度特异性与稳定性,故 BAS 广泛应用于酶联免疫、放射免疫、免疫荧光和免疫电子显微镜等技术中,称为生物素-亲和素免疫测定法(biotin-avidin system immunolabelling technique)(图 18.4)。

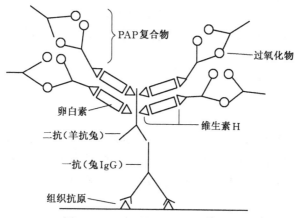

图 18.4 ABC 法基本原理示意图

生物素是一种动植物体内存在的生长因素,特别存在于蛋黄、肝、肾等组织中,它以辅酶形式,参与多种羧化酶反应,故称辅酶 R 或维生素 H,现已能人工合成;亲和素即抗生物素或卵白素,存在于禽蛋、鸟的输卵管和蛙卵胶中,是卵白蛋白中提取的一种相对分子质量为 67 000 的碱性糖蛋白,它对 B 族维生素的生物素有很强的亲和力($K = 10^{15} M^{-1}$)。亲和素是多价分子,由 4 个相同的亚基组成,每个亚基上有一个生物素分子结合点,即可结合多个生物素,其结合常数为抗原抗体反应的百万倍,结合后难以溶解,不受酸碱及有机溶剂甚至蛋白酶的影响。生物素和亲和素均可与抗体等大分子生物活性物质相偶联,又可大量连接到酶等标记物上,使标记分子成为多价,因生物素分子极小,如果抗体经适当生物素化后可有极高的生物素–抗体分子比值(理论上一个抗体分子可偶联 90 个生物素分子)且不影响其生物活性。同理亦可获得高比度的生物素化酶,而酶活性不变。生物素化的抗体或捕获多个亲和素,然后再与生物素化酶反应,连接大量酶分子,加入底物,产生颜色变化,故可大大提高反应灵敏度。

BAS 用于检测的基本方法:

1. BAB(或 BRAB)法

将抗原与生物素化抗体共温育,然后加游离亲和素,可使抗原–抗体复合物通过生物素与多价亲和素结合,最后再加酶标生物素(B*),则使大量酶分子积聚在复合物周围,加入底物产生强烈酶促反应,大大优于 ELISA 法。此法的反应层次是 Ag-(Ab-B)-A-B*。

2. BA 法

以标记亲和素代替 BAB 法中游离的亲和素,省去标记生物素步骤。

3. ABC 法

按比例将亲和素和酶标生物素(B*)共孵育,形成复合物(AB*C),AB*C 与生物素化的抗体接触时,AB*C 中未饱和之亲和素结合部位,可与抗体分子上之生物素结合,使 Ag-Ab 反应系统与 AB*C 连成一体。此法的反应层次是 Ag-(Ab-B)-AB*C。

【实验器材】

1. 器具

解剖器一套、单面刀片、切片刀、切片机、载玻片、盖玻片、标本瓶、烧杯、量筒、漏斗、染色缸、树胶瓶、酒精灯、毛笔、绘图纸、滤纸、标签纸、熔蜡箱(或恒温箱)、展片台(或烫板)、小木块、蜡带盒、烤片盒、切片托盘、显微镜。

2. 材料

蛙或小鼠、95% 及无水酒精、固定剂、蛋白甘油、染色液、盐酸酒精、二甲苯、切片石蜡、中性树胶、氨水、3% H_2O_2、山羊血清、PBS、一抗、生物素标记二抗、辣根酶标记链霉卵白素、DAB。

【实验方法】

1. 石蜡切片脱蜡至水。
2. 3% H_2O_2 室温孵育 5～10 min,以消除内源性过氧化物酶的活性。

3. 蒸馏水冲洗,PBS 浸泡 5 min(如需采用抗原修复,可在此步后进行)。

4. 5%～10%正常山羊血清封闭,室温孵育 10 min。倾去血清,勿洗,滴加适当比例稀释的一抗或一抗工作液,37 ℃孵育 1～2 h 或 4 ℃过夜。

5. PBS 冲洗,5 min×3 次。

6. 滴加适当比例稀释的生物素标记二抗(1%BSA-PBS 稀释),37 ℃孵育10～30 min;或滴加第二代生物素标记二抗工作液,37 ℃或室温孵育 10～30 min。

7. PBS 冲洗,5 min×3 次。

8. 滴加适当比例稀释的辣根酶标记链霉卵白素(PBS 稀释),37 ℃孵育 10～30 min;或第二代辣根酶标记链霉卵白素工作液,37 ℃或室温孵育 10～30 min。

9. PBS 冲洗,5 min×3 次。

10. DAB 显色。

11. 自来水充分冲洗,复染。

12. 脱水、透明、封片。

【注意事项】

1. 本实验步骤很多、周期较长、技术含量高,应步步小心,以防实验失败。

2. 抗体易污染、效价降低,实验中要注意。

3. 在选取作免疫组化的切片时,尽量选取新鲜的组织切片。用于实验的组织,一定要是固定充分的、及时的组织。

4. 充分的 PBS 冲洗是完全有必要的,冲洗不充分,会有非特异性着色。

5. 烤片温度不要太高、太久,这样对染色也不好。

6. 染色过程中,千万不要让组织放干了,这是不可修复的。

7. 要设对照,以防误判结果。

实验 19 小鼠免疫系统形态结构

Ⅰ 小鼠免疫器官解剖学观察

【实验目的】

掌握免疫器官的组成和解剖结构。

【实验原理】

小鼠是啮齿目中体形较小的动物,其免疫系统发达,胸腺、脾脏、淋巴管、外周淋巴结及肠道派氏集合淋巴结都比较容易解剖观察,是进行免疫学实验常用的动物。

【实验器材】

1. 器具

眼科镊、眼科剪。

2. 材料

昆明种小鼠、3%来苏尔水、10%福尔马林。

【实验方法】

1. 小鼠脱臼处死,3%来苏尔水浸泡 5 min。取出小鼠,仰卧于实验台上,腹部朝上。

2. 以镊子提起耻骨处皮肤,用剪刀沿正中线直剪开至下颌部,然后再把皮肤向四肢撕开。

3. 注意观察腹壁,用无菌剪刀沿正中线自阴部至膈肌为止剪开,观察腹腔液量及性状,观察脾脏。

4. 切开膈肌,剪断胸骨两侧肋软骨,翻起胸骨,观察胸腺、心脏及肺,胸腺位于小鼠胸腔前上方,内有许多大淋巴细胞(即前胸腺细胞)及特定的上皮网状细胞(分泌胸腺激素)。

5. 将做病理检查的组织置于 10%福尔马林中固定。

Ⅱ 小鼠血脑屏障观察

【实验目的】

了解血脑屏障对神经系统的保护作用。

【实验原理】

血脑屏障是机体的屏障结构的重要组成部分。血脑屏障主要由软脑膜、脉络丛、脑毛细血管和星状胶质细胞构成。该组织结构致密,病原菌及其他大分子物质不易通过,故能保护中枢神经系统。婴幼儿因血脑屏障尚未发育完善,故较易发生脑膜炎等中枢神经系统感染。

【实验器材】

1. 器具

眼科镊、眼科剪、剪刀、注射器。

2. 材料

昆明种小鼠、5%的台盼蓝水溶液、无菌生理盐水。

【实验方法】

1. 将5%的台盼蓝水溶液经尾静脉分别注入两只小鼠体内,每只 0.7 ml,其中一只颅内注射无菌生理盐水 0.1 ml。

2. 5~10 min 后观察小鼠皮肤、眼、嘴等的颜色变化。

3. 30~60 min 后,见小鼠眼、嘴呈蓝色,即窒息死亡,腹部朝下固定。

4. 沿背中线剪开皮肤,暴露皮下、肌肉和内脏,观察颜色变化。

5. 小心剖开颅骨和椎管,暴露脑和脊髓,与皮下、肌肉和内脏相比,并比较两只小鼠有何不同。

【注意事项】

解剖动物时应将动物固定好,解剖结束应深埋动物。

实验 20 免疫系统显微结构

【实验目的】

熟悉和掌握免疫器官的显微结构。

【实验器材】

1. 器具

解剖镊、解剖盘、显微镜。

2. 材料

小儿胸腺切片(H-E 染色)、猫淋巴结纵切片(H-E 染色)、猫脾切片(H-E 染色)、狗腭扁桃体切片(H-E 染色)、肝活体染色切片。

【实验方法】

1. 胸腺

用小儿胸腺切片(H-E 染色)观察。

(1) 低倍镜观察

可见胸腺外围有一层染成红色的结缔组织被膜。被膜的结缔组织伸入实质,把实质分隔成许多不完全隔开的小叶。每个小叶可分皮质和髓质,皮质染色较深,髓质染色较浅。由于分隔不完全,相邻小叶的髓质彼此相连续。

(2)高倍镜观察

皮质含许多密集的淋巴细胞及少量上皮性网状细胞,故染色较深。髓质含有较多的上皮性网状细胞,而淋巴细胞少,故染色较浅。皮质和髓质也有巨噬细胞。在小叶髓质中可见一至数个大小不等、染成红色的、椭圆形的胸腺小体。胸腺小体由同心圆排列的、扁平状的上皮性网状细胞构成。胸腺小体外层细胞较幼稚,胞核清晰,近内层细胞的胞核已不明显,胸腺小体中央的细胞已变性,胞核消失,胞质嗜酸性,被染成均匀的红色。

2. 淋巴结

取猫的淋巴结纵切片(H-E染色)观察。

(1)肉眼观察

先观察淋巴结的形状。若切到淋巴结的中部,则可见呈凹陷的门。淋巴结外围着色较深的部分为皮质,中间色浅而疏松的部分为髓质。

(2)低倍镜观察

淋巴结表面被有一薄层由致密的结缔组织构成的、染成红色的被膜。在淋巴结凸面的被膜处有时可看到被切到的输入淋巴管;若切到门,则在门处可以看到输出淋巴管。被膜的结缔组织伸入淋巴结内形成许多粗细不等的小梁。

1)皮质:辨认淋巴小结及生发中心、深层皮质和皮质窦。

在皮质内还可看到小梁的切面,皮质浅层排列着许多淋巴小结,淋巴小结中央染色较淡的部分为生发中心。有的淋巴小结看不到生发中心,这是因为没有切到或小结本身并不明显所致。生发中心基部的淋巴细胞着色深,构成暗区;生发中心着色较浅的部位,构成明区。在生发中心朝着被膜的一侧和生发中心周围,密集的小淋巴细胞构成新月形着色较深的结构,即小结帽。淋巴小结之间和皮质深层的弥散淋巴组织即为深层皮质。皮质窦是淋巴小结与被膜或小梁之间的、狭小的、染色浅淡的网状空隙。

2)髓质:辨认髓索和髓窦。

髓索是淋巴组织密集构成的索状结构,髓索彼此相连成网。髓索与髓索之间、髓索与小梁之间染色浅淡的网状空隙即为髓窦。在髓质中也可看到小梁。

(3)高倍镜观察

淋巴小结染色深的暗区和帽是由多而密的小淋巴细胞构成的,它的胞核小而圆,染色深。生发中心含大中型淋巴细胞和网状细胞,故染色浅淡。通过观察髓窦来了解淋巴窦的一般结构。可见淋巴窦的窦壁由扁平的内皮细胞构成,窦内有网状结缔组织。因为此切片是H-E染色的,所以网状纤维不能显示,只能看到网状细胞。网状细胞形状不规则,有突起,胞核染色淡,胞质较多。各个网状细胞的突起互相连接成网,在窦腔内有巨噬细胞及淋巴细胞。

3. 脾

取猫脾的切片(H-E 染色)观察。了解脾的组织结构特点,并与淋巴结相比较。

(1) 肉眼观察

切片中有许多散在的蓝色小点,在新鲜脾的切面上呈白色,故称白髓。其他染成红色的则为红髓。红髓因含有丰富的红细胞,故着色较红。

(2) 低倍镜观察

被膜为较致密的结缔组织,被膜表面覆盖有一层间皮,也有小梁伸入实质。被膜和小梁的结缔组织中散布有平滑肌纤维。离被膜略远的小梁中有小梁动脉和静脉。被膜下为脾的实质,可分为白髓及红髓,均由网状结缔组织构成支架。因为切片是 H-E 染色,所以看不到网状纤维,只能看到网状细胞。

白髓呈圆形或卵圆形,分散在实质中,主要由密集的小淋巴细胞组成,故呈紫蓝色。白髓中可见两种结构,即动脉周围淋巴鞘及脾小结。淋巴鞘由淋巴细胞密集成长筒状包绕在中央动脉外面而成。在动脉周围淋巴鞘中央或稍偏位可见 1～3 个中央动脉的断面。脾小体即脾的淋巴小结,它位于动脉周围淋巴鞘的一侧。有的脾小结内也可区分出明区、暗区和小结帽。红髓位于白髓与小梁之间、白髓与白髓之间,与白髓无明显分界。红髓由脾索及脾窦组成。脾索由淋巴组织和各种血细胞组成,排列成索状结构,索互相吻合。脾索之间有不规则的裂隙,即脾窦。脾窦因常充满血而不易区分,故须找一处空隙较明显的脾窦换用高倍镜观察。

(3) 高倍镜观察

脾窦位于脾索的周边,窦壁由长杆状的内皮细胞构成,内皮细胞胞核向腔内突入,细胞间隙较大。窦腔内可见巨噬细胞及红细胞。

4. 扁桃体

取狗的腭扁桃体切片(H-E 染色)观察。

在低倍镜下可见扁桃体外表面是黏膜上皮,为未角化的复层扁平上皮。上皮下陷形成扁桃体隐窝,扁桃体隐窝周围上皮的深部,有大量弥散的淋巴组织、淋巴小结和浆细胞(图 20.1)。浆细胞为卵圆形,胞核位于细胞一侧,染色质呈辐射状排列,胞质近核处有一浅染区域。

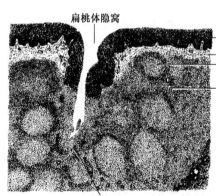

扁桃体隐窝

复层扁平上皮
固有层
淋巴小结
弥散淋巴组织

上皮浸润部

图 20.1　腭扁桃体组织结构

5. 肝活体染色切片的观察

肝巨噬细胞又称枯否细胞(Kupffer's cell)。用活体染色方法制作的肝切片观察肝巨噬细胞高倍镜下可见一些形状不规则的肝巨噬细胞内含有吞噬的活体染料颗粒(图20.2)。颗粒的颜色随所用的活体染料的不同而异,制片时如使用台盼蓝进行活体染色,则可见颗粒为蓝色;如使用中性红(neutral red)或洋红(carmine)染色,则颗粒为红色。

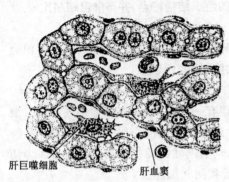

肝巨噬细胞　　　　　肝血窦

图20.2　肝窦中的肝巨噬细胞

【注意事项】

1. 要宏观与微观相结合,完整地理解器官的结构与功能。

2. 肉眼、低倍镜、高倍镜观察的顺序不能变。

实验 21　大颗粒淋巴细胞和肥大细胞的形态观察

【实验目的】

掌握大颗粒淋巴细胞和肥大细胞的形态结构特点。

【实验器材】

1. 器具

解剖镊、解剖剪、解剖盘、载玻片、显微镜、离心机、注射器、离心管、石蜡切片制作设备。

2. 材料

瑞氏染液、吉姆萨染液、磷酸缓冲液、0.5%中性红酒精溶液、0.2%~0.3%硫堇水溶液、0.2%醋酸、甲苯胺蓝染液、10%中性福尔马林固定液、阿利新蓝-番红染液、乙醇、石炭酸、二甲苯、合成树脂、DXP、树醇、小鼠、大鼠。

【实验方法】

1. 大颗粒淋巴细胞(NK细胞)

(1) 采血与涂片:小鼠摘眼球取血,血滴于干净的载玻片上,涂片。

（2）固定：甲醇固定 2～5 min，甩干。

（3）染色：瑞氏-吉姆萨染液混合染色 5～10 min。

配方：瑞氏染液 5 ml，吉姆萨染液 1 ml，磷酸缓冲液 6 ml。

若发生沉淀应重新配制。

（4）水洗：蒸馏水漂洗，滤纸吸干。

（5）分色：95％酒精分色 10～30 s（视情况定时间）。

（6）水洗。

（7）镜检：可见载玻片上显示出一定数量的淋巴细胞，细胞近似圆形，核质比大。淋巴细胞中有少量细胞的胞质中可见数个较大的颗粒，该细胞即为大颗粒淋巴细胞（NK 细胞）。

2．肥大细胞

（1）瑞氏染色法

1）铺片：小鼠皮下组织铺片，晾干。

2）染色：瑞氏染液 1～2 min 后，一滴一滴加等量缓冲液，使两液混匀。10～15 min 后水洗。

3）镜检：可见载玻片上有成堆存在的肥大细胞，其胞质充满蓝紫或紫红色的异染性颗粒。其他结缔组织细胞色浅，为蓝色或红色。

（2）中性红染色法

1）组织固定后按常规入水。

2）在 0.5％中性红的 50％酒精溶液内，染色 0.5～1 h。

3）脱水，透明，封片。

4）镜检，肥大细胞颗粒红色（注：在中性红染色后，可用苏木精染核）。

3．硫堇染色法

（1）组织固定后按常规入水。

（2）0.2％～0.3％硫堇水溶液染色 3～15 min。

（3）脱水，透明，封片。

（4）镜检：肥大细胞颗粒紫红色（注：染色后可用 0.2％醋酸溶液分色后直入95％酒精脱水上行）。

4．甲苯胺蓝染色法

（1）铺片不经固定，直接入下染液染色 10～15 min。

染液配制：用苯胺油 2 ml 倒入 50 ml 蒸馏水，加热煮沸，混匀冷却（却至 40～50 ℃），放入甲苯胺蓝 1 g，待溶后再加 50 ml 无水酒精。半小时后即可用。

（2）流水略冲洗，去除多余染料即用滤纸沾干。

（3）用石炭酸：二甲苯液（1∶3 或 1∶4）脱水并透明 1～2 min 后，滤纸沾干。

（4）入二甲苯 2～3 次，至完全透明后用合成树脂封片。

（5）镜检：肥大细胞颗粒紫红色，核淡蓝或无色。

5. 肥大细胞的腹腔液离心沉淀法

（1）将大鼠麻醉后，打开腹腔尽量抽取腹水，加入少量10％中性福尔马林液混匀固定。

（2）将该液放入10 ml离心管，以1 500～3 000 r/min离心3～5 min。

（3）将离心管在冰箱（4 ℃）内静置2～3 d或稍长时日后，小心去掉上清液。

（4）将沉淀物按常规脱水，透明，石蜡包埋，切片5～6 μm。或涂片晾干。

（5）染色和镜检：用甲苯胺蓝等染料染色，肥大细胞较密集。胞质内颗粒明显。

6. 阿利新蓝-番红法

（1）中性福尔马林液（10％）固定，常规制备石蜡切片。

（2）入阿利新蓝-番红染液染色15 min。

阿利新蓝（Alcian blue）900 mg。

番红（safranin）45 mg。

铁铵矾1.2 g。

醋酸盐缓冲液（pH1.42）250 ml。

（3）流水漂洗。

（4）叔丁醇脱水。

（5）二甲苯透明，DPX封片。

（6）镜检：肥大细胞含生物胺显蓝色，肥大细胞含肝素显红色。

【注意事项】

上面所给出染色方法是一个基本的步骤。但染色机制是很复杂的，而且每次实验用的试剂药品的来源和质量不尽相同，故欲得到理想的染色效果，需摸索染色的各个条件。

实验 22　溶血空斑试验

溶血空斑试验（plaque forming cell assay）是体外检测B细胞功能的一种方法，即检测空斑形成细胞（plaque forming cell，PFC），反映B细胞产生抗体的功能。经典的溶血空斑试验是用于检测实验动物PFC，以后又发展了人PFC测定方法，称SPA-SRBC溶血空斑试验。

21世纪生物学基础课系列实验教材

【实验目的】

学习溶血空斑试验的基本方法,熟悉本试验的原理与用途。

【实验原理】

将绵羊红细胞(SRBC)免疫过的小鼠脾淋巴细胞(其中有可分泌抗 SRBC 抗体的细胞)与一定量 SRBC 混合,在补体参与下,抗体形成细胞周围的结合有抗体的 SRBC 溶解,形成肉眼可见的圆形透明的溶血空斑。每个空斑表示一个抗体形成细胞。下面以玻片法为例介绍。

【实验器材】

1. 器具

水浴箱、试管、注射器、尼龙布(或 8 层纱布)、显微镜、载玻片。

2. 材料

(1) 20％SRBC 悬液(用 Hank's 液配制)。

(2) 补体(新鲜豚鼠血清,用前经靶细胞吸收,1 ml 压积 SRBC 加 20 ml 补体,置 4 ℃冰箱中 20 min,离心,取上清,用 Hank's 液稀释为 1∶10)。

(3) 右旋糖酐(DEAE-dextran,相对分子质量为 50 万,用蒸馏水配制 10 mg/ml)。

(4) 琼脂或琼脂糖(表层基 0.7％,底层基 1.4％,用 Hank's 液配制)。

(5) 胎牛血清(56 ℃ 30 min 灭活,并经 SRBC 吸收)。

(6) Hank's 液。

(7) 小鼠。

(8) 台盼蓝。

【实验方法】

1. 将融化的底层琼脂倾注于载玻片上,成一薄层,待凝固备用。

2. 将每管含 1 ml 表层基的试管加热融化后,47～49 ℃水浴保温。

3. 制备免疫小鼠脾细胞悬液。

(1) SRBC 免疫小鼠:最好用纯系鼠,体重 25 g 左右,腹腔注射 1 ml 20％SRBC 悬液。用免疫后 4 d 的鼠,测定直接溶血空斑;用免疫后 10 d 的鼠,测定间接溶血空斑。

(2) 将免疫小鼠颈椎脱臼致死,取出脾放在周围有碎冰块的小瓶内,先用 1 ml 注射器尖端捣碎,再加冷 Hank's 液数毫升,用注射器抽吸吹打,使细胞分散均匀,经尼龙布(或 8 层纱布)过滤离心去上清,将细胞用冷 Hank's 液洗涤 2 次,再次沉淀的细胞重悬于 1 ml 冷 Hank's 液内,置冰浴中。

(3)脾细胞用白细胞计数法计数,并用台盼蓝检查活细胞的百分率。脾细胞制成 $5\times10^6\sim10\times10^6$ 个/ml;另取少量脾细胞悬液与等量 0.5% 锥虫蓝混匀,静置数分钟,计数核被染色的死细胞的百分数,从总细胞数中将死细胞数扣除。

4. 试验玻片的制备:将底层玻片和所有试剂(除脾细胞外)预温 40 ℃左右。向水浴内保温的装有表层基的小试管中加入以下各试剂:①胎牛血清 0.1 ml;②右旋糖酐 0.1 ml(10 mg/ml)(用琼脂糖时不用此试剂);③20%SRBC 悬液0.1 ml;④脾细胞悬液 0.1 ml。迅速将小试管夹于两手掌间旋转混匀,倾注到铺有底层基的载玻片上,避免倾入气泡,在水平台上使表层基铺平,凝固后,37 ℃孵育1 h,然后于每个玻片上加 1∶10 稀释的补体 1.5 ml(若无 DEAE-右旋糖酐时,则用不稀释的豚鼠血清),使补体均匀覆盖其表面,再次孵育 30 min,即可用肉眼或放大镜观察溶血空斑,并计数。

5. 实验结果的观察:将玻片划分小格,用放大镜观察并计数溶血空斑总数,再换算出每百万脾细胞中所含抗体形成细胞数。

【注意事项】

1. SRBC 最好用新鲜脱纤维的 SRBC;洗涤 SRBC 时,离心时以 2 000 r/min 10 min 为宜,不超过 3 次;用前镜检若有变形,表示脆性增大,不宜采用。

2. 脾细胞计数要准确,存活率要在 90% 以上。

3. 免疫动物最好用纯系动物。杂种动物个体差异大,难以比较,最好先作几次预试,使每个玻片空斑数控制在 100~200 个为易。

4. 所有器皿和各种试剂在加入表层基质前均需预温,并在水平皿上操作。

5. 离体的脾细胞应不离冰浴,防止细胞死亡。

实验 23 反向空斑形成实验

【实验目的】

学习检测人抗体分泌细胞的方法,掌握反向孔板形成实验的技术。

【实验原理】

反向空斑形成实验是一种体外检测人类 Ig 分泌细胞的方法。该法将待检人的 PBMC 或组织来源的淋巴细胞(如扁桃体、脾细胞等)、SPA 致敏的羊红细胞

（SPA-SRBC）、抗人 Ig 抗体及补体 4 种成分混合，注入由两张载玻片制成的小室内，密封小室，37 ℃温育 3～5 h，此时抗人 Ig 抗体的 Fc 段与 SPA-SRBC 结合，抗体形成细胞分泌的 IgG 与抗人 IgG 结合后，活化补体，介导 SPA-SRBC 的溶解。在分泌 Ig 的细胞周围形成圆形的溶血区，称为溶血空斑。每一个溶血空斑即代表一个 Ig 分泌细胞。

【实验器材】

1. 器具

离心机、24 孔细胞培养板、CO_2 温箱、微量移液器。

2. 材料

（1）一份 SRBC 和两份阿氏液的混合液。

（2）SPA。

（3）豚鼠补体。

（4）多克隆兔抗人 Ig（56 ℃ 30 min 灭活）。

（5）多克隆诱导剂。

【实验方法】

1. 抗体分泌细胞的诱导

（1）将分离的 PBMC 或 B 细胞用含 5％NCS 的 RPMI-1640 培养液洗涤 3 次，每次 1 000 r/min 离心 10 min，以除去外源 Ig。

（2）用含 10％NCS 的 RPMI-1640 培养液调整细胞浓度至 1×10^5 个细胞/ml，接种 24 孔细胞培养板，1 ml/孔。

（3）每孔加入稀释的多克隆刺激剂 20 μl，如 PWM 溶液终浓度为 1：100，并设未加刺激剂的空白对照孔。

（4）将培养板置 37 ℃、5％CO_2 温箱培养 10 d 后待测。

2. SPA 致敏 SRBC

（1）SRBC：阿氏液（1：2）悬液用生理盐水洗涤 3 次，每 1 200 r/min 离心 10 min。

（2）将沉淀细胞 1 800 r/min 离心 10 min，弃上层淡黄色液体，沉淀 SRBC 备用。

（3）将 SPA5 mg 溶于 5 ml 生理盐水中。

（4）将 $CrCl_3$ 溶于 5 ml 生理盐水中，配制后必须在 10 min 内使用。

（5）分别取 10.4 ml 生理盐水、0.1 ml $CrCl_3$、0.5 ml SPA 和 1.0 ml SRBC，加至离心管内，加盖，混匀，37 ℃温育 1 h，其间振摇 3～4 次。

（6）将致敏 SRBC 用生理盐水洗涤 3 次，每次 1 200 r/min 离心 10 min，加入平衡盐溶液，4 ℃保存备用（不超过一周）。

21 世纪生物学基础课系列实验教材

3. 补体的处理

(1) 取抗凝羊血 15 ml 用冷 PBS 洗涤 3 次,每次 4 ℃ 1 200 r/min 离心 10 min,弃上清。

(2) 将 SRBC 用 4 倍体积的冷 PBS 洗涤一次,4 ℃下 1 800 r/min 离心 10 min。

(3) 将 SRBC 与豚鼠补体按 1∶4(V/V)混合,4 ℃作用 2 h 后,4 ℃下 1 800 r/min 离心 10 min,收集上清即 SRBC 吸收为处理过的补体,分装后,置 −20 ℃保存备用。

4. 抗血清的处理

将鼠抗人 Ig 与冷 PBS 洗涤沉淀的 SRBC 按 1∶2(V/V)混合,置 4 ℃作用 2 h 后,4 ℃下 1 800 r/min 离心 10 min,收集上清分装,−20 ℃保存备用。

5. 空斑形成及计数

(1) 抗体分泌细胞的制备:将诱导培养的细胞或新鲜分离的 PBMC 或淋巴细胞用 RPMI-1640 洗涤 3 次,每次 1 200 r/min 离心 10 min,弃上清后,沉淀细胞用洗液调至所需浓度。

(2) 空斑混合液的配制:将致敏的 SPA-SRBC 补体和抗 Ig 抗体按等体积混合均匀。

(3) 分别取 75 μl 空斑混合液和 125 μl 细胞悬液加入微量平底板孔中,用毛细吸管充分混匀,注意不要形成气泡。

(4) 用微量移液器将混悬细胞转至已准备好的两张载玻片制备的小室中,每室约 50 μl,每份样品设复孔。

(5) 用毛细吸管加入温热的石蜡−凡士林混合液封闭小室。

(6) 将密封后的小室置 37 ℃温育 3∼5 h 后,在显微镜下(10×)或半自动空斑计数器上计数空斑形成细胞。

【注意事项】

不同的抗体检测方法要求的培养时间不同,ELISA 法一般培养 7 d 左右,而反向溶血空斑法需培养 10 d。

实验 24　淋巴细胞转化实验

【实验目的】

1. 了解 PHA 淋巴细胞转化试验形态学检查法的原理、方法和意义。

2. 观察淋巴细胞转化后的形态。

【实验原理】

　　T 淋巴细胞在体外培养时,受非特异性有丝分裂原,如 PHA、ConA 或特异性抗原刺激后,活化的细胞可出现一系列变化,如 DNA 合成增加,细胞体积增大,细胞质多,核染色质疏松,核仁明显等,并能转化为淋巴母细胞。通过形态学或同位素掺入法可检测淋巴细胞的增殖程度,即为淋巴细胞转化试验(Lymphocyte blastogenesis test)。

　　检测方法有形态学检查法、同位素标记法等。形态学检查法是在体外将人外周血或分离的淋巴细胞与 PHA 共同培养一段时间后,取培养细胞涂片、染色、镜下可见体积较大的原始母细胞或细胞分裂现象。因为 PHA 只激发 T 细胞分化,所以可计数 100～200 个淋巴细胞,计算其转化率。转化率高低可反映人体细胞的免疫水平,因此常作为检测细胞免疫功能的指标之一。

　　同位素标记法是 T 细胞在 PHA 或特异抗原刺激下转化为淋巴母细胞过程中,DNA 合成增加,将 ^{3}H 标记的胸腺嘧啶核苷(^{3}H-thymidine, ^{3}H-TdR)加入到培养系统中,在淋巴细胞合成 DNA 时,^{3}H-TdR 掺入 DNA,培养终了除去未掺入的 ^{3}H-TdR,计数淋巴细胞内放射强度,可推知淋巴细胞转化程度,可客观反映淋巴细胞对刺激物的应答水平。

Ⅰ　PHA 淋转试验形态学检查法

【实验器材】

1. 器具
显微镜、离心管、离心机、培养箱。

2. 材料
(1) PHA 溶液,50～200 μg/ml。

(2) 培养液,RPMI-1640 培养液,临用前补加终浓度 20% 的小牛血清、青霉素(100 μ/ml)/链霉素(100 μg/ml),pH 7.2～7.4。

(3) 姬姆萨染液或瑞氏染液。

【实验方法】

　　1. 采用全血微量法时,取肝素抗凝血 0.2～0.5 ml 注入含 0.2 ml PHA 的 3 ml 培养液中。若用淋巴细胞分离法,则将分离的白细胞使每管培养的细胞数为 3×10^6 个/ml 培养液。同时作对照,对照管不含 PHA。

　　2. 转化培养,37 ℃培养 72 h,每天旋转摇匀 2 次。

　　3. 培养后 1 000 r/min 离心10 min,弃上清。

4. 将细胞沉淀涂片,姬姆萨或瑞氏染色后,镜下观察结果。

5. 结果观察参见表 24-1。

表 24-1　未转化和转化淋巴细胞形态特征

	转化的淋巴细胞		未转化淋巴细胞
	淋巴母细胞	过渡型淋巴细胞	
细胞大小(直径 μm)	20～30	12～16	6～8
核大小、染色质	增大、疏松	增大、疏松	不增大、密集
核　仁	清晰,1～4 个	有或无	无
有丝分裂	有或无	无	无
胞质、着色	增多、嗜碱	增多、嗜碱	极少、天青色
浆内空泡	有或无	有或无	无
伪　足	有或无	有或无	无

油镜下计数 200 个淋巴细胞,按下面的公式求出转化率:淋巴细胞转化率 = (转化的细胞数/200)×100%。正常值为 60%～80%,50% 以下则为降低。

【注意事项】

结果受主观因素影响较大,重复性和稳定性较差。

Ⅱ　^{3}H-TdR 掺入法

【实验器材】

1. 器具

49 型玻璃纤维滤膜、细胞培养板、多头细胞收集器、抽水泵、闪烁杯、β-液闪烁计数器、水浴箱。

2. 材料

(1) RPMI-1640 培养液(同前)。

(2) PHA(同前)。

(3) 闪烁液:POPOP〔1,4-双(2′-5′苯基噁、唑)苯〕0.4 g, PPO(2,5-二苯基噁唑)4 g。将 POPOP 加少量二甲苯,置 37 ℃水浴溶解后,再加 PPO,并用二甲苯补足 1 000 ml。

【实验方法】

(1) 常规无菌分离淋巴细胞。

(2) 用 RPMI-1640 培养液将细胞稀释成 $2×10^6$ 个/ml 细胞悬液,加于微量培养板,每孔 100 μl,每份标本分装 6 孔,3 孔各加入 PHA 10 μg,另 3 孔不加 PHA 作对照孔,加盖,放置 37 ℃,5%CO$_2$ 温箱孵育 66 h。

（3）于培养板各孔内加入 0.2～0.5 μCi^{3}H-TdR,继续培养 6 h。

（4）用多头细胞收集器抽滤,将每孔培养物吸于 49 型玻璃纤维滤膜上,将滤膜 80 ℃烘干 1 h后,分别将每片滤膜浸入闪烁液中,每杯 0.5 ml,用液体闪烁计数器测量每杯样本的 Cpm 值。

（5）计算转化值和刺激指数:

转化值 ＝ 加 PHA 细胞孔的 cpm 均值－对照孔的 cpm 均值,

刺激指数(SI) ＝ 加 PHA 细胞孔 cpm 均值/对照孔 cpm 均值。

【注意事项】

同位素污染,同位素半衰期均可影响结果。

实验 25 白细胞移动抑制试验

【实验目的】

掌握白细胞移动抑制试验的原理、方法和意义。

【实验原理】

白细胞能自由游走,将白细胞装入毛细玻管内培养时,白细胞可移动至管口外,或在含营养液的琼脂糖内培养时,白细胞可在琼脂糖内移动扩散。当在培养液或白细胞悬液中加入特异性抗原后,由于致敏淋巴细胞与相应的抗原作用后能产生多核白细胞移动抑制因子(Leukocyte Migration Inhibitory Factor,简称 LIF),该因子能抑制白细胞的游动,则白细胞游出毛细管口的面积减少,或在琼脂糖内移动扩散范围减小。根据白细胞游走情况,计算出移动指数或移动抑制指数,可判断淋巴细胞是否被活化并产生白细胞移动抑制因子,可反映机体对某一抗原的特异性细胞免疫水平。测定白细胞移动抑制试验的方法有毛细管法、琼脂糖平皿法、琼脂糖悬滴法等,下面介绍毛细管法。

【实验器材】

1. 器具

显微镜、刻度测微尺、小砂轮、毛细玻璃管(内径 0.8～1.0 mm)、10 ml 刻度离心管、无菌肝素抗凝管、小培养皿、温箱。

2. 材料

消毒凡士林、白细胞分离液（3.5％PVP 生理盐水）、Hank's 液、15％小牛血清水解乳蛋白培养液。

【实验方法】

1. 抽取静脉血 2～3 ml，注入无菌肝素抗凝管混匀。

2. 加入 1/2 量的 3.5％PVP（聚乙烯比咯烷酮）生理盐水混匀，自然沉降 45 min 以上，吸取含白细胞血浆层，置刻度离心管，加入灭菌 Hank's 液 5 ml，摇匀，2 000 r/min 离心 5 min。弃上清液，再加入 Hank's 液摇匀，离心，如此反复三次。

3. 弃上清液，留 0.3 ml，混匀，分别装入 8 根毛细玻璃管内，在酒精灯上封熔一端，封固端朝下置于试管中，2 000 r/min 离心 5 min。

4. 用小砂轮沿白细胞层折断毛细玻管，将封固端粘少许凡士林，粘于小平皿底，每一皿放 2 根毛细玻管，8 根毛细玻管放入 4 个平皿，2 个平皿内加特异性抗原（作为试验组），然后 4 个平皿都装满 15％小牛血清水解乳蛋白培养液，加盖密封。

5. 置 37 ℃温箱培养 18～24 h。

6. 结果判断。在显微镜下用测微尺观测细胞游走范围，求出平均直径，按公式计算白细胞移动抑制指数，移动抑制指数＞0.2 者为阳性。

移动指数 ＝ 试验组游走范围直径平均数/对照组游走范围直径平均数；

移动抑制指数 ＝ 1－移动指数。

【注意事项】

1. 所有器材及操作过程要求无菌。

2. 毛细玻璃管内灌注白细胞时，要充分混匀细胞悬液，以免因各管浓度差异造成移动面积的人为差异。

3. 毛细玻璃管口径要求一致，管壁薄；离心用水平式离心机；毛细玻璃管切口要平整，切好的含白细胞的毛细玻璃管段应立即放入培养平皿中，并随时加培养液。

实验 26　淋巴细胞分离技术

细胞分离方法较多，选用的方法应简便易行，并能获得高纯度、高得率和高活力的细胞。根据不同试验对细胞的纯度、活力的要求进行单个核细胞分离，淋巴细胞纯化,再作 T 细胞、B 细胞分离。

Ⅰ　单个核细胞分离

【实验目的】

学习单个核细胞分离的基本方法,熟悉本实验的原理与用途。

【实验原理】

外周血单个核细胞包括淋巴细胞和单核细胞,可根据其与其他细胞形态、体积和密度的不同进行分离。如单个核核密度为 1.076～1.090;红细胞与多形核白细胞密度较大,约为 1.092;血小板约为 1.032。利用一种密度介于 1.076～1.090之间的等渗溶液(称为分层液)作密度梯度离心,可将不同细胞按其密度不同作相应密度梯度分布,达到分离目的。由于分离细胞要求一定活力,所以分层液还要求无毒性。常用的分层液是聚蔗糖-泛影葡胺(Ficoll-Hapaque)分层液,是由聚蔗糖和泛影葡胺按一定比例混合而成的。

【实验器材】

1. 器具

显微镜、水平离心机、毛细吸管、计数器。

2. 材料

聚蔗糖-泛影葡胺淋巴细胞分层液、Hank's 液、肝素、台盼蓝。

【实验方法】

1. 加分层液:将 4 ml 分层液置试管下层,然后将抗凝血(1 ml 静脉血与 1 ml肝素混匀,再用 Hank's 液对倍稀释)轻轻铺于分层液上,使分层良好。

2. 离心:用水平离心机以 2 000 r/min 离心 20 min,红细胞和多形核白细胞沉于管底;血小板悬浮于血浆中;淋巴细胞和单核细胞密集于血浆层和分层液的界面(图 26.1)。

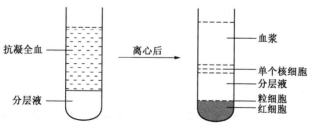

图 26.1　血液单个核细胞分离示意图

3. 吸出单个核细胞：用毛细吸管轻轻插到白色雾状的单个核细胞层，将细胞吸出，并用 Hank's 液洗涤 3 次，每次以 1 500 r/min 离心 10 min。

4. 计数：取单个核细胞悬液 0.1 ml，加等量血细胞稀释液，混匀，按常规方法计数四大格细胞数，细胞数/L ＝ 四大格细胞数/4×10×10^6×稀释倍数。根据实验需要，选择适当培养液配成一定浓度。

5. 用台盼蓝检查细胞活力：取 0.1 ml 细胞悬液加 0.5％台盼蓝 1 滴，混匀，5 min 后制片，高倍镜下计数活细胞数。活细胞不着色而死细胞着色呈蓝色，共计数 200 个单个核细胞，求活细胞百分率。

【注意事项】

1. 本法分离的单个核细胞纯度可达 95％，仍有少量粒细胞及红细胞混杂；细胞得率可达 80％以上，室温超过 25 ℃可影响细胞得率。细胞得率也与分层液密度有关，密度越高，细胞得率也高，但易混入红细胞。

2. 将稀释的血液加于分层液上时一定要细心，动作要轻，避免冲散分层液面或与分层液混合，影响分离结果。

3. 吸取单个核细胞时，应避免吸出过多血浆或分层液，导致血小板污染。

Ⅱ　淋巴细胞纯化技术

【实验目的】

学习淋巴细胞纯化的基本方法，熟悉本实验的原理与用途。

Ⅱ.Ⅰ　Percoll 分层液连续密度梯度分离法

Percoll 是一种经聚乙烯吡咯酮(PVP)处理的硅胶颗粒，对细胞无毒性。利用 Percoll 液经高速离心后可形成一个连续密度梯度的原理，将密度不等的细胞分离纯化。

【实验器材】

1. 器具
显微镜、水平离心机、毛细吸管。

2. 材料
Percoll 液、PBS 缓冲液。

【实验方法】

1. 将 7 ml Percoll 原液(密度 1.13)与 6 ml pH 7.4 的 PBS 缓冲液混合均匀，经 18 000 r/min 离心 40 min，使分层液形成一个从管底到液面密度递减的连续密度梯度。

2. 将单个核细胞悬液轻轻铺于液面上,2 000 r/min 离心 20 min。

3. 实验结果的观察。两步离心后,便得到 4 个细胞层,表层为死细胞碎片及血小板,底层为粒细胞和红细胞;中间为 2 层,上层富含单核细胞,下层富含淋巴细胞。

【注意事项】

本法为纯化淋巴细胞的一种较好方法,纯度高达 98％以上,但对设备要求较高。

Ⅱ.Ⅱ　单核细胞吸附分离法

单核细胞吸附分离法是根据单核细胞、粒细胞能吸附玻璃及葡聚糖凝胶的特性,将单个核细胞悬液通过载有玻璃纤维或葡聚糖凝胶(Sephades G10)柱,单核细胞被吸附,洗脱液中富含淋巴细胞。

实验 27　混合淋巴细胞反应

混合淋巴细胞反应(mixed lymphocytes reaction,MLR)包括双向和单向混合淋巴细胞反应两种。

Ⅰ　双向混合淋巴细胞反应

【实验目的】

掌握双向混合淋巴细胞反应的原理与方法,了解其用途。

【实验原理】

遗传型不同的两个个体淋巴细胞在体外混合培养时,由于它们的 HLA 不同,能互相刺激导致对方淋巴细胞分裂增殖和转化,称为双向混合淋巴细胞反应,此反应中各自的淋巴细胞既是刺激细胞,又是反应细胞。转化的淋巴细胞体积增大,有分裂现象,可用形态学方法鉴定转化细胞。另外,转化细胞代谢增加、DNA 合成增加,可用 ^{3}H-TdR 掺入法检测,以 ^{3}H-TdR 掺入量表示淋巴细胞反应强度。

【实验器材】

1. 器具

注射器、吸管、血球计数板、水平离心机、液体闪烁仪、CO_2 孵箱、微量加样器、细胞收集器。

2. 材料

淋巴细胞分离液、肝素、Hank's 液、染液、^{3}H-TdR、玻璃纤维滤纸、生理盐水。

【实验方法】

1. 分离淋巴细胞：取肝素抗凝血，用淋巴细胞分离液分离淋巴细胞，计数，用细胞培养液配成一定浓度。

2. 接种：反应管中加双方淋巴细胞，对照管加单方细胞，设 3 个重复管。

3. 培养与计数：置于 CO_2 孵箱中培养 5～6 d，培养结束后轻轻取出，吸弃上清液，取沉淀物涂片，染色，高倍镜下计数转化细胞，求出转化率。

4. cpm 值测定：在培养终止前 16～20 h 加 ^{3}H-TdR，培养后将细胞收集于玻璃纤维滤纸上，用生理盐水洗去游离的 ^{3}H-TdR，置液体闪烁仪上测 cpm 值。

5. 按下面的公式算出刺激指数(SI)：

$$SI = \frac{\text{反应管 cpm} \times 2}{2 \text{ 个淋巴细胞单纯培养管 cpm 之和}}。$$

Ⅱ 单向混合淋巴细胞反应

【实验目的】

掌握单向混合淋巴细胞反应的原理与方法，了解其用途。

【实验原理】

单向 MLR 原理基本同双向 MLR，只是在两个不同个体的淋巴细胞混合之前对其中一个个体的淋巴细胞用丝裂霉素 C 预处理，使其失去增殖作用仅作刺激细胞，而另一个体的淋巴细胞仍具有增殖能力，因而能对刺激细胞发生应答而增殖。因此，在单向 MLR 中，各自的淋巴细胞仅发挥刺激作用或反应增殖。根据单向 MLR 中选用的标准细胞类别不同，可将该法分为阴性分型法和阳性分型法。

1. 阴性分型法

该法将已知 HLA 型别的纯合子分型细胞(homozygous typing cell，HTC)作为标准细胞，并经 X 射线或丝裂霉素 C 处理后使其丧失反应能力而仅保留刺激能力，然后与待分型细胞混合进行单向 MLR，若待分型细胞的 HLA 抗原与标准细胞相同，则呈阴性反应，反之为阳性反应。根据阴性反应可判断待分型细胞的HLA 型别。

2. 阳性分型法

由于纯合子分型细胞难以获得，故选用预致敏淋巴细胞为标准分型细胞进行

HLA-D 和 HLA-DP 等分型。将两个个体仅有一个 HLA 单倍型相异的淋巴细胞混合作单向 MLR,获得仅对一个单倍型具有识别能力,且处在静止状态的记忆淋巴细胞,此细胞为预致敏淋巴细胞(primed lymphocyte),将此类细胞作为反应细胞,而待测细胞预先用 X 射线照射或丝裂霉素 C 处理成刺激细胞,如此进行单向 MLR,即称预致敏淋巴细胞分型(primed lymphocyte typing, PLT)。若待分型细胞的 HLA 分别与致敏淋巴细胞预先识别的型别相同,则两者混合后立即出现反应细胞的再次应答。据此可确定待检细胞的 HLA 型别。只有呈现阳性反应时才能作出 HLA 型别的判断,因此又称阳性分型法。此法 24 h 即可报告结果,明显快于双向 MLR 和阴性分型法。

【实验器材】

与双向 MLR 基本相同。

【实验方法】

与双向 MLR 基本相同。

【结果判定】

1. 形态法:以转化细胞百分率判断淋巴细胞反应强度,一般认为转化率小于 5% 为阴性。

2. ^{3}H-TdR 掺入法:以 SI 判断淋巴细胞反应强度。

HLA-D 抗原可用阴性和阳性分型法检测,HLA-DP 抗原只能用阳性分型法检测。

【注意事项】

1. 丝裂霉素 C 处理后,用 Hank's 液洗涤细胞 3 次,清除丝裂霉素 C。

2. 混合淋巴细胞培养终止时用细胞收集器以生理盐水彻底洗涤细胞,去除游离的 ^{3}H-TdR。

3. 实验操作应在无菌条件下进行。

实验 28　E 玫瑰花环试验

【实验目的】

熟悉 E 玫瑰花环形成的原理;了解 E 玫瑰花环形成的实验方法。

【实验原理】

正常人的 T 淋巴细胞表面具有能与绵羊红细胞(SRBC)表面糖肽相结合的受体(E 受体),即 CD2 分子,是一种糖蛋白,相对分子质量为 30 000~60 000,是 T 细胞所特有的表面标志。在体外一定条件下 T 细胞能直接与 SRBC 结合,形成玫瑰花样细胞团,称为 E 玫瑰花环。E 玫瑰花环试验(erythrocyte rosette test)常用于检测外周血中 T 细胞的数量、活性及分离 T 细胞。

【实验器材】

1. 器具

离心管、离心机、吸管、显微镜、载玻片、水浴箱、冰箱。

2. 材料

(1) 聚蔗糖-泛影葡胺分层液。

(2) 肝素抗凝血。

(3) pH7.2~7.4 的 Hank's 液。

(4) 瑞氏染液。

(5) 0.8%戊二醛溶液(用 Hank's 液将戊二醛配成 0.8%,然后用 1 mol/L NaOH 将 pH 调至 7.2~7.4)。

(6) 吸收灭活小牛血清(小牛血清经 56 ℃ 30 min 灭活后,取 1 体积压积 SRBC,加 2 体积灭活小牛血清,混匀后置 37 ℃ 30 min,离心沉淀红细胞,吸取上清,放 4 ℃冰箱保存备用)。

(7) 1%SRBC 悬液(无菌脱纤维的绵羊静脉血 100 ml 加 Alsever 保存液 50 ml,置 4 ℃冰箱保存,一般不宜超过 2 周。用前以 Hank's 液洗 3 次,1 500 r/min 离心 10 min,弃上清,将压积红细胞用 Hank's 液配成 1%的 SRBC 悬液,细胞浓度约为 8×10^7 个/ml)。

【实验方法】

1. Et 花环检测用分层液密度梯度离心法分离淋巴细胞,计数后,用 Hank's 液配成 10^7 个/ml 细胞悬液。取 0.1 ml 细胞悬液,加入 0.1 ml 1% SRBC 及 20 μl 灭活小牛血清,混匀,37 ℃水浴 5 min,以 500 r/min 离心 5 min,然后放入 4 ℃冰箱 2 h 或过夜。取出试管轻轻旋转,使沉淀细胞重新悬浮,取 1 滴置载玻片上,于高倍镜下计数;或在细胞悬浮前,吸弃一半上清液,加入 0.8%戊二醛溶液 0.1 ml,轻轻旋转混匀,置 4 ℃冰箱固定 15 min,制成湿片观察计数或制成干片经瑞氏染色液染色,镜检计数。此为 Et 花环,t 代表细胞总数。

2. Ea 花环检测:部分 T 细胞具有高亲和力的 SRBC 受体,当 SRBC 与淋巴细胞按 8∶1 混合,低速离心后不经低温放置,即能迅速形成 E 花环,称为 Ea 花环 (active T rosette)。活性 T 细胞是 T 细胞的亚群,它与 T 细胞的体内外功能活性密切相关,能更敏感地反映人体细胞免疫的水平和动态的变化。故 Ea 花环试验是目前检测细胞免疫功能最为简便快速的方法之一。

3. 结果判断:凡能结合 3 个以上 SRBC 者即为 E 花环阳性细胞。计数 200 个淋巴细胞,算出花环形成细胞的百分率。Et 花环正常值为 60%～80%;Ea 花环正常值为 15%～30%。原发性细胞免疫缺陷时花环形成率低于正常值,器官移植出现排斥反应时花环形成率高于正常值。

【注意事项】

1. SRBC 最好用新鲜的,一般采血后保存在 Alsever 液中,2 周内可以用,超过 2 周后 SRBC 与淋巴细胞的结合能力下降。

2. 从采血到测定,不得超过 4 h,若用分离的淋巴细胞,放置时间也不得超过 4 h,否则 SRBC 受体会自行脱落,花环数会下降。

3. 同时可用台盼蓝检查活力,活细胞不少于 95%。

4. 计数前应将沉于管底的细胞予以重悬,但只宜轻缓旋转试管,使细胞团块松开即可,不能过猛或强力吹打,否则花环会消失或减少;

5. 全部实验在室温即 16～23 ℃间进行。

实验 29　淋巴细胞 α-醋酸萘酯酶的检测

【实验目的】

1. 掌握 α-醋酸萘酯酶检测的原理及方法。
2. 了解检测淋巴细胞中 α-醋酸萘酯酶的用途。

【实验原理】

人和动物的 T 淋巴细胞胞浆内含有 α-醋酸萘酯酶(α-naphthyl acctate estersse, ANAE),它能将 α-醋酸萘酯水解成醋酸和 α-萘酚。α-萘酚与六氮副品红偶合生成紫红色的 α-萘酚六氮副品红。因此,将血细胞的涂片置于含 α-醋酸萘酯和六氮副品红的孵育液中孵育一定时间后,在 T 淋巴细胞胞浆中的酯酶存在部位会生成不溶性的紫红色沉淀物,此沉淀物呈大小不等的颗粒状或融合成小片状。而 B 细胞内没有 α-醋酸萘酯酶,因此无此反应,因而在普通光学显微镜下,能区分出 T、B 淋巴细胞。此法对于了解活体内 T 淋巴细胞的动态变化有一定的实用价值,并具有操作简单、需血量少等优点。

【实验器材】

1. 器具

电磁搅拌器、显微镜、定时钟、染色缸。

2. 材料

(1) 人或动物(小鼠、豚鼠)的新鲜血液。

(2) 4%副品红盐酸溶液。

(3) 4%亚硝酸钠水溶液,临用时配制。

(4) 2%α-醋酸萘酯乙二醇甲醚溶液,临用时配制。

(5) 福尔马林-丙酮固定液。

(6) 1/15 mol/L、pH 7.6 的磷酸缓冲液。

(7) 2%甲基绿染色液。

【实验方法】

1. 取人耳垂或手指(亦可用小鼠或豚鼠)的新鲜血液一滴至洁净载玻片一端,推成厚薄适当的血片,冷风迅速吹干。

2. 将血涂片置冷的福尔马林-丙酮固定液中,4 ℃下固定 1 min。

3. 取出血涂片用自来水冲洗 3 min,再用双蒸馏水将玻片上剩余的自来水冲掉,室温下自然干燥或用冷风迅速吹干。另取同样材料的制片固定后放水中煮沸5 min,以破坏酯酶活性,作为对照。

4. 将经过固定、冲洗并干燥后的血涂片放入孵育液中,37 ℃孵育 1.5 h。

5. 取出血涂片立即在自来水中冲洗 3 min,再用双蒸馏水冲洗,以除去血涂片上的沉淀物。

6. 用甲基绿染色液将血涂片复染 1 min 左右,再用自来水和双蒸馏水先后冲洗,晾干,油镜观察。计数 100～200 个淋巴细胞,求出 ANAE 阳性细胞百分数。

7. 观察结果。淋巴细胞的细胞核为绿色,胞浆为淡灰色,酯酶反应产物为紫红色或黑红色。

(1) T 淋巴细胞在胞浆内有明显的紫红色圆点状,有时融合成片状的产物,一般为 1～2 个,有时是 2～4 个紫红色颗粒,此为酯酶染色阳性(即 ANAE 阳性),对照由于已失去酯酶活性,故无红色颗粒状酯酶反应产物。

(2) 大多数 B 淋巴细胞为酯酶染色阴性,细胞大小和形态与 T 淋巴细胞相同,但无紫红色酯酶反应产物。

（3）典型的单核细胞和粒细胞为酯酶染色阳性。但表现与 T 细胞不同，为胞浆内部充满弥散状的红色小点状反应产物，量较多，且颗粒比 T 淋巴细胞的颗粒小。同时也可从细胞形态、核的形状以及粒细胞的多形核加以区别。亦有少数单核细胞和粒细胞为 ANAE 阴性。

【注意事项】

1. 亚硝酸钠和副品红起反应后，亚硝酸根使副品红偶氮化生成六氮副品红即三偶氮副品红。

2. 本实验用的所有化学试剂要求用分析纯。

3. 孵育液必须临用前配制，且 pH 值要求比较准确，测定人的材料为 pH 6.8，测定鼠类材料 pH 为 6.4 最合适。如果 pH 太低，颜色反应不明显，难以区别 T、B 淋巴细胞。

4. 孵育时间不能过长，否则影响结果的准确性。

5. 甲基绿染色液的浓度与染色时间很重要，染色液浓度过高或染色时间过长，则绿色染得太深，会掩盖红色反应产物，使 T、B 细胞容易混淆；染色太浅，细胞核与细胞质分不清，也影响结果的判定。

6. 福尔马林-丙酮固定液的 pH 为 6.6，力求准确，用后发现浑浊要废弃。

7. 血片应尽快固定、干燥和冲洗，以免影响酶活力。

8. 染色冲洗不宜过久，防止酶反应产物的颜色消失。

实验 30 T 细胞亚群检测

T 细胞可分为不同的亚群，细胞表面有不同的分化抗原，如 $CD4^+$、$CD8^+$ T 细胞功能有所不同。用单克隆抗体系统能够鉴定不同的 T 细胞表面分化抗原，在这些抗体中，抗 CD3 与总 T 细胞起反应，抗 CD4 与迟发性超敏反应/辅助性 T 细胞亚群反应，抗 CD8 与抑制/杀伤性 T 细胞亚群反应。利用抗 CD 抗原与人外周血淋细胞反应的百分率，可以确定人 T 细胞亚群的正常值范围，以及了解 T 细胞亚群在生理和病理状态下的动态变化情况。

目前检测 T 细胞亚群的方法很多，如间接免疫荧光法、微量细胞毒法、葡萄球菌-免疫球蛋白花环法、间接抗球蛋白花环法、抗生物素-生物素-辣根过氧化物酶法等。这里介绍间接免疫荧光法和微量细胞毒法。

21世纪生物学基础课系列实验教材

Ⅰ　间接免疫荧光法

【实验目的】

1. 掌握 T 淋巴细胞各亚群细胞膜上的表面标记。
2. 熟悉 T 淋巴细胞间接免疫荧光法的原理与方法。

【实验原理】

抗 CD3、抗 CD4 和抗 CD8 与淋巴细胞上相应抗原结合后,再与标记有荧光素的兔抗鼠 IgG 结合。在荧光显微镜下,结合了抗体的细胞在黑色背景中发出荧光,将发荧光细胞作为阳性细胞,计数阳性细胞百分率,从而确定不同 T 细胞亚群在整个 T 细胞群体中的百分率。

【实验器材】

1. 器具

水平式离心机、荧光显微镜、冰箱、离心管、毛细吸管等。

2. 材料

(1) 肝素钠溶液(500 u/ml)。

(2) 淋巴细胞分离液(密度为 1.077 ± 0.002)。

(3) 不含钙、镁的 Hank's 液(pH 7.4~7.6)。

(4) RPMI-1640 培养液。

(5) 抗 CD3、抗 CD4、抗 CD8 单抗。

(6) 荧光素标记兔抗鼠 IgG。

【实验方法】

1. 取抗凝血 2 ml(每 1 ml 血含 0.1 ml 肝素钠),用等量 Hank's 液稀释。

2. 分离淋巴细胞。

3. 淋巴细胞用 Hank's 液洗涤 2 次,每次以 1 000 r/min 离心 10 min,再用 PRMI-1640 培养液调节浓度至 1×10^6/ml,加入尖底离心管中,每管加 1 ml。以 2 000 r/min 离心 2 min,弃上清液。

4. 分别加入抗 CD3、抗 CD4、抗 CD8 McAb 各 100 μl,置 4 ℃冰箱,反应 45 min。

5. 用 Hank's 洗涤 2 遍后,加兔抗鼠的 IgG 荧光抗体 50 μl,置 4 ℃ 30 min,洗涤 3 次。

6. 取沉淀细胞滴加在载玻片上,覆以盖玻片,置荧光显微镜暗视野下观察。

7. 观察结果：

－：细胞暗淡，轮廓不清楚。

＋：细胞轮廓有很弱的荧光。

＋＋：细胞轮廓有较强的荧光，可以确定未染荧光的细胞中心，但界限不清。

＋＋＋：细胞轮廓有强的荧光，可以确定未染荧光的细胞中心，界限清楚。

＋＋＋＋：细胞轮廓有很强的荧光，可以确定未染荧光的细胞中心，界限清楚。

每一标本计数 200 个细胞，荧光强度在＋＋＋＋以上者为阳性，按下列公式计算阳性细胞率：

$$阳性细胞率(\%) = \frac{阳性细胞数}{细胞总数} \times 100\%。$$

Ⅱ　微量细胞毒法

【实验目的】

1. 掌握 T 淋巴细胞各亚群细胞膜上的表面标记。

2. 熟悉微量细胞毒法的原理与方法。

【实验原理】

在补体参与下，针对淋巴细胞表面分子 CD 抗原的 McAb 对该淋巴细胞有细胞毒作用，细胞膜失去屏障作用，染料伊红可透入细胞内，使之呈红色；而未致敏的活细胞则不着色。计数死亡细胞数，即可判断待检细胞是否含有相应抗原，从而确定不同 T 细胞亚群在整个 T 细胞群体中的百分率。该方法不需特殊仪器、简便易行，节省材料，准确性高。

【实验器材】

1. 器具

水平式离心机、显微镜、冰箱、水浴箱、离心管、毛细吸管、96 孔聚苯乙烯塑料板、血细胞计数板。

2. 材料

（1）肝素钠溶液（500 u/ml）。

（2）淋巴细胞分离液（密度为 1.077 ± 0.002）。

（3）不含钙、镁的 Hank's 液（pH 7.4～7.6）。

（4）RPMI-1640 培养液。

（5）抗 CD3、抗 CD4、抗 CD8 单抗。

（6）兔补体。

（7）5%伊红。

（8）0.8%戊二醛。

【实验方法】

1. 取抗凝血 2 ml。

2. 分离淋巴细胞（同前面实验）。

3. 用 PRMI-1640 培养液调节淋巴细胞浓度至 $2 \times 10^6/ml$，加入 96 孔聚苯乙烯塑料板中，10 μl/孔。

4. 加入抗 CD3、抗 CD4、抗 CD8 McAb 各 10 μl/孔，37 ℃湿盒 30 min，同时加阴性血清和阳性血清作对照。

5. 加兔补体，40 μl/孔，37 ℃湿盒 60 min。

6. 加 5%伊红染色，20 μl/孔，室温 10 min。

7. 加 0.8%戊二醛，30 μl/孔，室温下静置，1 周内观察。

8. 观察前，将孔中上清液弃去一部分，余下的混匀后，滴入白细胞计数池内，在显微镜低倍下观察。

9. 结果观察：

① 死细胞呈红色、灰暗、无折光性、体积变大；活细胞则不着色，折光性强，体积正常大小。

② 计数白细胞池内 4 个大方格全部淋巴细胞，按下式计算死亡细胞百分率：

$$死亡百分率（\%）= \frac{死亡细胞数}{总细胞数} \times 100\%。$$

【注意事项】

1. 分离淋巴细胞要新鲜，放置时间不超过 12 h，否则淋巴细胞活力降低或死亡，影响结果判断。

2. 微量细胞毒法中，补体对淋巴细胞有天然毒性，用前需做补体的天然毒性试验。毒性大的补体弃掉。采集的补体要求 20 支以上兔血清混合。

3. 要求阴性对照活细胞大于 95%，阳性对照死细胞大于 95%。

实验 31　T 细胞和 B 细胞的分离技术

为了深入研究 B 细胞的生物学特性和功能，常需从淋巴细胞群体中分离出单一的 B 细胞，以满足实验要求。根据 T、B 细胞膜表面标志及粘附能力等不同，可将两者加以分离,常用的方法有尼龙棉柱法、E 花结形成法、免疫吸附法及免疫磁性微珠分离法等,近年来应用流式细胞仪可以分离出均质性的单一细胞类型或亚群。

I　尼龙棉分离法

【实验目的】

掌握尼龙棉分离 T、B 细胞的原理与方法。

【实验原理】

尼龙棉即聚酰胺纤维,T 细胞表面绒毛短而少,B 细胞绒毛多而长,正是由于表面光滑程度不同,B 细胞在 37 ℃时易黏附于尼龙棉纤维上,而 T 细胞不具此能力,故可利用这一特性分离 T 和 B 淋巴细胞。

【实验器材】

1. 器具

平皿、试管、剪刀、小镊子、乙烯塑料管、老虎钳、尼龙棉、凝血酶、水平式离心机、离心管、冰箱、烘箱、吸管、滴管、细长的玻管、微量加样器等。

2. 材料

0.2 mol/L 盐酸、凝血酶 100 u/ml、含 20% FCS RPMI-1640 培养液、Hank's 液、分离单个核细胞所需试剂(前面实验已述)。

【实验方法】

1. 尼龙棉柱的制备:将半透明聚乙烯塑料管(直径 5~6 mm,长 16 cm)以烘热的老虎钳压成一斜角(一端为 <30°,另一端为 <60°),用加热法封住塑料管的一端,称取尼龙棉 40~70 mg,细致地撕开,使其松散而均匀,放于盛 Hank's 溶液的平皿中完全浸透,以小镊子填塞于上述塑料管中,边装边排气泡。尼龙棉装柱高为 6 cm,可有效滤过 $20×10^6$~$30×10^6$ 细胞数,制好后可冷冻保存,用时取出融化,国产尼龙棉需以 0.2 mol/L 盐酸溶液 1 000 ml 浸湿数小时,用蒸馏水 5 000 ml 冲洗,37 ℃烘干后再按上述方法处理。

2. 从新鲜血液分离单个核细胞:分离单个核细胞,最后制成 $2×10^7$~$3×10^7$/ml 浓度细胞悬液。

3. 去除血小板:在每毫升上述细胞悬液中加入凝血酶一滴,加盖,来回摇动 2 min,直至出现肉眼可见的乳白色血小板絮状凝块。立即在水平式离心机中离心

21 世纪生物学基础课系列实验教材

(1 000 r/min)30 s,管底沉淀为血小板。吸上层,即淋巴细胞混悬液,数管合并,以 1 000 r/min 离心 10 min,弃上清液,用含 20% FCS RPMI-1640 培养液回复至 0.5~1.0 ml,计数。如细胞数超过 $5×10^7$/ml,可分为 2 管,每管仍为 0.5 ml,备用,过柱。

4. 细胞过柱:从冰箱中取出尼龙棉柱融化后,从斜角封口处剪去约 1/3,斜边孔径为 2 mm,使原有管中的 Hank's 溶液流出,流速调节至每 8~10 s 通过液体量为 2 ml,再以预温至 37 ℃ 的 20% FCS RPMI-1640 培养液 5 ml 洗柱,洗毕,将上述细胞悬液 0.5 ml 加入尼龙棉柱中(每柱约可通过 $5×10^7$/ml 细胞)。平放尼龙棉柱,以细长的滴管伸入柱内近尼龙棉的界面。加 0.2 ml 预温的 20% FCS RPMI-1640 培养液封口,以免尼龙棉干后影响淋巴细胞的活力。37 ℃ 或 25 ℃ 温箱中平放培育 1~2 h 取出,以 37 ℃ 预温的 20% FCS RPMI-1640 培养液 5 ml 分次洗柱,洗下的悬液即为回收的 T 淋巴细胞,重复洗柱,以除去残留的 T 淋巴细胞。

以手指捏住斜角的开口处,取室温或冷的 20% FCS RPMI-1640 液 5 ml 分次加入尼龙棉柱中,每加一次,以两手指轻轻捏挤尼龙棉柱,上下来回数次,使尼龙棉内粘附的 B 细胞洗脱,如此反复加液和捏挤,最后用细长玻管伸入柱内,将尼龙棉压紧,反褶软管上端,从上向下,挤完残留的培养液,获得 B 细胞群。

5. 将收获的 B 细胞离心压积,还原至 1 ml,计数并调整细胞数为 $2×10^6$/ml。

用尼龙棉柱分离 B 细胞操作简便、快速、不需要特殊的设备条件,淋巴细胞活性不受影响,纯度与获得率亦较满意。

【注意事项】

1. 尼龙棉必须洁净。

2. 洗脱速度要适当,太快 T 细胞纯度受影响,太慢则细胞得率减少。

3. 本法是实验室常用的分离方法之一。方法简便易行,获得的 T 细胞纯度可达 90%,B 细胞纯度可达 80%。如将尼龙棉分离法和花环沉降分离法结合起来细胞纯度可达 99% 以上。

Ⅱ E 花结形成分离法

【实验目的】

掌握 E 花结形成分离 T、B 细胞的原理与方法

【实验原理】

T 细胞表面有 CD2 糖蛋白分子,为 E(绵羊红细胞)受体,而 B 细胞则无,利用 E 花结形成法及密度梯度离心法可将两类细胞分离。淋巴细胞与用溴化二氨基异硫氢化物(AET)处理的绵羊红细胞(SRBC)混合后,其中全部 T 细胞均能吸附 AET-SRBC,形成牢固稳定而巨大的 E 花环,较正常未处理的 SRBC 形成的 E-花环百分比为高,而且形成快速,不易脱落,重复性好。再经聚蔗糖–泛影葡胺分层液分离时,AET-E 花环易沉于管底,而未形成 E 花环的 B 细胞则留于分层液表面。取出形成 AET-E 花环的 T 淋巴细胞,用低渗溶液溶解花环周围的 AET-SRBC,便可获得纯 T 淋巴细胞,而 B 淋巴细胞可直接取自分层液的界面。

【实验器材】

1. 器具

水浴箱、水平式离心机、离心管、冰箱、烘箱、吸管、滴管、微量加样器等。

2. 材料

(1) AET 溶液:称取 AET 粉剂 402 mg,溶于 10 ml 去离子水中,使成为 0.143 mol/L 的溶液,加 4 mol/L 氢氧化钠溶液调节 pH 至 9.0,该溶液必须新鲜配制,不宜久存。

(2) AET 处理 SRBC:无菌取保存于 Alsever 液中的 SRBC 5 ml,加 20 倍体积的无菌等渗盐溶液,1 800 r/min 离心 5 min,连续洗涤 5 次后,取压积的 SRBC,充分混匀,使 SRBC 完全分散,按每一份压积 SRBC 加入 4 份新鲜配制的 pH 9.0 的 AET 溶液,置 37 ℃水浴 15 min,每隔 5 min 摇匀一次。取出预冷无菌等渗盐溶液至离心管口 1～2 cm 处,1 800 r/min 离心 5 min,连续洗涤 5 次,每洗一次,必须充分摇匀,以减少 AET 使 SRBC 粘附成团,并观察有无溶血。如无溶血现象,则用含 FCS RPMI-1640 液再洗一次,最后配成 10% AET-SRBC 悬液,置 4 ℃保存,不得超过 5 d。

(3) 1% AET-SRBC:将预先配制并保存于 4 ℃冰箱的 10% 浓度的 AET-SRBC 以含 10% FCS RPMI-1640 液稀释至 1%,若溶血应先洗涤一次。

(4) 分离单个核细胞所需试剂。

(5) Hank's 液。

(6) 3.5% NaCl 溶液。

【实验方法】

1. 从新鲜血液分离单个核细胞:方法见前面的实验。

2. AET-E 花环试验:将分离的单个核细胞(2×10^6/ml)与等量 1% AET-SRBC混合,37 ℃水浴 15 min,每 5 min 摇匀一次,然后分数管,每管 2～3 ml,

1 000 r/min离心 5 min 后,移置 4 ℃冰箱 45 min。

3. T 淋巴细胞和 B 淋巴细胞的分离:将形成 E-花环的细胞悬液,再用聚蔗糖-泛影葡胺分层液同法分离,吸取界面云雾状的细胞层,即为富含 B 淋巴细胞群。取沉淀于管底的 E 花环,用 Hank's 液洗一次后,加双蒸水 3 ml 处理 3 s,低渗裂解 E-花环周围 SRBC,立即加 3.5％ NaCl 溶液 1 ml,使还原为等渗,低速离心沉淀,即得富含 T 淋巴细胞群。

【注意事项】

1. 10％ AET-SRBC 悬液不宜保存太久,且要注意有否溶血。

2. 小牛血清用 SRBC 吸收后使用为佳,以免其所含凝集素影响实验结果。

3. AET-SRBC 花环形成后,应立即计数,否则当 37 ℃温热后,花环可解离。

4. 所用溶液 pH 以 7.2～7.4 为宜,温度在 30 ℃以上或 10 ℃以下可影响 E 花环形成,最适温度为 23±2 ℃。为了获得更纯的 B 细胞,可往 B 细胞制备中加入抗 T 细胞的单抗和补体,经保温破坏混入的少量 T 细胞;与此相应,T 细胞制备中加入抗 B 细胞抗体和补体,可进一步纯化 T 细胞。

5. 鉴定分别采用 CD19 单抗间接免疫荧光试验鉴定 B 细胞纯度,台盼蓝拒染计存活率。

Ⅲ 免疫磁珠分离法纯化人 B 淋巴细胞

【实验目的】

掌握免疫磁珠分离法分离 B 细胞的原理与方法。

【实验原理】

膜表面免疫球蛋白(SmIg)是 B 细胞特有的表面标志之一,用兔抗人 Ig 抗体包被磁珠,再将淋巴细胞悬液与磁珠共孵育,则 B 细胞将被吸附在磁珠上,其他细胞则不被吸附,由此可分离出 B 细胞。

【实验器材】

1. 器具

CD19 单抗包被的聚苯乙烯磁珠(Dynal 公司产品)、磁性微粒收集仪(MPC-1)、CO_2 孵育箱、试管、冰箱、微量加样器等。

2. 材料

羊抗人 IgM、PBS 缓冲液、RPMI-1640、0.5％ BSA、FCS RPMI-1640 培养液。

21世纪生物学基础课系列实验教材

【实验方法】

1. 抗体包被磁珠

将 30 mg/ml 磁珠与 80～100 μg/ml CD19 单抗液混合。

（1）室温下摇动 5 h。

（2）用 0.1 mol/L 的甘氨酸溶液终止反应（每 ml 悬液加 80 μl）。

（3）用 0.5% BSA 封闭。

2. B 淋巴细胞的分离

（1）将常规分离的外周血单个核细胞与 CD19 单抗包被的磁珠混合加入试管中，4 ℃冰箱内 3 min，同时轻振。

（2）用磁性微粒收集仪分开 CD19$^+$B 细胞和 CD19$^-$细胞。

（3）PBS 缓冲液洗涤。

（4）取出紧贴管壁并与磁珠结合的 CD19$^+$B 淋巴细胞。

3. 磁珠与 B 淋巴细胞分离

（1）5 ml 含 5% FCS RPMI-1640 培养液与磁珠结合的 CD19$^+$B 淋巴细胞混合。

（2）37 ℃、5%(V/V)CO_2 温育过夜。

（3）用磁性微粒收集仪贴壁分离磁珠。

（4）收集悬液中的 CD19$^+$B 淋巴细胞。

【注意事项】

T 细胞的分离则选用相应的 McAb，就可以分离出高纯度的 T 细胞。

Ⅳ　流式细胞术分离法

【实验目的】

掌握流式细胞术分离 T、B 细胞的原理与方法。

【实验原理】

流式细胞术（FCM）是一种对处在液流中的单个细胞或其他生物微粒等进行快速定量分析和分选的技术，它将免疫荧光与细胞生物学、流体力学、光学和电子计算机等多种学科的高新技术融为一体，进行细胞和分子水平的基础理论与临床应用研究。

将荧光标记的单克隆抗体加入从外周血液中分离的单个核细胞悬液内，使二者特异性结合，通过流式细胞仪自动检测，既可很快得到 T、B 细胞及其亚群百分率和绝对值的有关数据,又能以每秒高达 5 000 个细胞(18×10^6 个细胞/h)的速度分离和收集无菌的淋巴细胞,纯度可达 90%～99%,细胞活性亦不受影响,可用于淋巴细胞的各种免疫生物学功能测定。

流式细胞仪由激光光源系统、气控单细胞层流系统、光检测及信息处理系统和细胞分离纯化系统组成。

工作原理为经过荧光抗体染色的单细胞悬液和鞘液在氮气压力下同时进入流室,形成鞘液包裹细胞悬液的稳定层流,由喷嘴高速射下(1 000～5 000 个细胞/s),与垂直而来的激光束交汇。在混合细胞中,由于细胞大小、胞内颗粒多少及 DNA 含量等不同,使激光产生不同的散射,分别由散射光检测器接受;细胞上着染的荧光染料在激光激发下,发射出荧光,由荧光检测器接收,所有信号自动传送入电子计算机分析处理,迅速获得细胞类群及其数量的信息。由高频超声振荡器和极向偏转板等构成的细胞分离纯化系统,在分析鉴别不同细胞类群的基础上,使带有不同电荷的细胞滴通过电磁场时发生偏离,最后将细胞分别收集于不同容器内。

【实验器材】

1. 器具

恒温培养箱、流式细胞仪、水浴锅、水平式离心机、离心管、冰箱、烘箱、吸管、滴管、微量加样器等。

2. 材料

RPMI-1640、FITC-抗 CD3 单克隆抗体(FITC 为异硫氰酸荧光素)、CD3 为 T 细胞表面特有的蛋白质分子(分化抗原)、分离单个核细胞所需试剂。

【实验方法】

1. 用聚蔗糖–泛影葡胺密度梯度离心法分离单个核细胞,用 RPMI-1640 培养基配成 1×10^7/ml。

2. 加适量 FITC-抗 CD3 单克隆抗体,4 ℃孵育 30 min,用 RPMI-1640 培养基洗 2 次。

3. 用流式细胞仪进行分析。在散射光参数图上选取淋巴细胞群,在荧光参数图上选取绿色荧光阳性的细胞群进行分选。

【注意事项】

1. 分选细胞常常用于细胞亚群的进一步的功能研究,因此,整个过程均需严格无菌操作,并且在进行流式细胞仪分选前应对流式细胞仪进行无菌冲洗。

2. 此法分离得到的 T 细胞纯度可达到 99%,收获率可达到 90%。

3. 由于喷嘴孔径很小(约 70～100 μm),分选前需用 30～40 μm 孔径的滤网过滤细胞悬液,以免细胞凝块堵塞喷嘴。

实验 32　EAC 花环形成实验

【实验目的】

1. 熟悉 EAC 花环形成的原理。
2. 了解 EAC 花环形成的操作方法。

【实验原理】

B 淋巴细胞膜上有补体受体(C3-R),当红细胞(erythrocyte,E)与相应抗体(antibody,A)结合形成抗原抗体复合物(EA),激活补体的经典途径而产生活化的 C3(C3b),EA 与活化的 C3 结合形成 EAC。当 EAC 与 B 淋巴细胞相遇时,B 细胞膜表面的 C3-R 就和 EAC 上的 C3b 结合,形成以 B 细胞为中心,EAC 复合物环绕其周围的花环(结),此花环就称作 EAC 花环。由于 T 淋巴细胞膜上无C3-R,不形成此花环,故可借此花环的形成来区分 T、B 淋巴细胞,亦可通过 EAC 花环试验,了解 B 细胞总数,如在病理状况下,其数值出现异常,可为临床诊断、治疗等方面提供参考。

【实验器材】

1. 器具

水平式离心机、水浴箱、试管、载玻片、注射器、盖玻片、吸管、滴管、显微镜、冰箱等。

2. 材料

(1) 肝素抗凝新鲜血液。

(2) 鸡红细胞悬液:鸡置阿氏液中,摇匀,冰箱保存备用。实验前取一定量的抗凝鸡血离心,用生理盐水洗三次后,取压积的鸡红细胞(cock red blood cell,CRBC)用无钙、镁的 Hank's 液配成 4% 的 CRBC 悬液,其浓度约为 2×10^8/ml。

(3) 抗 CRBC 抗体(溶血素):应用时采用其凝血效价的 1/2 即可,如其凝血效价为 1:4 000,则取 1:8 000 的稀释度做试验。

(4) 淋巴细胞分层(离)液(比重 1.075~1.080)。

(5) 无钙、镁的 Hank's 液、肝素、阿氏液。

(6) 2% 美蓝水溶液。

21 世纪生物学基础课系列实验教材

（7）补体：试验当天取数只豚鼠的心脏血，分离血清，混合后用无钙、镁的 Hank's 液稀释成 1∶100 的浓度置冰箱保存备用。

（8）姬姆萨（Giemsa）染色液。

（9）1% 戊二醛（用无钙、镁 Hank's 液配制）。

（10）1% HCl、95% 酒精。

【实验方法】

1. EAC 悬液的配制：取 4% 的 CRBC 悬液 1 ml 加等量的用无钙、镁 Hank's 液稀释成一定浓度的溶血素混匀，置 37 ℃ 水浴 15 min，取出后加入 1 ml 1∶100 稀释的补体，再放于 37 ℃ 水浴 15 min 取出，备用。

2. 取肝素抗凝血 1 ml 沿管壁轻轻地加入装有 1 ml 分层液的小试管中，使二者保持清晰的界面。

3. 置水平式离心机中 2 000 r/min 离心 20 min，取出后吸出富含淋巴细胞层，用无钙、镁的 Hank's 液洗涤 2～3 次后，用 Hank's 液调整细胞浓度约为 1×10^7/ml。

4. 取 0.1 ml 淋巴细胞悬液加 0.1 ml EAC 悬液混匀，室温放置 30 min 后，1 000 r/min 离心 5 min，弃上清，留少许液体，将试管慢慢旋转使细胞悬起。

5. 取一滴细胞悬浮液于载玻片上，加美蓝染色液 1 滴轻轻混匀，加上盖玻片。高倍镜下计数 200 个淋巴细胞中形成 EAC 花环的百分数，淋巴细胞周围粘附 3 个以上 CRBC 为 EAC 花环形成细胞。观察时要注意混入的多形核白细胞和单核细胞形成的花环，不应将其计入，可从形态上加以区分。正常值 15%～30%。

【注意事项】

1. 血液应新鲜，血液保存 4 h 以上，淋巴细胞活力下降，花环阳性率明显下降。

2. 观察结果时，也可制成干片。干片的制作如下：去上清后滴加 2～3 滴 1% 的戊二醛，放 4 ℃ 冰箱 30 min，取一滴于载玻片上，制成推片，干后加姬姆萨染色液，2 min 后滴加自来水放置 15 min，再用自来水冲洗载玻片，将载玻片放入 95% 酒精中脱色 15 s，待载玻片上呈浅紫色时立即取出，然后放入盐酸缸中脱色（1% HCl 1 份加自来水 2 份）约 10 s，呈淡蓝略带红色时立即取出，干后置显微镜下观察。干片法虽然复杂，但花环清晰，颜色美观。

3. EAC 花环形成细胞百分率显著下降多见于体液免疫缺陷者；该花环百分率显著升高多见于慢性淋巴细胞白血病、某些自身免疫病患者。

4. 兔抗鸡红细胞抗体可自制，其制备方法可参考实验溶血素的制备。

实验 33　抗体生成细胞的测定——定量溶血分光光度法

【实验目的】

1. 熟悉定量溶血分光光度测定法的原理。
2. 掌握这种检测抗体生成细胞的操作方法。

【实验原理】

定量溶血分光光度测定法（quantitative hemolysis spectrophotometry，QHS）又称作 B 淋巴细胞介导红细胞定量溶血的分光光度法。这种方法是体外检查产生 IgM 的抗体生成细胞的常用方法之一。取经绵羊红细胞（SRBC）免疫 4~5 d 的小鼠脾脏细胞，加入 SRBC 和补体，37 ℃孵育后，抗体生成细胞产生和分泌的抗体会裂解红细胞，使其释放出血红蛋白。取上清液在分光光度计上比色，以 OD 值来表示一定量的抗体生成细胞产生和分泌的抗体裂解红细胞后释放的血红蛋白量，从而反映机体的体液免疫功能状态。

【实验器材】

1. 器具

注射器、小漏斗（内铺 8 层纱布）、分光光度计、显微镜。

2. 材料

（1）小鼠：体重 20~22 g。

（2）补体：3 只以上豚鼠的新鲜混合血清。实验时用冷的 PBS 稀释成 1∶5~1∶10 的浓度。

（3）SRBC：保存于阿氏液中，置 4 ℃冰箱中存放，不超过 2 周。

（4）pH 7.2 含 Ca^{2+}、Mg^{2+} 的 PBS，置 4 ℃冰箱中保存备用。

（5）无菌生理盐水。

【实验方法】

1. SRBC 悬液制备。取阿氏液中保存的 SRBC，用无菌生理盐水洗 3 次，每次以 2 000 r/min 离心 10 min，末次离心后将压积的 SRBC 用无菌生理盐水配成 20%（约 2×10^9 个细胞/ml）和 0.4% 的 SRBC 悬液。

2. 每只小鼠腹腔注射 0.2 ml 20% 的 SRBC 悬液，对照鼠注射等量的无菌生理盐水。

3. 在免疫后的第 5 d，将小鼠用去眼球放血法放血，颈椎脱臼法处死，消毒腹壁，摘取脾脏。将脾脏置于已盛有 3 ml 左右的冷 PBS 的平皿内，去除表层脂肪，用冷的 PBS 冲洗干净，加入少量冷的 PBS，用剪刀剪碎并用注射器筒芯压碎，再用 1 ml 注射器吸抽吹打均匀。用 8 层纱布过滤（过滤前，纱布要用冷的 PBS 浸湿）。取滤液，2 000 r/min 离心 5 min，沉淀用 1 ml 冷的 PBS 悬浮，显微计数。将脾细胞用冷的 PBS 调整至 2×10^7 个细胞/ml。

4. 取脾细胞悬液 1 ml（2×10^7 个细胞/ml）于试管中（对照管用 1 ml PBS 代替），依次加入 1 ml 0.4% 的 SRBC 悬液，1 ml 已稀释的补体，混匀后置 37 ℃ 水浴温育 1 h。

5. 取出后以 3 000 r/min 离心 5 min。用分光光度计取 413 nm 波长以对照管作空白调零，测定各管上清液中红细胞裂解释放的血红蛋白量（以 OD 值表示）。

6. 比较免疫小鼠和非免疫小鼠（对照鼠）的结果。

【注意事项】

1. 抽豚鼠心血分离血清时，应防止溶血。血清应事先经 SRBC 吸收。

2. 不同浓度的补体对结果有影响，选用 1：5～1：10 稀释的补体为宜。

3. 制备脾细胞悬液的过程中，应用冰浴或加入冷的 PBS，以保持细胞的活力。

实验 34 小鼠红细胞花环实验

【实验目的】

熟悉小鼠红细胞花环形成原理；了解作此花环的意义。

【实验原理】

人的 B 淋巴细胞膜上有小鼠红细胞（mice red blood cell MRBC）受体，可与 MRBC 结合，形成花环，测定 MRBC 形成细胞可计数 B 淋巴细胞。在病理状况下，其数值出现异常，可给临床诊断提供参考。

【实验器材】

1. 器具

冰箱、试管、水平式离心机、水浴锅、载玻片、显微镜。

2. 材料

（1）淋巴细胞分离液（比重 1.075～1.080）。

（2）灭活及吸收过的小牛血清：取小牛血清于 56 ℃ 灭活 30 min 后，按每毫升

21世纪生物学基础课系列实验教材

小牛血清加入 0.5 ml 洗过的压积 MRBC 混匀,37 ℃水浴 30 min,室温下 1 h,然后置 4 ℃冰箱过夜,次日以 2 000 r/min 离心 10 min 弃沉淀。取此灭活并吸收过的小牛血清一滴于玻片上,加一滴 MRBC,混匀,无凝集现象即可使用。分装无菌小瓶低温保存备用。

（3）无钙、镁的 Hank's 液,内含 20% 灭活并吸收过的小牛血清。

（4）肝素抗凝血(待检样)。

（5）1% 美蓝水溶液(生理盐水配制)。

（6）Alsever's 液,生理盐水。

（7）小鼠。

【实验方法】

1. 取小鼠血液于等量的 Alsever's 液中,摇匀,4 ℃冰箱存放。用时取出适量液体,用生理盐水洗 3 次,每次以 1 500 r/min 离心 10 min。用生理盐水配成 1% MRBC 悬液(约 1×10^8/ml)。

2. 取肝素抗凝血液 1 ml,沿管壁慢慢加入已装有 1 ml 淋巴细胞分离液的小试管中,使二者界面清晰。

3. 放入水平式离心机中以 2 000 r/min 离心 20 min,吸取淋巴细胞层于另一试管中,用无钙、镁的 Hank's 液洗涤 3 次后,用含 20% 小牛血清 Hank's 液调整细胞浓度约为 1×10^7/ml。

4. 取淋巴细胞悬液 0.1 ml 加等量 1% MRBC 悬液,混合后置 37 ℃水浴 10 min,500 r/min 离心 10 min,放 4 ℃冰箱 2～3 h。

5. 弃上清,留少许液体,加 1 滴 1% 的美蓝水溶液,轻轻旋转试管,使之混匀并将细胞悬浮。吸取 1 滴混合物于载玻片上,盖上盖玻片。高倍镜下计数 200 个淋巴细胞,凡吸附 3 个或 3 个以上 MRBC 者为一个花环,计算出花环形成的百分率。

正常人外周血小鼠红细胞花环形成率为 5%～10%。患慢性淋巴细胞白血病者此花环形成率高达 60%～80%;而无丙种球蛋白血症,严重联合型免疫缺陷等患者,此花环百分率显著减少甚至缺如。

【注意事项】

1. 可用心脏穿刺或去眼球放血的方法取得小鼠血液。每只小鼠经心脏穿刺约可取 0.5 ml 血,去眼球放血法操作较易且取血较多。

2. MRBC 在 Alsever's 液置 4 ℃冰箱保存可用一周,若保存时间延长,花环率显著降低。

3. MRBC 与淋巴细胞之间的比例可影响花环形成,最适比例为 35:1,大于或小于这个比例可使花环数降低。

实验 35 豚鼠过敏性休克试验

【实验目的】

1. 了解过敏性休克的发病机制。
2. 熟悉过敏性休克实验的方法,并观察过敏性休克反应的症状。

【实验原理】

豚鼠过敏反应属Ⅰ型变态反应,与人类青霉素和异种血清所引起的过敏性休克相似。通过该实验进一步加深对Ⅰ型变态反应机理的理解,并提高对防治人类过敏反应的认识。

由于羊血清(或马血清、鸡蛋白等)对于豚鼠是异性蛋白,具有变应原性。实验时先给豚鼠注射异种蛋白,经过一定时间,豚鼠产生抗体 IgE 后处于致敏状态,即 IgE 的 Fc 端结合至肥大细胞和嗜碱性粒细胞表面。当第二次注射相同抗原后,抗原与细胞表面的 IgE 结合,导致肥大细胞和嗜碱性粒细胞脱颗粒,释放活性介质,作用于效应器官,产生严重的过敏性休克。

【实验器材】

1. 器具

注射器、酒精棉球、剪刀等。

2. 材料

同系豚鼠两组、抗原(鸡蛋白溶液)。

【实验方法】

1. 致敏注射:取健康同系豚鼠二组,其中一组在试验前 2～3 周用 20％鸡蛋白溶液 0.5 ml 施行腹腔致敏注射。

2. 发敏注射:

(1) 取已致敏豚鼠,心脏内注射 50％鸡蛋白溶液 1 ml。

(2) 取末致敏豚鼠,同样心脏内注射 50％鸡蛋白 1 ml,作对照。

3. 立即观察全部动物的表现。

(1) 注射特异性过敏原的豚鼠,约在数分钟至 10 分钟之内,可出现兴奋不安、抓鼻、呃逆、竖毛、大小便失禁和痉挛等症状。重者数分钟内死亡,解剖后可见肺脏高度气肿。

（2）另一组豚鼠对照组无任何症状发生。

【注意事项】

1. 再次注射过敏原时应作静脉或心脏注射，使过敏原直接进入血液循环，才能引起明显的试验结果。

2. 一般在初次注射过敏原后两到三周豚鼠即可达到高敏状态，并维持几个月，在此期间如用相同的过敏原再次注射，就可应起过敏性反应。

实验 36　单向辐射红细胞溶解实验

【实验目的】

1. 熟悉单向辐射红细胞溶解实验的原理。

2. 学会用单向辐射红细胞溶解实验检测某种抗原。

【实验原理】

单向辐射红细胞溶解实验是将被动红细胞溶解反应和单向免疫扩散相结合的技术。首先使抗原吸附于红细胞上，然后与适量补体混合于琼脂中，制备琼脂板，打孔，将抗体加于孔中，抗体向四周扩散，与红细胞上吸附的抗原特异性结合，激活补体，导致红细胞被动溶解，出现溶血环。当抗原和红细胞量一定时，溶血环直径与抗体量呈正相关。

【实验器材】

1. 器具

水浴箱、离心机、湿盒。

2. 材料

（1）pH 7.4 的 PBS。

（2）鸡红细胞用 PBS 洗涤 3 次，配成 10% 的细胞悬液。

（3）抗原：接种流感病毒的鸡胚绒毛尿囊液。

（4）补体：4 只豚鼠新鲜合并血清。

（5）阳性抗血清、阴性抗血清及待检血清，56 ℃灭活 30 min。

（6）1.5% 琼脂糖：用含 0.1% NaN_3 的 PBS 配制。

【实验方法】

1. 致敏红细胞:将接种流感病毒的鸡胚绒尿囊液滴加到鸡红细胞悬液中,使每毫升10％红细胞悬液含500个血凝单位的病毒液,以正常鸡胚绒毛尿囊液作对照,混匀,置4℃冰箱中作用30 min,2 000 r/min离心10 min,弃上清,再用PBS洗涤2次,即为抗原致敏的红细胞。用PRS配成10％的细胞悬液。

2. 制琼脂板:制2.6 ml已完全融化并保持在45℃水浴中的琼脂糖溶液,将10％的致敏红细胞0.3 ml与补体原液0.1 ml一起加到其中,混匀,倒在载玻片上,静置冷凝,打孔(孔径2 mm),4℃保存,可用2周。

3. 分别将阳性抗血清50 μl、阴性抗血清50 μl及待检血清加到各孔中,置湿盒内,37℃孵育14～16 h。

4. 结果测定:加样孔周围溶血环的直径大于或等于2.5 mm为阳性,小于2.5 mm者为阴性,或与阳性抗血清、阴性抗血清的溶血环直径相比较而判定。

【注意事项】

制琼脂板时琼脂糖溶液一定要完全溶化,并保持在45℃水浴中使其不凝固。

实验37　皮肤超敏反应试验

【实验目的】

通过人体皮肤超敏反应试验,熟悉检测人类细胞免疫状态的方法。

【实验原理】

变态反应是免疫反应超过正常生理范围,机体发生生理功能紊乱或组织损伤的病理性免疫反应。根据发生机理和临床表现分为四型,即Ⅰ、Ⅱ、Ⅲ、Ⅳ型。本实验是根据Ⅳ型的原理而设计的验证性实验,其利用结核杆菌素或植物血凝素(PHA)皮下注射,若受试者经受过结核杆菌感染,即可引起以局部淋巴细胞浸润为主的急性炎症,注射局部出现红肿、硬结。注射过PHA后如受试者细胞免疫正常,24小时左右可引起局部淋巴细胞聚集浸润并出现皮肤局部反应。

【实验器材】

注射器、旧结核菌素(OT)(或结核菌素纯蛋白衍生物,PPD)、植物血凝素

（PHA）、2％碘酒、75％酒精、生理盐水。

【实验方法】

1. 结核菌素试验

（1）在前臂掌侧以酒精棉球常规消毒皮肤,皮下注射 1∶2 000 的 OT 0.1 ml(或用 PPD 0.1 ml),以形成明显皮丘为宜。于注射 48～72 h 后观察局部反应并记录。

（2）观察结果：

1）阳性反应：注射局部出现红肿、硬结,硬结直径在 0.5～1.5 cm 之间。

2）强阳性反应：注射局部出现红肿,硬结直径大于 1.5 cm,局部反应强烈,可出现水泡或溃疡。

3）阴性反应：局部无明显反应或红肿硬结小于 0.5 cm,且迅速消退。

2. PHA 皮肤试验

（1）在前臂掌侧 1/3 处,常规皮肤消毒,皮下注射 PHA 0.1 ml(含 10 μg),注射后 24 h 左右记录结果。

（2）结果观察：

1）阳性：红肿硬结大于 1.5 cm,表示免疫功能正常。

2）弱阳性：红肿,硬结直径在 0.5～1.5 cm。

3）阴性：无明显变化。

【注意事项】

1. 已明确为活动期结核者慎用或不用结核菌素试验。

2. 结核菌素试验检测为常规试验阴性者,最好再分别用 1∶1 000 与 1∶100 的 OT 皮试,若仍为阴性,最后即可判定阴性。

3. PHA 用量应作预试,不同产地及批号可有差异,应找出合适剂量。

4. 该法可与其他细胞免疫测定方法同时进行,以便综合分析判断。

实验 38　NK 细胞的分离

Ⅰ　Percoll 不连续密度梯度分离法

【实验目的】

熟悉 Percoll 不连续密度梯度分离法分离细胞的原理并掌握这种方法。

【实验原理】

NK 细胞约占外周血的 3％。Percoll 是硅化聚乙酰胺吡咯烷酮的商品名，是无毒无刺激的新型密度梯度离心分离剂。本实验利用 Percoll 在培养基中颗粒大小不等在离心过程中可以形成密度梯度的特性，将不同密度的细胞分离出来。

【实验器材】

1. 器具

离心管、吸管、离心机。

2. 材料

(1) pH 7.3 的柠檬酸缓冲液：

柠檬酸	327 mg
柠檬酸钠	2.63 g
碳酸氢钠	222 mg
葡萄糖	2.55 mg
蒸馏水加到	100 ml

(2) 取蔗糖-泛影葡胺分层液（D = 1.077 ± 0.001）。

(3) Percoll(Pharmacia)产品。

(4) Hank's 液（含 5％小牛血清）。

【实验方法】

1. 外周血单个核细胞的分离

(1) 将外周抗凝血与柠檬酸缓冲液按 7∶1 比例混合。

(2) 以 1 000 r/min 离心 10 min，弃上清，注意勿触及细胞沉淀。

(3) 用吸管小心吸取细胞沉淀上面富含白细胞的部分。

(4) 3 倍的 Hank's 液稀释细胞，置于聚蔗糖-泛影葡胺分层液上，2 000 r/min 离心 20 min。

(5) 小心吸取界面白细胞部分，用 Hank's 液洗 2 次，配成 $0.5 \times 10^8 \sim 1 \times 10^8$ 个细胞/ml。

2. Percoll 不连续密度梯度离心

(1) 将 Percoll 渗透压调整到 285 mOsmol/kg H_2O。

(2) 制备 7 种不同的 Percoll 分层液，范围为 40％～57.5％，每梯度相差 2.5％，即 40％、42.5％、45％、47.5％、50％、52.5％、55％、57.5％。

(3) 将不同梯度的 Percoll 轻轻的层层铺起，从高度密度至低密度加，最后加

1 ml 细胞悬液于顶部。

（4）2 000 r/min 离心 30 min。

（5）小心地吸取第二、三部分的细胞，每部分是顶部液体与 40％ Percoll 之间，第二部分是 40％ 与 42.5％ 的 Percoll 之间，第三部分是 42.5％ 与 45％ 的 Percoll 之间，这两部分富含 NK 细胞。

（6）用 Hank's 液洗 2 次，1 000 r/min 离心，细胞重悬于 Hank's 液中，4 ℃ 存放备用。

3. 结果观察

【注意事项】

1. 血标本应新鲜，宜在 4 ℃ 下分离细胞，以保持细胞活力。
2. 一般用柠檬酸盐抗凝，可能柠檬酸盐能更有效地阻断补体系统在体外活化。

Ⅱ　磁化细胞分离器分离法

【实验目的】

熟悉磁化细胞分离器分离法分离细胞的原理并掌握这种方法。

【实验原理】

从外周血分离单个核细胞，以粘附法去除其中的单核细胞后，以尼龙棉柱法除去其中的 B 细胞，剩余的 T 细胞和 NK 细胞以磁化细胞分离器（MACS）进行分离。有两种方法：阴性选择法，在反应中加入抗 CD3 抗体，使 T 细胞与之特异结合后形成磁性免疫复合物留在柱内，以除去标记的 T 细胞，洗下的为未标记细胞；阳性选择法，在反应中加入抗 CD16 抗体及抗 CD56 抗体，使 NK 细胞与之特异结合形成磁性免疫复合物留于柱内，将未标记细胞洗去后，将标记的 NK 细胞用洗液轻轻加压洗脱。

【实验器材】

1. 器具

磁化细胞分离器、荧光显微镜、注射器。

2. 材料

（1）含 10％ 血清的 PRMI-1640 液。

（2）含 1％ 小牛血清白蛋白的磷酸盐缓冲液 1％ BSA/PBS：作为抗体稀释液和洗涤液。

（3）抗 CD3 单克隆抗体。

（4）抗 CD16 单克隆抗体，CD16 为人 NK 细胞表面的一种分化抗原。

(5) 抗 CD56 单克隆抗体,CD56 亦为人 NK 细胞表面的一种分化抗原。

(6) 生物素标记的羊抗鼠血清。

(7) 异硫氰酸荧光素(FIIC)标记的链霉亲和素。

(8) 生物素标记的磁球颗粒。

【实验方法】

1. 分离外周血单个核细胞(PBMC):见聚蔗糖-泛影葡胺分离法。

2. 将单个核细胞的浓度用含 10% 血清 RPMI-1640 调整为 4×10^6 个细胞/ml,加入到无菌的塑料平皿中,37 ℃、7.5% CO_2 环境中培养 2 h 后,除去黏附于塑料的单核细胞和 B 细胞。

3. 非粘附细胞与含 10% 血清的 RPMI-1640 液预孵育 1 h 后过尼龙棉柱,B 细胞的剩余的单核细胞黏附在尼龙棉柱上,用培养液洗柱,收集洗下的 T 细胞和 NK 细胞。

4. 用磁场分离 T 细胞和 NK 细胞,以无菌操作标记和分离细胞。新分离的 T 细胞和 NK 细胞在水浴中进行标记,细胞先与抗表面抗原的单抗孵育 10 min(10^7 个细胞用 100 μl 抗 CD3 单抗或 25 μl 抗 CD16 单抗或抗 CD56 单抗),细胞经洗涤后与生物素标记的 100 μl 羊抗鼠抗血清孵育 10 min,洗涤后加入 FIIC 标记的链霉亲和素 25 μl,反应 8 min,洗涤后加生物素标记的磁颗粒(加抗 CD3 单抗者加 100 μl 磁颗粒,加 25 μl 抗 CD16 单抗或抗 CD56 单抗者加 50 μl 磁颗粒)反应 8 min。上述每步反应后,均以 10 倍体积的含 1% 牛血清白蛋白的 PBS 洗涤,3 000 r/min 离心 8 min 以终止反应。使用磁化细胞分离器(MACS)作免疫磁性分离。分离柱在使用前以高压灭菌。

5. 将标记有磁性复合物的细胞悬液重悬于 2~5 ml 含 1% 牛血清白蛋白的 PBS 中,调其细胞浓度为 $5 \times 10^7 \sim 1 \times 10^8$ 个细胞/ml。将分离柱先与含 1% 牛血清白蛋白的 PBS 预孵育 30 min,4 ℃ 预冷后放入永久性磁铁的磁场中,将标记细胞悬液加 80~100 ml。将分离柱拿出磁场,用 50 ml 洗液在无菌条件下以注射器轻轻加压洗脱标记的细胞,离心沉淀细胞,用荧光显微镜分析,用台盼蓝估计存活率,以 RPMI-1640 液保存。

【注意事项】

NK 细胞为 $CD16^+$、$CD56^+$、$CD3^-$ 细胞。若反应中加入了抗 CD3 单抗,则洗脱的未标记细胞为 NK 细胞;若反应中加入了抗 CD16、抗 CD56 单抗,则柱中保留的标记细胞为 NK 细胞。前一种方法为阴性选择法,后一种方法为阳性选择法。

实验 39　小鼠脾脏 NK 细胞活性测定

Ⅰ　台盼蓝染色法

【实验目的】

掌握用台盼蓝染色法检测 NK 细胞活性的原理及方法。

【实验原理】

NK 细胞是一类未经预先致敏就能杀伤肿瘤细胞的淋巴细胞,在抗肿瘤、抗病毒感染及免疫调节方面发挥着重要作用。利用 NK 细胞可以杀死靶细胞的特性,将二者在一定条件下混合一段时间,经过台盼蓝染色后数出死细胞,以此判定 NK 细胞活性。

【实验器材】

1. 器具

超净工作台、CO_2 孵箱、倒置显微镜、光学显微镜、液氮罐、水浴箱、离心机、细胞培养瓶、计数板。

2. 材料

(1) K562 细胞。

(2) IMDM 培养基。

(3) 0.5％台盼蓝等渗盐溶液。

【实验方法】

1. 靶细胞制备:

取传代 24 h 的 K562 细胞,用 IMDM 调至所需浓度供实验用。

2. 效应细胞制备:

颈椎脱白处死小鼠,无菌取脾,用镊子捣碎,悬于 2 ml 培养液中,静置 5 min,取无沉渣液,或直接用纱布块过滤,离心(1 500 r/min)弃上清液后,用 3 ml 无菌蒸馏水崩解红细胞,40 s 后用 1 ml 3.6％的盐水恢复等渗。离心(2 000 r/min) 10 min,弃等渗盐水,用培养液调至所需浓度。

3. 取效应细胞及靶细胞各 100 μl 加入试管中(一般效靶比为 50∶1 以上),用培养液至 1 ml,此为试验管;另设置对照管,37 ℃水浴 2 h。推片加 1 滴 0.5%台盼蓝染色,立即观察结果。

4. 结果判断:

(1) 死细胞呈蓝色,细胞肿胀变大,失去光泽。

(2) 计算 NK 细胞杀伤百分率。

镜下计数 200 个靶细胞,求出死细胞百分率。

【注意事项】

1. 靶细胞状态良好,一般传代时间超过两个月的 K562 细胞应弃去,再重新从液氮罐中取出复苏;效靶细胞混合要充分。

2. 实验中一定要设置对照管。

3. 效靶比例要适当,避免出现假阳性、假阴性反应。

4. 实验所用的台盼蓝浓度及量不能过高,染色时间不宜过长,以防止造成非特异性细胞死亡,影响实验的准确性。

Ⅱ 乳酸脱氢酶释放法

【实验目的】

掌握用乳酸脱氢酶释放法检测 NK 细胞活性的原理及方法。

【实验原理】

乳酸脱氢酶(LDH)存在于细胞内,正常情况下,不能透过细胞膜。当细胞受到损伤时,由于细胞膜通透性改变,LDH 可从细胞内释放至培养液中。释放出来的 LDH 在催化乳酸生成丙酮酸的过程中,使氧化型辅酶 Ⅰ(NAD^+)变成还原型辅酶($DADH_2$),后者再通过递氢体-吩嗪二甲酯硫酸盐(PMS)还原磺硝基氯化氮唑蓝(INT)或硝基氯化四氮唑蓝(NBT)形成有色的甲基化合物,在 490 nm 或 570 nm 波长处有一吸收峰,利用读取的 A 值,即可测得杀伤细胞毒活性。

【实验器材】

1. 器具

注射器、离心机、细胞培养板、CO_2 温箱、酶联检测仪。

2. 材料

(1) PBS(pH 7.4):NaCl 8.0 g、KH_2PO_4 0.2 g、$Na_2HPO_4 \cdot 12H_2O$ 2.9 g、KCl 10.2 g,加去离子水至 1 000 ml 溶解。

(2) 1 mol/L 乳酸钠溶液:取 11.2 g 乳酸钠溶于 100 ml 去离子水。

（3）LDH 底物溶液（临用前配制）：

NBT（硝基蓝四氮唑）	4 mg
NAD$^+$（氧化型辅酶 I）	10 mg
PMS（吩嗪二甲酯硫酸盐）	1 mg

加蒸馏水 2 ml 溶解，混匀后取上清液 1.6 ml，加 1 mol/L 乳酸钠 0.4 ml，然后加入 PBS（pH 7.4）至 10 ml。

（4）1％ NP-40：取 1 ml NP-40 加去离子水 99 ml。

（5）1 mol/L 枸橼酸终止液：取枸橼酸 4.2 g 加去离子水 200 ml 溶解。

（6）Tris-NH$_4$Cl 溶液：NH$_4$Cl 3.735 g/450 ml 双蒸水加 Tris 1.3 g/50 ml 双蒸水（pH 7.65）。

（7）靶细胞：TAC-1 细胞株、小鼠 NK 细胞敏感株。

（8）效应细胞：小鼠脾细胞。

【实验方法】

1. 靶细胞制备：取传代培养 24～48 h 对数生长期的 YAC-1 细胞，用 RPMI-1640 培养液洗涤 2 次，1 000 r/min 离心 5 min。10％ FCS-RPMI-1640 培养液重悬细胞，并用 0.5％ 台盼蓝染色检测细胞存活率＞95％，调整细胞浓度至 1×10^5 个细胞/ml。

2. 效应细胞制备：将小鼠颈椎脱位处死，用酒精棉球消毒腹部，剪开腹部皮肤和腹膜，无菌取脾脏，除去脂肪膜等，放入加有约 5 ml PBS 液的平皿中，用 5 ml 注射器抽取平皿内液体缓缓注入脾脏内，将脾细胞冲洗出来。如此反复冲洗，直到脾脏变白为止（约冲洗 5～6 次），将细胞移入离心管内，离心洗 1 次。加 5 ml 红细胞裂解液，冰浴条件裂解 10 min，每 2 min 摇动 1 次，1 000 r/min 离心 5～10 min，重复洗 1 次，用 10％ FCS-RPMI-1640 培养液悬浮细胞，计数细胞，并调细胞浓度至 1×10^7 个细胞/ml。

3. 孵育：取效应细胞和靶细胞各 0.1 ml（E：T＝100：1）加入细胞培养板中，设 3 复孔，同时设靶细胞自然释放孔（0.1 ml 靶细胞＋0.1 ml 10％ FCS-RPMI-1640 培养液）和最大释放孔（0.1 ml 靶细胞＋0.1 ml 1％ NP-40 液），1 000 r/min 低速离心 2 min。置于 37 ℃、5％ CO$_2$ 中孵育 2 h，1 000 r/min 离心 5 min。

4. 测定：吸取各孔上清 0.1 ml 加至新 96 孔板中，37 ℃ 10 min。每孔再加入 0.1 ml 新配制的 LDH 底物溶液，室温避光反应 10～15 min。加入 30 μl 10 mol/L 的枸橼酸终止液终止酶促反应。酶联检测仪在 570 nm 波长下读各孔 A 值。

5. 计算：根据下列公式计算 NK 细胞活性：

$$NK 细胞活性（％）= \frac{实验组 A 值 - 自然释放对照组 A 值}{最大释放对照组 A 值 - 自然释放对照组 A 值} \times 100％。$$

21 世纪生物学基础课系列实验教材

【注意事项】

测定之前要注意室温避光反应,反应后要用枸橼酸终止液终止反应。

实验 40　细胞因子活性的检测方法

Ⅰ　TNF-α 活性的检测

【实验目的】

学习结晶紫掺入法检测 TNF-α 活性的原理和方法,了解 TNF-α 的生物学作用。

【实验原理】

脂多糖 LPS 可使巨噬细胞活化,巨噬细胞活化后可分泌 TNF-α。小鼠成纤维细胞株 L929 在 TNF-α 的作用下,可以出现死亡。用结晶紫染料可使活细胞染成蓝紫色,测定活细胞摄入染料 OD 值,间接反映 TNF 的生物学活性。本实验中的放线菌素 D 的作用是抑制 DNA 合成,降低靶细胞受 TNF-α 损伤后的修复能力,以提高靶细胞对 TNF-α 的敏感性。

【实验器材】

1. 器具

ELISA 酶标仪、24 孔细胞培养板、剪刀、镊子、解剖板、注射器、计数板、毛细吸管、刻度吸管、试管。

2. 材料

小鼠(体重 18~20 g)、L929 细胞株、10% FCS-RPMI-1640、LPS、10 μg/ml 放线菌素 D、1%结晶紫(先用少许酒精溶解后,再用双蒸水配成所需浓度)、1% SDS 及 TNF-α 标准品。

【实验方法】

1. TNF-α 诱生:无菌取小鼠腹腔巨噬细胞,经洗涤后计数并调节细胞浓度至 5×10^5 个细胞/ml。取 1 ml 细胞加至 24 孔培养板,每孔加 10 ng/ml LPS 1 ml,于 37 ℃、5% CO_2 培养箱培养 4 h。取上清液为 TNF-α 待测样品。

2. TNF-α 活性测定：取对数生长期 L929 细胞，用 0.2％胰酶消化（室温消化 5～10 min），用 RPMI-1640 洗细胞 2 次，并调整细胞浓度至 2×10^5 个细胞/ml。倍比稀释待测 TNF-α 及标准品 TNF-α 样品，各取 100 μl 加入 96 孔板中，每孔再加 20 μl 放线菌素 D（终浓度 1～0.75 μl/ml），于 37 ℃、5％ CO_2 培养箱培养 24 h 后，离心弃上清液。PBS 洗细胞 1 次，每孔加入 1％结晶紫 200 μl，1 h 后离心弃上清液，用 PBS 洗细胞 1 次。每孔加入 1％ SDS 后，于 570 nm 或 630 nm 波长处，测定 OD 值。

【结果判断】

用标准品 TNF-α 所得结果做标准曲线，TNF-α 活性单位计算：

$$样品单位(U) = \frac{50\％死亡的标准\ TNF\text{-}α\ 的稀释度}{50\％死亡的样品稀释度} \times 标准\ TNF\text{-}α\ 单位/ml。$$

亦可用细胞死亡百分比计算 TNF-α 活性：

$$细胞死亡\％ = \left(1 - \frac{实验组\ OD - 空白组\ OD}{对照组\ OD - 空白组\ OD}\right) \times 100\％。$$

【注意事项】

L929 细胞不宜过密，以 2×10^5 个/ml 为宜。实验加入放线菌素 D 可提高 L929 细胞对 TNF 的敏感性。

II IL-1 生物学活性的检测

白细胞介素-1(IL-1)主要是由活化的单核-巨噬细胞合成和分泌的一种细胞因子，具有活化淋巴细胞、协同刺激胸腺细胞增殖、参与抗体产生和促炎症反应等多种生物学功能。用于检测 IL-1 生物活性的方法有多种，下面介绍小鼠胸腺细胞增殖法。

【实验目的】

掌握小鼠胸腺细胞增殖法的原理与操作方法；了解其意义。

【实验原理】

IL-1 与小鼠胸腺细胞共同培养时，IL-1 可刺激小鼠胸腺细胞增殖。进一步通过 ^{3}H-TdR 渗入法或染料摄入法判定小鼠胸腺细胞增殖量，推定 IL-1 的生物学活性。通过检测 IL-1 的生物学活性，可了解单核-巨噬细胞等的功能。

【实验器材】

1. 器具

离心机、低速离心机、水浴锅、CO_2 孵育箱、超净工作台、手术剪、恒温培养箱、试管、平皿、200 目不锈钢网、细胞培养板、多孔细胞收集器、玻璃纤维滤纸、β 液体闪烁仪等。

2. 材料

(1) 10% FCS RPMI-1640 培养液。

(2) LPS：用 10% FCS-RPMI-1640 配成 20 μg/ml。

(3) 刀豆蛋白 A(ConA)：用 10% FCS RPMI-1640 配成 2.5 μg/ml。

(4) ^{3}H-TdR。

(5) C57BL 小鼠(6～10 周龄)。

【实验方法】

1. 小鼠巨噬细胞产生 IL-1 的诱导

(1) 常规收集小鼠腹腔巨噬细胞，10% FCS-RPMI-1640 培养液悬浮细胞 2×10^6 个/ml，接种于 24 孔培养板，0.5 ml/孔。

(2) 每孔加 20 μg/ml LPS 0.5 ml，37 ℃、5% CO_2 孵育 36～48 h。

(3) 此时培养上清内含有巨噬细胞分泌的高水平 IL-1，收集培养上清，12 000 r/min 离心 15 min，将上清移入新的 1.5 ml 试管中、−20 ℃ 冻存。

2. IL-1 的生物学活性测定

(1) 胸腺细胞制备：颈椎脱臼处死小鼠，无菌取胸腺置于平皿中，加入 5 ml 10% FCS-RPMI-1640 培养液研磨，200 目不锈钢网制成单个细胞悬液，1 500 r/min 离心 10 min，再用 5% Hank's 液洗涤细胞 2 次后，重悬于 10% FCS-RPMI-1640 培养液产，调细胞浓度为 1.0×10^7 个/ml。

(2) 加样：取胸腺细胞加入 96 孔细胞培养板，0.1 ml/孔。再加入 IL-1 待测样品或 IL-1 标准品，50 μl/孔，实验孔再加入 50 μl ConA(终浓度 0.625 μg/ml)，同时设培养液对照孔(0.1 ml 细胞＋0.1 ml 培养液)、ConA 对照(0.1 ml 细胞＋50 μl 培养液＋50 μl ConA)，均设 3 复孔。37 ℃，5% CO_2 孵育 48～60 h。

(3) ^{3}H 掺入：每孔加 1.85×10^{10} μBq/20 μl(0.5 μci/20 μl)^{3}H-TdR，继续培养 8 h。

(4) 测定：多孔细胞收集器收集细胞于玻璃纤维滤纸上，用 β 液体闪烁仪测定 ^{3}H-TdR 掺入量(cpm)。以净 cpm 值(实验孔-ConA 对照孔 cpm 值)为纵坐标，对应的不同稀释浓度 IL-1 标准品为横坐标，在半对数图纸上绘制出标准曲线，再从标准曲线上查出待测样品中的 IL-1 含量。

【注意事项】

1. 吸取 LPS 刺激的小鼠巨噬细胞培养上清时，必须离心，以除去细胞及细胞破碎成分。

2. ConA 应选择淋巴细胞转化实验的亚剂量,即选择能够激活胸腺细胞,又不引起明显增殖的量,如果 ConA 过量,则不能有效反应 IL-1 的刺激活性。

3. 整个操作在无菌条件下完成,所用的玻璃器皿应高压灭菌。

Ⅲ　IL-2 生物学活性的检测

【实验目的】

掌握用 MTT 法检测白细胞介素-2(IL-2)生物学活性的原理与方法。

【实验原理】

IL-2 主要由活化的 T 淋巴细胞产生,又为 T 细胞增殖所必需,故又称 T 细胞生长因子(T cell growth factor,TCGF)。天然的 IL-2 含有糖基,基因重组 IL-2 不含糖基,由 133 个氨基酸组成,相对分子质量 15 kDa。其主要生物学活性是促进淋巴细胞和 NK 细胞的增殖,促进抗体生成等。IL-2 产生的水平不仅反映 T 细胞的功能,也是免疫调节重要的研究对象,而且与临床多种疾病密切相关。

CTLL 是 C57BL/6 来源的小鼠杀伤性 T 淋巴细胞系,只有在 IL-2 存在的培养基中才能生长。因此可作为指示细胞来测定待检样品中 IL-2 水平。此外,丝裂原活化的 T 淋巴母细胞亦可作为检测 IL-2 活性的指示细胞。MTT(3-(4,5-dimcthylthioazol-2-yl)-2,5-diphenyl-tetrazolium bromide,四甲基偶氮唑盐)可作为线粒体中琥珀酸脱氢酶的底物。当有活细胞存在时,线粒体内琥珀酸脱氢酶可将淡黄色的 MTT 还原成紫蓝色的甲䐶颗粒(Formazan),将结晶的甲䐶溶解释放,可根据所测的 OD 值反映活细胞的数量和活性,从而推知待检样品中 IL-2 的水平。良好的实验条件下,MTT 法的敏感性可接近 ^{3}H-TdR 同位素掺入法。

【实验器材】

1. 器具

96 孔培养板、CO_2 孵箱、加样器、试管、吸管等。

2. 材料

10% FCS RPMI-1640、标准 IL-2、MTT、酸性异丙醇、二甲亚砜(DMSO)、二甲苯、IL-2 依赖的 CTLL。

【实验方法】

1. IL-4 依赖的 CTLL 用 10% FCS RPMI-1640 洗涤 2 次,每次以 1 000 r/min 离心 5 min,除去原培养液中的 IL-2。

2. 调整活细胞数 $1 \times 10^5 \sim 2 \times 10^5$ 个细胞/ml。

3. 96孔平底培养板中每孔加 100 μl　CTLL 悬液（$1\times10^4\sim2\times10^4$/孔）。

4. 加入不同稀释度标准 IL-2 和待检样品，100 μl/孔，每份设 3 个重复孔。

5. CO_2 孵箱培养 18～24 h。

6. 每孔加 10 μl MTT（5 mg/ml 溶于 PBS），37 ℃培养 4 h。

7. 轻轻吸出 150 μl 上清，加入 150 μl 二甲亚砜（DMSO）或酸性异丙醇（异丙醇溶于 0.04 mol/L HCl）。

8. 溶解 10 min，测 OD 值（570 nm）。

【注意事项】

1. CTLL 细胞洗涤要充分，但操作必须轻柔，离心速度不宜过高，否则影响细胞的增殖。CTLL 对 IL-15 刺激有明显的增殖反应，如待测样品为培养上清时应加注意。

2. 加标准 IL-2 或待测样品时，按从低浓度到高浓度顺序加之。

3. CTLL 细胞冻存后复苏较困难，用含有丝分裂原条件培养基长期培养容易发生变异。

4. CTLL 细胞存活率应大于 95％。

5. 因标本中含 IL-4 等，可影响 IL-2 的测定，最好采用抗 IL-4mAb 吸附剂除去 IL-4。

Ⅳ　可溶性白细胞介素-2 受体的检测

【实验目的】

掌握夹心 ELISA 检测可溶性白细胞介素-2 受体的原理与方法。

【实验原理】

可溶性白细胞介素-2 受体（sIL-2R）（sIL-2Rα 链）存在于人的血清、尿液及脑脊液中，其浓度的高低与许多疾病的发生、发展、治疗效果及预后有密切联系，如成人 T 淋巴细胞白血病、艾滋病、B 细胞慢性淋巴细胞性白血病、毛细胞白血病，以及肾移植后发生急性排斥反应时或异基因骨髓移植发生移植物抗宿主病时，患者血清中 sIL-2R 水平会明显升高。sIL-2R 的检测多采用酶联免疫吸附技术，其中夹心法 ELISA 是一种较简单的检测方法，国外已广泛应用于临床及基础免疫学研究。将抗 Tac（IL-2Rα 链）特异性单克隆抗体 Ab1 吸附于固相载体，识别细胞培养上清或血清等标本中的 Tac 并与之结合。应用辣根过氧化物酶标记的识别另一种 Tac 表位的特异性单克隆抗体 Ab2，识别固定于固相载体的 Tac 并与之结合。通过酶催化底物显色反映待检标本中游离 Tac 的水平。

【实验器材】

1. 器具

聚苯乙烯塑料板、试管、ELISA 检测仪、24 孔细胞培养板、37 ℃水浴箱、4 ℃冰箱、CO_2 孵育箱、微量加样器。

2. 材料

包被缓冲液、洗涤液、稀释液、终止液、肝素、FCS RPMI-1640、ABTS 底物、BSA-PBS、Tac 特异性单克隆抗体、辣根过氧化物酶标记的 Tac 特异性单克隆抗体、HUT-102B2 细胞培养上清、PHA。

【实验方法】

1. 刺激外周血单个核细胞（PBMC）：取外周血 10 ml，肝素抗凝，常规分离单个核细胞，加至 24 孔细胞培养板，2×10^6 个细胞/孔，10% FCS RPMI-1640＋PHA（3 μg/ml），37 ℃、5% CO_2 培养 72 h，收集上清，－20 ℃保存待测。同时设未加 PHA 对照组。也可选用病人血清为待测标本。

2. Ab1 包被：用 0.05 mol/L、pH 9.6 的碳酸盐包被缓冲液将抗 Tac 特异性单克隆抗体（Ab1）稀释至 5 μg/ml，加至 ELISA 板，100 μl/孔，4 ℃包被 72 h。

3. 封闭：1% BSA-PBS 封闭，200 μl/孔，37 ℃孵育 2 h。

4. 加样：ELISA 板用 PBS-T 洗液洗 3 次，将 PHA 刺激单个核细胞培养上清及对照组上清或病人血清倍比稀释至 $1:2^{10}$，每一稀释度取 100 μl 加至 ELISA 板。选 HUT-102B2 细胞培养上清（或重组 IL-2Rα 链）为阳性对照，10% FCS RPMI-1640 培养液为阴性对照。37 ℃孵育 2 h，洗涤。

5. 加酶标抗体：于各反应孔加辣根过氧化物酶标记的另一种抗 Tac 特异性单克隆 Ab2，以效价滴定的最佳稀释度稀释至 100 μl。37 ℃孵育 2 h，洗涤。

6. 加底物显色：各反应孔加新鲜配制 ABTS 底物溶液100 μl，37 ℃、孵育 15 min。

7. 终止反应：各反应孔加 2% 氟化钠终止液 50 μl。

8. 结果判定：ELISA 检测仪上测各孔 OD 值（410 nm）。

【注意事项】

1. 抗体活性要高，否则影响本实验敏感性。

2. 经筛选比较，封闭液以 1% BSA-PBS 为好。

3. 酶标结合物应用前应进行效价滴定，选择最佳工作浓度。

4. 底物应选用灵敏度较高的供氢体如 ABTS 等。

21 世纪生物学基础课系列实验教材

5. 如有条件,酶标 McAb 可由生物素-McAb 和亲和素-HRP 系统代替,以增加实验的敏感性。

V　IL-4 生物学活性的检测

【实验目的】

掌握检测白细胞介素-4(IL-4)生物学活性的原理与方法。

【实验原理】

IL-4 主要是由 T_H2 细胞活化后产生的一种细胞因子。CT·4S 细胞为 IL-4 的依赖细胞株,对 IL-2 呈现低反应性,其增殖反应与 IL-4 的活性呈正相关关系。检测 IL-4 的生物学活性水平,可间接了解 T_H2 细胞及与抗体介导的一些体液免疫的功能。

【实验器材】

CT·4S 细胞株、^{3}H-TdR、微量细胞收集仪、β 液体闪烁仪、其他同 IL-2 测定。

【实验方法】

1. IL-4 诱生

(1) 人淋巴细胞分离:淋巴细胞分层液常规分离 PBMC,用 10% FCS-RPMI-1640 培养液调细胞浓度为 1×10^6 个/ml。

(2) 加样:将细胞接种于 24 孔细胞培养板,每孔 0.5 ml。再分别加 0.25 ml PHA(200 μg/ml)和 0.25 ml A23187(0.2 μg/ml),37 ℃、5% CO_2 培养 24 h。

(3) 回收上清:将细胞培养板 1 500 r/min 离心 10 min,收集细胞培养上清液,-30 ℃冻存。

2. IL-4 生物学活性测定

1. 用 0.25% 胰酶消化、收集生长旺盛的贴壁 CT·4S 细胞,经 Hank's 液离心洗涤 2 次后,10% FCS-RPMI-1640 培养液调制细胞浓度为 1×10^5 个/ml。

2. 接种细胞于 96 孔细胞培养板,每孔 0.1 ml。

3. 加入适当稀释的待测样品和标准品,每孔 0.1 ml。每个样品设 3 个复孔,同时设培养液对照。37 ℃、5% CO_2 孵育 48 h。

4. 每孔加入 ^{3}H-TdR,0.5 uci/孔,继续培养 6 h用微量细胞收集仪收集细胞于玻璃纤维纸上,用 β 液体闪烁仪测定各孔 cpm 值。

5. 以 cpm 为纵坐标,对应的不同稀释浓度 IL-4 标准品浓度为横坐标,在半对数图纸上绘制出标准曲线,再从标准曲线上查出待测样品中的 IL-4 含量。

【注意事项】

在 IL-4 诱生过程中,常同时产生一定量的 IL-2,这将影响 IL-4 的检测结果。因此,最好采用 IL-2mAb 吸附剂除去 IL-2。

Ⅵ　IL-5 生物学活性的检测

【实验目的】

掌握 IL-5 生物学活性检测的原理与方法。

Ⅵ.Ⅰ　TF-1 细 胞 法

【实验原理】

克隆化的 TF-1 对 IL-5 高度依赖,对 IL-5 有剂量依赖关系。

【实验器材】

1. 器具

烘箱、恒温培养箱、96 孔细胞培养板、细胞收集仪等。

2. 材料

TF-1 细胞系亚克隆(对 IL-5 绝对依赖)、RPMI-1640 培养液、FCS RPMI-1640、IL-5 标准品、^{3}H-TdR。

【实验方法】

1. 收集处于对数生长期的对 IL-5 绝对依赖的 TF-1 细胞亚克隆,用无血清 RPMI-1640 洗涤 2 次,用 10% FCS RPMI-1640 培养基重悬细胞,并调整细胞浓度至 8×10^4 个/ml。

2. 将细胞悬液加入 96 孔培养板,100 μl/孔,并加经倍比稀释的样品或标准品 50 μl,继续培养 6 h。每一浓度做 3 个平行孔。

3. 用细胞收集仪收集样品,烤干后进行计数,结果以每分计数表示。

4. 结果判定。以每分计数对 IL-5 标准品稀释倍数的对数作标准曲线,有良好的线性关系。参照标准曲线可得出样品 IL-5 含量。

Ⅵ.Ⅱ　BCL1 淋巴瘤法

【实验原理】

IL-5 可诱导 BCL1 淋巴瘤细胞增殖,并分泌 IgM 抗体。因而可用细胞增殖检测方法测定 IL-5 的生物活性。

【实验器材】

BCL1 淋巴瘤细胞系、96 孔培养板、IL-5 标准品、CO_2 培养箱、微量加样器等。

【实验方法】

1. 倍比稀释待测样品及标准品,加入 96 孔细胞培养板中,50 μl/孔,每一浓度做 3 个平行孔。

2. 每孔加入细胞 50 μl,MTT 法细胞浓度为 5×10^4 个/ml,^{3}H-TdR 掺入法细胞浓度为 10^4 个/ml。

3. 将细胞培养板置于 5% CO_2 中,37 ℃培养 48 h。

4. 按 MTT 法或 ^{3}H-TdR 掺入法进行检测。

【注意事项】

BCL1 淋巴瘤除了对 IL-5 有反应外,对 IL-4 及 GM-CSF 也有反应,因此加入抗 IL-4 及抗 GM-CSF 抗体可以特异地检测 IL-5 的生物活性。

Ⅶ IL-6 生物活性的测定

【实验目的】

掌握 MH60-BSF2 细胞系检测 IL-6 的生物学活性的方法。

【实验原理】

IL-6 能刺激依赖细胞 MH60-BSF2 增殖,并呈量效关系。

【实验器材】

1. 器具

CO_2 孵育箱、96 孔细胞培养板、酶标仪、微量加样器等。

2. 材料

细胞系(MH60-BSF2)、FCS-RPMI-1640、培养液、RPMI-1640、0.04 mol/L 盐酸异丙醇、5 mg/ml MTT 等。

【实验方法】

1. 将待测样品和标准 IL-6 倍比稀释后,加入 96 孔板,100 μl/孔。设 3 个复孔,并设阴性和阳性对照。

2. 每孔加 RPMI-1640 洗过的 MH60-BSF2 细胞悬液(1×10^5 个细胞/ml）$100 \mu l$。37 ℃、5% CO_2 孵育 48 h。

3. 加入 MTT（5 mg/ml），$100 \mu l$/孔，继续培养 4 h 后离心去上清，加入 0.04 mol/L 的盐酸异丙醇溶液，$200 \mu l$/孔，吹打混匀后在酶标仪上读取 OD 值。

4. 结果判定。参考 GM-CSF 检测方法，以 OD 值对 IL-6 标准品稀释倍数的对数作标准曲线。测得样品的 OD 值后，从标准曲线即可得出样品 IL-6 的含量。

【注意事项】

MH60-BSF2 细胞系体外长期培养可出现变异，失去依赖性，故需每 2～3 个月克隆 1 次，筛选出依赖性强的细胞克隆。

实验 41　循环免疫复合物的检测

抗原与抗体反应形成免疫复合物（IC）时，由于二者分子比例不同，形成的 IC 大小也不一样。当抗原量与抗体量比例合适时，常形成较大分子的不溶性复合物，一般分子量＞100 万，沉降系数＞19S，它在体内易被吞噬细胞捕获、吞噬和销毁。当抗原量大大超过抗体量时，形成细小的可溶性复合物，分子量＜50 万，沉降系数＜6.6S，容易通过肾小球滤孔随尿液排出体外。当抗原量略多于抗体量时，则形成中等大小的可溶性复合物，分子量在 50～100 万，沉降系数 8.8～19S，它既不易被吞噬细胞清除，又不能通过肾小球滤孔排出，可较长时间地在血流中循环，又称循环免疫复合物（CIC）。CIC 的检测有"抗原特异"和"抗原非特异"两类方法。

Ⅰ　抗原非特异性检测法

目前较常用的有聚乙二醇沉淀法、抗补体法、PEG 沉淀补体消耗法（PEG-CC）、胶固素结合法、SPA 夹心 ELISA 法、抗抗体法，下面逐一介绍。

Ⅰ.Ⅰ　聚乙二醇沉淀法

【实验目的】

学习聚乙二醇沉淀法检测 CIC 的技术。

【实验原理】

聚乙二醇(PEG)是一种不带电荷的线形分子结构的乙二醇的聚合物,其分子式为 $HO(CH_2CHO)_nH$,其物理性状见表 41-1。PEG 可引起蛋白质沉淀,此沉淀反应具有可逆性,对蛋白质生物活性无影响。在 pH、离子强度等条件固定时,低浓度的 PEG 可优先沉淀大分子蛋白质。由于 PEG6000 对蛋白质的沉淀具有良好的选择性,在免疫复合物中主要采用 PEG6000。低浓度的 PEG6000 可增强 C1q 与 IC 的结合,抑制循环免疫复合物的解离,促进 CIC 进一步聚合成更大凝聚物而自液相中析出。然后再通过透射比浊法和散射比浊法测出 CIC 的含量。

表 41-1 PEG 的物理性状

分子量	外　观	比　重	融点(℃)
190～200	液　体	1.12	−25 以下
300	白色黏稠液体	1.12～1.13	−15～6
400	白色黏稠液体	1.13	4～15
600	半 固 体	1.13	15～25
1 000	白色软质蜡状	1.15	35～45
3 000～4 000	乳白色酪状固体	1.19	53～56
5 000～7 000	乳白色酪状固体	1.19	58～62
＞9 000	乳白色酪状固体	1.19	65～68

【实验器材】

1. 器具

水浴箱、分光光度计、烧杯、试管、漏斗、滤纸等。

2. 材料

(1) 0.1 mol/L pH 8.4 的硼酸盐缓冲液(BB):硼砂($Na_2B_4O_7 \cdot 10H_2O$)4.29 g,硼酸(H_3BO_3)3.40 g,蒸馏水加至 1 000 ml,溶后用 3 号玻璃滤器过滤。

(2) PEG-NaF 稀释液:PEG 6000 4 g,NaF 10 g,BB 加至 1 000 ml,溶后用 3 号玻璃滤器过滤。

(3) 热聚合人 IgG(HAHG):取人 IgG 10 mg/ml,置 63 ℃水浴 15 min 后,立即冰浴,冷却后过 Sepharose 4B 或 Sephacryls-300 柱,收集第一蛋白峰;也可取人 IgG 10 ml(10 mg/ml),搅拌下滴加 1.8% 戊二醛 100 ml,24 h 后加入 0.4 mol/L、pH 5～9 Tris-HCl 缓冲液 100 ml 终止反应,过 Sepharose 4B 或 Sephacryls-300 柱,pH 7.4、0.01 mol/L PBS 洗脱,收集第一蛋白峰。用考马斯亮蓝测定蛋白含量,也可按 $A_{280}^{10\,g/L} = 14.2$ 计算蛋白质含量。加入牛血清白蛋白至 5.08 g/L,分装后 −40 ℃保存,试验中作阳性对照或制备标准曲线。

【实验方法】

1. 取待测血清 0.15 ml,加 BBS 0.3 ml(1∶3 稀释)。

2. 测定管加 1∶3 稀释血清 0.2 ml,PEG-NaF 稀释液 0.2 ml;对照管加 1∶3 稀释待测血清 0.2 ml,BBS 0.2 ml。

3. 37 ℃水浴 60 min 或于 4 ℃冰箱中 60 min,取出后,加 0.2％戊二醛 1 滴,于 495 nm 测吸光度值。

4. 计算:待测血清浊度值 ＝(测定管吸光度－对照管吸光度)×100。以大于正常人浊度值加 2 个标准差为 CIC 阳性。

5. 参考值:4.3±2.0(A)。也可自行检测 50～100 名正常人,得出正常参考值。

【注意事项】

1. 低密度脂蛋白可引起浊度增加,故应空腹抽血。

2. 高 γ 球蛋白血症或标本反复冻融均易造成假阳性。

3. 此方法快速、简便,但特异性较差,仅适于筛查或分离 IC。

4. 温度变化对本实验影响大,因而可制定不同温度下的正常值范围或根据温差进行校正。

5. 为防止浊度变化,测吸光度之前滴加戊三醛要迅速。

Ⅰ.Ⅱ 抗补体法

【实验目的】

学习抗补体法检测 CIC 的技术。

【实验原理】

血清中的 CIC,可与内源性 Cl 结合。被检血清于 56 ℃加温能破坏结合的 Cl,空出补体结合位置。加入外源性 Cl(豚鼠血清),免疫复合物可与之结合,使试验系统中致敏红细胞不发生溶血。

【实验器材】

1. 器具

水浴箱、离心机、微量加样器、烧杯、试管等。

2. 材料

(1) 缓冲液(pH 7.4)(配方一)

21世纪生物学基础课系列实验教材

贮备液：

NaCl	75 g
1 mol/L HCl	177 ml
三乙醇胺	28 ml
$MgCl_2 \cdot 6H_2O$	1.0 g
$CaCl_2 \cdot 2H_2O$	0.2 g

先将 NaCl 溶于 700 ml 蒸馏水中，加入 HCl 及三乙醇胺。$MgCl_2$ 及 $CaCl_2$ 分别用 2 ml 蒸馏水溶解后，逐一缓慢加入，再用蒸馏水加至 1 000 ml，4 ℃ 保存。

应用时取 1 份贮备液，加 9 份蒸馏水，混匀，4 ℃ 保存待用。

（2）缓冲液（pH 7.4）（配方二）

贮备液：

NaCl	17.0 g
Na_2HPO_4	1.13 g
KH_2PO_4	0.27 g

加蒸馏水至 1 000 ml，4 ℃ 保存。

应用时取贮备液 5 ml，加蒸馏水 95 ml，再加 0.83 mol/L 的硫酸镁 0.1 ml。4 ℃ 保存待用。

（3）1％羊红细胞悬液：新鲜脱纤维羊血或 Alsever 液保存羊血（4 ℃ 可保存 2 周）用生理盐水洗 2 次后，末次用缓冲盐水洗，3 000 r/min 离心 10 min，取压积细胞用缓冲盐水配成 1％悬液。为使红细胞浓度标准化，可将 1％的细胞悬液用缓冲盐水稀释 25 倍，用分光光度计（542 nm）测其透光率（以缓冲盐水校正透光率至 100％），每次实验用红细胞悬液透光率必须一致，否则应予以调整。

（4）溶血素：可购商品（由生物制品单位供应），按指定效价配成 2 u。

（5）致敏羊细胞：1％羊红细胞加等量 2 u 溶血素，混匀，37 ℃ 水浴 10 min。

（6）豚鼠血清：3 只豚鼠混合血清，新鲜分装，−30 ℃ 冻存，用时取出，冷缓冲盐水作 1：100 稀释。

（7）50％溶血标准管：0.2 ml 1％羊红细胞悬液中加 1.8 ml 蒸馏水。

（8）HAHG：参见前述 PEG 沉淀法。

【实验方法】

1. 被检测血清 56 ℃ 水浴 1 h。

2. 按表 41-2 向两组试管（测定组和对照组，每组 5 管）加试剂。

3. 测定组每管加被检血清 0.1 ml，对照组每管加缓冲盐 0.1 ml，37 ℃ 水浴 10 min。

4. 各管加致敏羊红细胞 0.4 ml，混匀，37 ℃ 水浴 30 min。

表 41-2　反应物加入量

反应物	管　号				
	1	2	3	4	5
豚鼠血清(ml)	0.10	0.15	0.20	0.25	0.30
缓冲液(ml)	0.40	0.35	0.30	0.25	0.20

5. 取出,1 000 r/min 离心 3 min 或存 4 ℃待红细胞自然下沉后观察结果,以上清液与 50%溶血管比色。

6. 每批试验可用 HAHG 做阳性对照。

7. 结果判断:以 50%溶血管作为判定终点,凡测定组比对照组溶血活性低 1 管以上者,即为抗补体试验阳性,提示 CIC 存在。

【注意事项】

1. 混合豚鼠血一般 1∶100 稀释后应用,但−30 ℃保存 2 周后或夏季取血,豚鼠补体活性会有所下降,用前须先滴定。通常稀释不低于 1∶60。

2. 豚鼠血清切忌反复冻融,融后一次性使用。

3. 待检血清应新鲜,无溶血或细菌污染,如当日不能检测,−20 ℃冻存,1 周内检测。

4. 本方法只能检测与补体结合的 CIC 法,抗补体的任何因素均能干扰本试验。

Ⅰ.Ⅲ　PEG 沉淀补体消耗试验(PEG-CC)

【实验目的】

了解 PEG 沉淀补体消耗试验操作方法。

【实验原理】

用低浓度 PEG 将 CIC 沉淀,沉淀物中加入补体,再用溶血反应检测补体消耗率。

【实验器材】

1. 器具

微量加样器、离心机、水浴箱、分光光度计、试管等。

2. 材料

(1) HAHG:参见前述 PEG 沉淀法。

（2）硼酸盐缓冲液（BBS）：见前述 PEG 沉淀法。

（3）125 g/L 和 25 g/L PEG：BBS 配制。

（4）0.2 mol/L EDTA-Na$_2$：用 1 mol/L NaCl 调 pH 为 7.2。

（5）5×VB 保存液：NaCl 85.0 g，巴比妥 5.75 g，巴比妥钠 3.75 g，用蒸馏水约 500 ml 加热溶解后补足蒸馏水至 2 000 ml。

（6）GVB^{2+}：5×VB 保存液 400 ml，0.03 mol/L CaCl$_2$ 10 ml，0.1 mol/L MgCl$_2$ 10 ml，20 g/L 明胶 100 ml，补加蒸馏水 2 000 ml，调 pH 为 7.5。

（7）致敏羊红细胞（EA）：制法同抗补体法，用 GVB^{2+} 将致敏 EA 红细胞配成 1.5×10^8/ml。

（8）人补体与健康人对照血清：选取数份 CH50 正常的健康人血清混合，作为补体来源。取 3 名健康人血清各数十毫升，均按 1 ml 一份分装，−70 ℃ 冻存，用时 3 人血清各一份作为对照。

【实验方法】

1. 待测血清 0.3 ml 中加入 0.2 mol/L 的 EDTA-Na$_2$ 和 BBS 各 50 ml、PEG 0.1 ml，混匀，置于 4 ℃ 冰箱中 90 min。

2. 于 4 ℃ 以 2 000 r/min 离心 10 min，弃上清，测定物用 25 g/L PEG 洗 1 次（用玻璃棒搅匀），再 4 ℃ 2 000 r/min 离心 15 min，弃上清，尽量去掉余水。

3. 加入 37 ℃ 预温的 GVB^{2+} 30 μl，待测物溶解后加入人补体 10 ml，混匀，置 37 ℃ 水浴 30 min。

4. 加入 1.5×10^8/ml EA 1.0 ml，置 37 ℃ 水中 60 min（时时摇动），取出后即加 4 ℃ 生理盐水 6.5 ml，1 000 r/min 离心 3 min，取上清 414 nm 测吸光度。

5. 每批试验用 HAHG 5、10、25、50、100 μg/ml 制备标准曲线。

6. 计算：PEG-CC(%)=（1−等测血清吸光度/3 份对照血清吸光度均值）×100。根据标准曲线换算成相当于 HAHG 的 μg/ml，可自行测定 50~100 名正常人，得出正常参考值。

【注意事项】

补体来源血清需为多人混合，不能以一人代替。

Ⅰ.Ⅳ 胶固素结合试验

【实验目的】

掌握利用胶固素结合试验测定 CIC 含量的方法。

【实验原理】

胶固素是牛血清中的一种正常蛋白成分,能与 CIC 上的补体 C3 活化片段 C3d 结合,将其包被于固相载体上。待测血清中 CIC 与之结合,再加酶标记的抗人 IgG,以底物显色,即可测知 CIC 含量。

【实验器材】

1. 器具

聚苯乙烯反应板、比色计等。

2. 材料

(1) 胶固素。

(2) 辣根过氧化物酶标记的羊或兔抗人 IgG。

(3) pH 9.5 巴比妥缓冲盐水(包被液):巴比妥钠 5.15 g, NaCl 41.5 g, 1 mol/L的 HCl 17.3 ml,加蒸馏水至 1 000 ml 即为原液。用时以蒸馏水将原液 1∶5 稀释。

(4) 含钙、镁巴比妥缓冲盐水(洗涤液):取上述原液 400 ml, 0.3 mol/L CaCl₂ 2 ml, 1.0 mol/L MgCl₂ 2 ml 及吐温-20 1 ml,蒸馏水加至 2 000 ml。

(5) 其他试剂同常规 ELISA。

【实验方法】

1. 用包被液将胶固素稀释成 0.2 μg/ml 浓度,在聚苯乙烯反应板中每孔加 200 μl,置 4 ℃ 24 h。

2. 用洗涤液洗 3 次,每次 3 min(下同)。

3. 加入用洗涤液作 1∶100 稀释的待检血清,每孔 200 μl, 37 ℃温育 2 h,洗涤。

4. 加入用洗涤液按效价稀释的酶标抗人 IgG,每孔 200 μl, 37 ℃温育 3 h,洗涤。

5. 加底物(OPD-H₂O₂)溶液,每孔 200 μl, 37 ℃温育 30 min 后加 1 滴 2 mol/L H₂SO₄ 终止反应,在波长 492 nm 酶标比色计中测定吸光度值。

6. 结果判断:以吸光度高于正常人均值＋2 s 为阳性。

【注意事项】

1. 不能及时检测的标本应放－30 ℃冰箱中保存,避免反复冻融。

2. 每次实验应设阴性和阳性对照。

3. 本法只能检出结合补体的大分子 IgG 类免疫复合物。

Ⅰ.Ⅴ SPA 夹心 ELISA 法

【实验目的】

了解 SPA 夹心 ELISA 法检测样品中 CIC 的技术。

【实验原理】

金黄色葡萄球菌 A 蛋白(SPA)可与免疫复合物中 IgG 的 Fc 段结合,将待测血清由低浓度 PEG 沉淀后加至 SPA 包被的固相载体上,再以酶标记的 SPA 与之反应,即可检测样品中有无 CIC。

【实验器材】

1. 器具

聚苯乙烯反应板、分光光度计等。

2. 材料

(1) 50.0 g/L 和 25.0 g/L 的 PEG6000;用 0.02 mol/L pH 7.4 的 PBS 配制。

(2) 牛血清白蛋白(BSA)缓冲液:用 0.05 mol/L pH 7.4 的 PBS 配制,含 0.01 mol/L EDTA、1.0 g/L 叠氮钠、0.05% Tween-20、4.0 g/L BSA。

(3) HRP-SPA:SPA 与辣根过氧化物酶(HRP)用改良过碘酸钠法制成结合物。

(4) HAHG:制法同 PEG 沉淀法。

【实验方法】

1. 用 PBS 稀释 SPA 成 5 μg/ml,包被聚苯乙烯反应板,每孔 100 μl(对照孔不包被),4 ℃过夜后常法洗 3 次,每次 3 min。洗涤方法下同。

2. 取待测血清 50 μl,加 PBS 150 μl 及 50.0 g/L PEG 200 μl 混匀,4 ℃过夜后,1 000 r/min 离心 20 min,弃上清,沉淀用 25.0 g/L PEG 洗 2 次。加入 PBS 200 μl,BSA 缓冲液 200 μl,混匀,37 ℃水浴 30 min,不时摇动,使全溶。

3. 将已溶解的待测血清沉淀物加至上述包被孔和对照孔中,置 37 ℃水中 60 min,洗 3 次。各孔加最适浓度 HRP-SPA 100 μl,置 37 ℃水中 60 min,洗 3 次。各孔加底物溶液 100 μl,置 37 ℃水中 20 min 显色。各加 2 mol/L H_2SO_4 1 滴,终止反应,492 nm 测吸光度。

4. 标准曲线制备:取正常人血清 200 μl、加 HAHG(120 μg/ml)200 μl,再加 PBS 0.4 ml 及 50.0 g/L PEG 0.8 ml,4 ℃过夜。同时用不加 HAHG 的正常血清作对照,以排除血清中的干扰因素。沉淀、清洗同标本操作。用稀释后的 BSA 缓冲液(加等量 0.01 mol/L pH 7.4 PBS)1.6 ml 溶解,并稀释成 120、60、30、15、

7.5 mg/ml，与待测血清同法操作，制成标准曲线。

5. 结果判断：以待测血清吸光度值查标准曲线，即可求得相当于 HAHG 中 CIC 的含量（mg/ml），以＞28.4 μg/ml 为阳性。

【注意事项】

标准曲线制备要力求准确，以免影响结果判断。

Ⅰ. Ⅵ　抗抗体法

【实验目的】

学习抗抗体法检测 IC 存在的技术。

【实验原理】

抗抗体存在于极个别的健康人血清中，它与自然 IgG 不起反应，仅与因抗原抗体反应发生分子变性的 IgG 特异性结合，结合具有种特异性，与异种动物的 IgG 不起反应。结合部位在 F(ab)'2，因此检测 IC 特异性很高。利用 IC 抑制抗抗体与 Rh 抗体致敏红细胞间的凝集来检测 IC 的存在。

【实验器材】

1. 器具

玻片、湿盒、玻棒等。

2. 材料

（1）致敏红细胞制备：2％ O 型红细胞与等量 10 倍稀释的抗 Rh 抗体混合，在 37 ℃水中 60 min 保温之后，以 PBS 洗 3 次，制成 1％致敏红细胞悬液。

（2）筛选用检体，用 PBS 稀释 20 倍，供筛选用。

【实验方法】

1. 筛选抗抗体：取 1％致敏红细胞和抗抗体各 0.02 ml，于 20 ℃混合 30 min，置玻片上湿盒中 20 ℃孵育 20 min，用小棒搅拌判定凝集结果。显示凝集的检体再行 RA 乳胶试验，阳性者判定为 RF 阳性，可除外抗抗体。如此筛选的抗抗体中选高凝集效价者作为抗抗体使用。

2. 被检血清（56 ℃，30 min 灭活）从 5 倍开始稀释，与抗抗体各 0.02 ml 混合，置 20 ℃水中 60 min，将混合液放在玻片上，加 1％致敏红细胞 0.02 ml，置湿盒 20 ℃水中 20 min，观察红细胞凝集结果。

3. 结果判断：以凝集阴性血清的最高稀释倍数值作为 IC 的效价。

【注意事项】

抗抗体筛选不易,一般用抗 Rh 抗体致敏红细胞,以此进行凝集反应,从大量的献血者及病人血清中筛选获得作为抗 Rh 抗体,尽可能使用高效价者。

Ⅱ 抗原特异性检测法

以含甲状腺球蛋白(TG)和含乙肝表面抗原(HBsAg)的复合物为例介绍其检测方法。

Ⅱ.Ⅰ 含甲状腺球蛋白的复合物(TG-IC)测定

【实验目的】

了解 TG-IC 测定方法。

【实验原理】

TG-IC 中的 TG 以游离抗原决定基与包被于固相载体上的抗 IgG 结合,TG-IC 中的人 IgG 又与随后加入的酶标记抗人 IgG 反应,再加入底物溶液后即可呈色。

【实验器材】

1. 器具

聚苯乙烯反应板、微量加样器、分光光度计等。

2. 材料

(1) TG 与兔抗人 TG,羊抗人 TG:取甲状腺功能亢进患者手术切除的甲状腺组织用生理盐水冷浸,盐水浸出液经盐析与凝胶过滤提取纯化 TG。按常法免疫家兔或羊,所获抗血清与甲状腺浸出液于免疫电泳时出现一条沉淀线,与正常人血浆无反应。经 DEAE 纤维素处理提取 IgG 组分,包被浓度用方阵法滴定。

(2) TG-抗 TG 人工复合物:选取间接血凝法抗 TG 滴度>4 096 的患者血清,与 TG 用对流电泳法作方阵滴定,取出现沉淀线的最高稀释度。TG 与抗 TG 以 3∶2 比例混合,制成人工复合物,用作每次试验的阳性对照。

(3) HRP 羊抗人 IgG:用改良过碘酸钠法标记,最适浓度用方阵法滴定。

【实验方法】

1. 每份被测定血清用聚苯乙烯反应板 4 孔,其中 2 孔用最适浓度兔抗人 TG

包被,另 2 孔用相同稀释度的正常兔血清包被(对照)。每孔 0.1 ml,4 ℃过夜。

2. 洗涤 3 次,每次 3 min,下同。

3. 被测血清用含 10% 小牛血清的稀释液 1∶5 稀释后分别加至兔抗人 TG 与正常兔血清包被的复孔中,每孔 0.1 ml,置 37 ℃水中 2 h 后洗涤。每板同时设 TG-抗人 TG 阳性对照。

4. 加入用稀释液稀释的 HRP-羊抗人 IgG,每孔 0.1 ml,37 ℃孵育 2 h 后洗涤。

5. 各孔加入底物溶液 0.1 ml,37 ℃显色 30 min,用 2 mol/L 的 H_2SO_4 终止反应。于 492 nm 测吸光度 A 值,计算测定孔 A 均值与对照组 A 均值比值。

6. 结果判断:取 50~100 正常人 A 值比值为正常值。以大于正常值 2 个标准差为阳性。

【注意事项】

各步反应时间和温度对结果影响较大,需按要求进行。

Ⅱ.Ⅱ　含乙肝表面抗原的复合物(HBs-IC)测定

常用的又包括夹心法 ELISA 法和胃酶消化法。

1. 夹心法 ELISA

【实验目的】

学习夹心法 ELISA 技术。

【实验原理】

HBs-IC 中的 HBsAg 以其游离抗原决定基与包被于固相载体上的抗 HBs 结合,酶标记抗人 IgG 抗体与 HBs-IC 中的 IgG 反应,加底物使其呈色。

【实验器材】

(1) 器具

聚苯乙烯反应板、水浴箱、微量加样器、分光光度计等。

(2) 材料

① 马抗 HBs:用前穿过正常人血清-sepharose 4B 柱吸附无关抗体。

② 正常马血清:稀释度与马抗 HBs 相同。

③ HRP-羊抗人 IgG:方法同前。

④ 阳性对照:将 HBsAg 阳性血清与对流免疫电泳时可与之出现清晰沉淀线的抗 HBs 阳性人血清按 3∶1 混合,37 ℃孵育 30 min 后 4 ℃过夜。

⑤ 其他试剂同常规 ELISA。

【实验方法】

(1) 包被：马抗 HBs 用包被液稀释至最适浓度后包被聚苯乙烯板，每孔 0.1 ml，4 ℃过夜，正常马血清按同法包被，以作对照。

(2) 洗涤：倾去包被液，洗涤 3 次，每次 3 min，下同。

(3) 待检血清用稀释液 1∶10 稀释。每份标本加入马抗 HBs 与正常马血清包被孔各 2 个复孔，每孔 0.1 ml，37 ℃孵育 2 h，洗涤。每板同时有阳性对照，空白对照。

(4) 加入最适工作浓度的 HRP-羊抗人 IgG，每孔 0.1 ml，37 ℃显色 30 min，加 2 mol/L H$_2$SO$_4$ 1 滴终止反应。492 nm 测吸光度，计算测定孔复孔吸光度均值与对照孔复孔吸光度均值的比值。

(5) 结果判断：以大于正常人吸光度比值＋2 s 为 HBs-IC 阳性。

【注意事项】

各步反应时间和温度对结果影响较大，需按要求进行。

2. 胃酶消化法

【实验目的】

学习使用胃酶消化法测定 HBs-IC。

【实验原理】

用 3.5％ PEG6000 使 HBs-IC 沉淀（游离 HBsAg 不沉淀或沉淀极微），在 pH 2～3 的条件下，用胃蛋白酶消化 HBs-IC，使抗 HBs 破坏而 HBsAg 的抗原决定基重新暴露。检测 HBsAg 以间接证实 HBs-IC 的存在。

【实验器材】

(1) 器具

离心机、冰箱、水浴箱、微量加样器等。

(2) 材料

① 0.1 mol/L pH 8.4 的硼酸盐缓冲液（BBS）：参见前述 PEG 沉淀法。

② 35 g/L 及 70 g/L PEG6000：用 BBS 配制。

③ 0.56 mol/L HCl：取浓 HCl 4.68 ml，加蒸馏水至 100 ml。

④ 5.0 g/L 胃蛋白酶：用 0.01 mol/L HCl 配制。

⑤ 人工制备 HBs-IC：以适当浓度（预试选定）的马抗 HBs 与对流免疫电泳证实的 HBsAg 等量混合，置 37 ℃水浴 30 min，4 ℃过夜，用作阳性对照。

21世纪生物学基础课系列实验教材

【实验方法】

(1) 取待测血清 0.2 ml,加 BBS 1.8 ml,混匀后再加入 2.0 ml 70.0 g/L 的 PEG,混匀。4 ℃过夜后,1 000 r/min 离心 20 min,弃上清。沉淀用 35.0 g/L 的 PEG 洗 1 次,弃上清。

(2) 沉淀溶于 0.145 mol/L 的 NaCl 0.2 ml 中。取样 0.025 ml,检测 HBsAg (用 RPHA 或 ELISA)。其余样品加 0.56 mol/L 的 HCl 和 5.0 g/L 的胃蛋白酶 各 0.05 ml,37 ℃水浴 30 min,其间轻轻摇动 2~3 次。

(3) 加入 0.8 mol/L 的 Tris 0.05 ml 以终止反应,用 RPHA 或 ELISA 法检测 HBsAg,每批试验均以人工 HBs-IC 为阳性对照。

(4) 结果判断:凡 PEG 沉淀物在酶消化前 HBsAg 阴性,消化后为阳性,或消化后 HBsAg 滴度(RPHA 法)较消化前高 2 倍或 2 倍以上者为 HBs-IC 阳性。

【注意事项】

(1) 取用浓 HCl 时注意安全。

(2) 水浴摇动过程不宜将离心管取出,以免影响酶反应活性。

实验 42 人白细胞抗原(HLA)的分型

Ⅰ 血清学分型方法

【实验目的】

学习使用血清学方法进行 HLA 分型。

【实验原理】

该方法借助微量淋巴细胞毒试验或称补体依赖的细胞毒试验,即白细胞抗体 与相应细胞表面抗原结合后在补体存在下可使细胞膜破坏和细胞死亡,加入活性 染料后,在倒置显微镜下可以看到死细胞因不能排斥染料而被染颜色,这就表示待 检淋巴细胞表面具有已知抗血清所识别的抗原。

【实验器材】

1. 器具

HLA 血清分型板、微量加样器、倒置显微镜、水浴箱、试管等。

2. 材料

(1) 淋巴细胞分离液,比重 1.077~1.080。

(2) Hank's 液,pH 7.2~7.4。

(3) 标准抗血清,取自多次经产妇或计划免疫志愿者。

(4) 兔补体,来自健康家兔血清。

(5) 5%伊红溶液。

(6) 18%甲醛溶液,pH 7.0。

(7) RPMI-1640 培养液。

(8) 血小板悬液配制:采集静脉血于 5% EDTA 中(1∶20 稀释血标本),4 ℃ 1 500 r/min 离心 10 min。吸上清,4 ℃ 2 500 r/min 离心 30 min,取沉淀用 5% EDTA 重新悬浮,再离心 1 次,弃上清,缓慢加入 5 ml 1%草酸铵悬浮血小板,静止 10 min 后,4 ℃ 2 500 r/min 离心 30 min,用生理盐水将血小板洗 2 次,用 0.1%的 NaN_3 重悬,调整浓度至 1×10^9 个/ml,分装,4 ℃储存不超过 3 周。

(9) 抗 DP、DR、DQ 血清配制:取自多次经产妇或计划志愿免疫者,再用浓集的血小板吸收除去 HLA-ABC 抗原的抗体,即先将抗血清与等量 1×10^9 个/ml 的血小板悬液混合,37 ℃孵育 60 min。置 4 ℃冰箱中过夜,离心,取上清分装。

【实验方法】

1. HLA-ABC 抗原的检测

(1) 用淋巴细胞分离液按常规方法从肝素抗凝血中分离出淋巴细胞,用 RPMI-1640培养液调整细胞浓度至 2×10^6 个/ml。

(2) 各取 1 μl 标准抗体和待检细胞。置于 72 孔 HLA 血清分型板上(事先每孔中加 5 μl 医用石蜡油),在室温反应 30 min。

(3) 加兔补体 5 μl,轻轻摇匀,室温静置 60 min。

(4) 加 5%伊红 2~3 μl 轻轻摇匀,室温静置 2~3 min。

(5) 用 5 μl 18%甲醛固定,静置 20 min。

(6) 于倒置显微镜下观察,以死细胞的百分数来判断结果。0%~10%为阴性;11%~20%为阴性可疑;21%~40%为弱阳性;41%~80%为阳性;81%~100%为强阳性。

2. HLA-DP、DQ、DR 抗原的检测

(1) 先用淋巴细胞分离液按常规方法分离出混合淋巴细胞,再从混合淋巴细胞中分离出 B 淋巴细胞,用 RPMI-1640 培养液调整细胞浓度至 2×10^6 个/ml。

(2) 各取 1 μl 抗血清和 B 淋巴细胞悬液,在室温反应 60 min。

(3) 加入 5 μl 兔补体,混匀,静止 120 min。

(4)~(6)同 HLA-ABC 抗原检测。

【注意事项】

1. T、B 淋巴细胞膜上都存在 HLA-A、B、C 抗原,因此检查这些抗原可以用全血分离的混合淋巴细胞。

2. 控制好反应时间和温度,低于 20 ℃和反应时间不足将产生假阴性结果,反之易产生假阳性结果。

3. 保证补体活力和数量,不能少于 5 μl,冻融后补体不能再用。

4. 抗原抗体反应有一最适比例,可通过预试验找出最佳比例。

5. 甲醛 pH 应调至中性,否则将使细胞变形,易误认为死细胞而影响结果。

6. HLA-DP、PQ、DR 主要存在于 B 细胞和单核细胞上,须从混合淋巴细胞中分离出 B 淋巴细胞以供试验,故 B 细胞悬液制备过程应严格控制,T 细胞或粒细胞污染对结果影响很大。

Ⅱ　细胞学分型方法

【实验目的】

学习使用细胞学方法进行 HLA 分型技术。

【实验原理】

两个 HLA-D 抗原型别不一致的个体的淋巴细胞在一起培养时,会相互刺激致对方母细胞化,从而可通过测定淋巴细胞在识别非己 HLA 抗原后发生的增殖反应来分析型别。混合淋巴细胞培养有双向和单向两种,双向法是直接把未做任何处理的两份淋巴细胞混合培养,单向法是先把一份淋巴细胞用丝裂霉素或 X 线照射,使其失去应答能力,但仍保持刺激能力,再与另一份淋巴细胞混合培养。下面仅对单向法作一介绍。

目前常用经射线照射过或丝裂霉素处理过的纯合子分型细胞(HTC)为刺激细胞,经单向混合淋巴细胞培养(MLC)检测待检细胞的增殖反应(图 42.1)。低反应表明待检

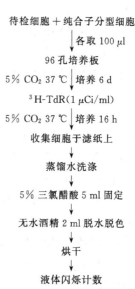

待检细胞＋纯合子分型细胞

↓各取 100 μl

96 孔培养板

5% CO_2 37 ℃↓培养 6 d

^{3}H-TdR(1 μCi/ml)

5% CO_2 37 ℃↓培养 16 h

收集细胞于滤纸上

蒸馏水洗涤

5% 三氯醋酸 5 ml 固定

无水酒精 2 ml 脱水脱色

↓

烘干

↓

液体闪烁计数

图 42.1　HLA 的细胞分型法单向法操作流程

21世纪生物学基础课系列实验教材

细胞与 HTC 在 D 位点的抗原特异性上有相同之处,由于后者特异性已知,待检细胞抗原即由此而指定。

【实验器材】

1. 器具

离心机、96 孔细胞培养板、CO_2 孵箱、微量多头细胞收集器、玻璃纤维滤纸、烘箱、水浴箱等。

2. 材料

(1) 淋巴细胞分离液,比重 1.077~1.080。

(2) RPMI-1640 培养液。

(3) 无钙 Hank's 液。

(4) ^{3}H-TdR(放射强度 10 μCi/ml)。

(5) 丝裂霉素 C 0.04%。

(6) TP 闪烁液:

TP(对联三苯 P-TriPhenyl)	0.3 g
POPOPO 1.4-双(5-苯基恶唑基-2)苯	0.01 g
二甲苯	100 ml

【实验方法】

1. 用淋巴细胞分离液常规制备淋巴细胞悬液,用 RPMI-1640 液调整细胞浓度为 5×10^5 个/ml。

2. 取 HLA-D 型别的纯合子分型细胞 5×10^5 个/ml 悬液,加丝裂霉素 C,使终浓度为 25 μg/ml,37 ℃水浴 20 min,离心,弃上清。用培养液将灭活细胞恢复原浓度,备用。或用 X 光 4 000 rad 照射灭活。

3. 于 96 孔培养板上加入待检细胞 100 μl 和刺激细胞 100 μl,并设待检细胞自身对照,用 100 μl RPMI-1640 培养液代替刺激细胞。若为双相淋巴细胞混合培养,应设两个样本的自身对照。

4. 培养板置 37 ℃ 5% CO_2 孵箱培养 6 d。

5. 在培养结束前 16 h 加入 ^{3}H-TdR,终浓度达 1 μCi/ml。

6. 培养结束后,用微量多头细胞收集器收集细胞于玻璃纤维滤纸上,蒸馏水充分洗涤,加 5% 的三氯醋酸 5 ml 固定,加无水乙醇 2 ml 脱水脱色,80 ℃烘干,置于 5 ml 闪烁液的测量瓶中测定放射性强度。

7. 结果分析:

反应强弱常以刺激指数 SI、相对反应 RR 表示。

双相混合淋巴细胞培养的 SI 计算(设 A、B 两个样本):$SI_{AB} = 2Abcpm/$

Aacpm＋BBcpm。

AB 是实验孔的 cpm，AA cpm、BBcpm 分别是 A、B 细胞的对照孔 cpm。

单相混合淋巴细胞培养的 SI：$SI_{AmB} = Am\ Bcpm/Bm\ Bcpm$；$SI_{BmA} = Bm\ Acpm/Am\ Acpm$。

SI_{BmA} 表示 A 细胞刺激 B 细胞的强度，SI_{AmB} 表示 B 细胞刺激 A 细胞的强度。

相对反应 RR：$RR\% =$（实验孔 cpm － 对照孔 cpm）/（参考 cpm － 对照孔 cpm）。

参考值可视为无关者刺激的结果，可以是三个无关刺激的反应均值，或一组试验中的最高值。

【注意事项】

全部过程要在严格无菌条件下进行，必须避免淋巴细胞污染。

Ⅲ　基因分型方法

随着分子生物学的发展，特别是 PCR 的出现，HLA 的分型也由蛋白质水平发展到 DNA 水平。目前常用的有 RFLP、PCR-RFLP、PCR-SSO、PCR-SSP、PCR-SSCP 等基因分型方法，下面分别作以介绍。

Ⅲ.Ⅰ　RFLP 法

【实验目的】

学习 RFLP 法的 HLA 分型技术。

【实验原理】

限制性片段长度多态性（RFLP）分析法是依据个体间抗原特异性取决于其氨基酸的组成和序列，后者的不同是由其基因中碱基序列的差异所致。这种碱基顺序的不同，使限制性内切酶的识别位点及切点数目发生改变，从而产生数量和长度不一的酶切片段，这就是所谓 RFLP，采用基因组 DNA 和克隆的 cDNA 探针，对整个基因组 DNA 酶解片段进行杂交，便可分析限制性片段长度多态性（图 42.2）。

制备待测 DNA
↓
限制酶内切
↓
琼脂糖凝胶电泳
↓碱变性
酶解片段
↓转移至硝酸纤维素膜上
预杂交（加入预杂交液）
↓
杂交（加入杂交液和标记好的探针）
↓
洗膜（去除多余探针）
↓
X 线底片上放射自显影

图 42.2　HLA 的 RFLP 分型法操作流程

【实验器材】

1. 器具

离心机、微量加样器、低温冰箱、烘箱、电泳仪、水浴箱、吸管、离心管、塑料热封口机、杂交袋、滤纸、紫外灯、胶卷、相机、暗盒等。

2. 材料

(1) 淋巴细胞分离液,比重 1.077～1.080。

(2) 白细胞核裂解液:10 mmol/L Tris-HCl pH 7.6,2 mmol/L EDTA pH 8.2,400 mmol/L NaCl。

(3) 红细胞裂解液:10 mmol/L Tris-HCl pH 7.6,5 mmol/ L $MgCl_2$,10 mmol/L NaCl。

(4) 0.1％、10％和 20％的 SDS。

(5) 10 mg/ml 和 20 mg/ml 的蛋白酶 K:分别以 10 mg 和 20 mg 蛋白酶 K 配于 10 mmol/L 的 Tris-HCl(pH 7.0)中。

(6) 饱和醋酸钠溶液、3 mol/L 醋酸钠。

(7) 无水酒精、70％酒精。

(8) TE 缓冲液 pH 8.0:10 mmol/L Tris-HCl pH 8.0,1 mmol/L EDTA pH 8.0。

(9) 1.5％ EDTA 抗凝剂:EDTA 3 g 加蒸馏水至 200 ml。临床应用时 EDTA:血=1:4。

(10) 饱和酚:酚用 50％ TES 饱和至 pH 7.0～8.0。

(11) TES 缓冲液:15 mmol/L Tris-HCl pH 8.0,15 mmol/L $MgCl_2$ pH 8.0,15 mmol/L NaCl。

(12) 氯仿:异戊醇 24:1(V/V)。

(13) 双蒸去离子水 7 μl。

(14) 10× 缓冲液 2 μl(内切酶相应)。

(15) 限制性内切酶 1 μl。

(16) DNA 10 μl。

(17) 终止液:0.2 mol/L EDTA、50％甘油、0.05％溴酚蓝。

(18) 10× TBE 缓冲液(pH 8.0):Tris 108 g、硼酸 55 g、Na_2-EDTA・$2H_2O$ 3.27 g,加水至 1 000 ml,用时 1:10 稀释。

(19) 加样液:0.25％溴酚蓝,0.2 mol/L EDTA pH 8.0,50％甘油。

(20) 溴化乙锭 0.5 μg/ml:双蒸水配制成 10 mg/ml,避光保存,溴化乙锭为致癌剂,配制时防止与皮肤接触,用时 1:20 000 稀释。

(21) 变性液:1.5 mol/L NaCl,0.5mol/L NaOH。

（22）中和液：1.0 mol/L Tris-HCl pH 7.5，1.5 mol/L NaCl。

（23）20×SSC：3 mol/L NaCl，0.3 mol/L 柠檬酸钠。

（24）预杂交液：50％甲酰胺，25 mmol/L K₃PO₄ pH 7.4，1×SSC，5×Denhardt，50 mg/ml 鲑鱼精 DNA。

（25）Denhardt 溶液：0.02％ BSA，0.02％ Ficoll 400，0.02％聚丙烯吡咯烷酮。

（26）杂交液：预杂交液＋标记探针。

（27）显影液：米吐儿 4.0 g，无水亚硫酸钠 65.0 g，对苯二酚 10.0 g，无水碳酸钠 45.0 g，溴化钾 5.0 g，用 800 ml 水(50 ℃)溶解上述试剂，加水至 1 000 ml。

（28）定影液：硫代硫酸钠 240.0 g，无水亚硫酸钠 15.0 g，98％乙酸 15 ml，明矾 15.0 g，用 800 ml 水(50 ℃)溶解上述试剂，加水至 1 000 ml。

（29）1×SSC，0.25×SSC。

【实验方法】

1. 常规制备 DNA

较常用的有盐析法和酚抽提法。

（1）盐析法

1）用淋巴细胞分离液从抗凝血中分离出白细胞。

2）每 3 ml 细胞悬液加 10 ml 红细胞裂解液溶解红细胞两次，再加 2 ml 白细胞裂解液溶解白细胞。

3）加 50 μl 10％ SDS 和 70 μl 蛋白酶 K 消化蛋白质，37 ℃过夜或 55 ℃ 3 h。

4）加 0.25 体积饱和醋酸钠溶液，剧烈摇动 15 s。

5）2 000 r/min 离心 15 min，收集上清。

6）加入 2.5 倍预冷无水酒精沉淀 DNA，－20 ℃过夜。

7）吸取 DNA 团块用 70％酒精洗 3 次，每次 10 000 r/min 离心 10 min。再溶于适量 TE 缓冲液中，4 ℃保存。

（2）酚抽提法

1）采集 EDTA 抗凝血 0.5 ml，加双蒸水 2.5 ml，溶解红细胞。

2）10 000 r/min 离心 5 min，弃上清。

3）加 0.5 ml 生理盐水，混匀、10 000 r/min 离心 5 min，弃上清。

4）加 500 μl TES，混匀，再加 20％ SDS 25 μl，蛋白酶 K 4 μl，55 ℃水浴 4 h 或 37 ℃水浴过夜。

5）加等体积饱和酚，混匀，10 000 r/min 离心 5 min，吸取上层水相，再加等体积饱和酚抽提一次。

6）加等体积氯仿：异戊醇再抽提一次。

7) 吸取上层液,加 1/10 体积醋酸钠,2.5 倍体积无水酒精,混匀,－20 ℃过夜,沉淀 DNA。

8) 吸出 DNA 团块,用预冷 70% 酒精洗 1 次,弃尽液体,真空抽干 DNA,加适量 TE 溶解,4 ℃保存。

2. 限制性内切酶消化

在无菌 EP 管中依次加入前述试剂 (14)～(17),反应体系含 1× 缓冲液、DNA 5 μg、酶 10 u。稍离心以混匀,37 ℃水浴 1～1.5 h。酶解结束后向反应管中加 1/10 体积的终止液终止反应,冷却至 4 ℃,准备电泳。

3. 琼脂糖凝胶电泳

(1) 配制 1% 琼脂糖凝胶板:取 0.4 g 琼脂糖加 40 ml TBE,微波炉熔化,加少量双蒸水补充蒸发的水分。将其冷却至 60 ℃,倒入制胶槽内,充分凝固后拔出样品梳。

(2) 从制胶槽中卸下凝胶板,放入电泳槽,加入 1× TBE,使其液面略高于琼脂糖板。

(3) DNA 样品按 4∶1 的比例加样液,全部加样于琼脂糖板的样品孔中。

(4) 80 V 电泳,约 2 h。

(5) 取出凝胶板,置溴化乙锭溶液中染色 30 min。

(6) 紫外灯下观察结果,可用全色黑白胶卷拍照,镜头加红色滤色镜,光圈 2,速度 15～40 s。

4. 分子杂交

(1) DNA 转移

1) 将琼脂糖凝胶切下,放入盛有变性液的搪瓷盘中,浸泡 15～20 min,用蒸馏水洗涤 2～3 次,用中和液再浸泡 15～20 min。

2) 取一托盘放入 10× SSC 缓冲液,托盘上放一转移用支架,支架上搭滤纸桥,使溶液能够虹吸上来。

3) 在支架上依次放入 Whatman 3# 滤纸、处理好的凝胶、硝酸纤维素膜、Whatman 3# 滤纸、吸水纸、玻璃板、适量重物 500～1 000 g。各层之间要确保无气泡,否则会发生局部"绝缘",气泡处的 DNA 难以被吸到硝酸纤维膜上。

4) 放 4 ℃冰箱转移 12～16 h,中间更换吸水纸。转移结束后,去除上面的东西,用镊子将膜取出,用清水冲洗一下后,让膜自然晾干。

5) 80 ℃真空干燥 2 h,将 DNA 固定于膜上,保存于干燥处待用。

(2) 预杂交

将转移好的硝酸纤维素膜用 2× SSC 溶液浸透,装入可加热封口的杂交袋中。按 0.2 ml/cm² 加入适量预杂交液,用塑料热封口机封口。于 37～42 ℃预杂交 4～6 h。

（3）杂交

1）将塑料袋剪一小口，取出预杂交液。

2）将标记好的探针加热变性，煮沸 7 min，骤冷至 0 ℃，加入杂交液。

3）将含探针的杂交液加入袋中，封口。

4）42 ℃水浴杂交 20 h，取出杂交液。

5. 洗膜

（1）1×SSC、0.1% SDS 室温 15 min×2。

（2）0.25×SSC、0.1% SDS 室温 15 min×2。

6. 放射自显影

（1）洗涤后的膜置于干净的滤纸上，室温自然晾干。

（2）用塑料薄膜包好膜，做好标记。

（3）在暗室内将 2 张 X 线胶片放在增感屏的内侧，并将硝酸纤维膜放在 2 张 X 线胶片之间。

（4）盖严暗盒，放−50 ℃冰箱放射自显影 2～7 d。

（5）在显影液中显影 2～4 min。

（6）在定影液中定影 20 min。

（7）用清水洗胶片 20 min，晾干，读片检测结果。

【注意事项】

1. 常规提取 DNA 时，注意抽提 DNA 的动作不可过猛，以防机械震动将 DNA 分子打断；此外 DNA 溶于 TE 的浓度为 0.4～0.6 μg/μl 较理想。

2. 限制性内切酶消化时，大多数酶的酶解温度为 37 ℃，少数酶有自己的特定温度；若判断酶解是否彻底，可进行小样凝胶电泳；并且必须保证 DNA 的纯度、酶的质量，否则将影响酶解。

3. 杂交影响因素较多，离子强度、pH、温度、时间、探针种类、长短及浓度等条件均需一一摸索。上述参数仅供参考。

4. 放射自显影时，应严格按照同位素操作规则进行。

Ⅲ.Ⅱ　PCR-RFLP 法

【实验目的】

学习 PCR-RFLP 法的 HLA 分型技术。

【实验原理】

类似于 RFLP 法，不同的是用 PCR 体外扩增基因组 DNA 中 HLA 某些等位基因的特定碱基序列,然后以若干种限制酶消化 PCR 产物,电泳分析。

【实验器材】

1. 器具

离心机、微量加样器、低温冰箱、烘箱、电泳仪、水浴箱、吸管、离心管、PCR 扩增仪、烘箱等。

2. 材料

(1) 引物各 25 pmol。

(2) 10×PCR 缓冲液:15 mmol/L KCl,100 mmol/L Tris-HCl,15 mmol/L $MgCl_2$,0.01% W/V 明胶。

(3) Taq DNA 聚合酶:临用前用无菌去离子水稀释为 1 $\mu g/\mu l$。

(4) DNA。

(5) dNTPs:dATP、dGTP、dCTP、dTTP 各 2 mmol/L。

(6) 液体石蜡:用前经 68.95～103.42 kPa 高压灭菌 15 min。

(7) 无菌去离子水。

【实验方法】

1. 提取细胞总 DNA

2. PCR 扩增引物的设计

PCR 只是一种 DNA 的体外扩增法,要求有模板 DNA、引物、合成 DNA 新链的四种脱氧核苷酸、DNA 聚合酶、缓冲液等。PCR 的主要步骤包括变性、退火、延伸三步,经 25～30 个循环后 DNA 可扩增 10^6～10^9 倍。其扩增的特异性主要取决于引物与模板 DNA 的特异结合,故引物是 PCR 扩增特异性的关键因素。

引物设计应遵循一定的原则:

(1) 引物长度一般为 15～30 bp,G+C 含量应在 45%～55% 之间。

(2) 应避免连续出现 4 个以上的单一碱基。

(3) 不能含有自身互补序列。

(4) 两个引物之间不应有多于 4 个的互补或同源碱基,不然会形成引物二聚体。

(5) 与非特异扩增序列的同源性应小于 70%,或少于连续 8 个的互补碱基。

(6) 扩增 HLA-D 区基因多态性区段的引物应在该区第二外显子或高变区的边缘。

3. PCR 扩增

(1) 每 100 μl 反应体系中分别加入:缓冲液 10 μl、引物各 25 pmol、DNA

$1 \sim 2 \mu g$、$10 \mu l$ dNTPs,混合均匀后在 $95 \sim 97\ ^\circ\text{C}$ 变性 $5 \sim 10$ min。

（2）加 Taq DNA 聚合酶 2 u,液体石蜡 $50 \mu l$ 覆盖防止水分蒸发,将样品置 PCR 扩增仪中成扩增反应,变件,退火,延伸温度时间及 Mg^{2+} 的浓度应随扩增引物及区段的不同而改变,第十届国际 HLA 大会推荐的条件见表 42-1、42-2。

表 42-1 HLA 扩增引物与条件

靶基因	条件	产物(bp)
DRB		274
DQA	A	229
DQB	B	219
DPA	BD	240
DPB	CE	327
DR1-DRB1	D	261
DR2-DRB1	DC	261
DR4-DRB1	D	263
RW52assDRB1	C	266
DRW52-DRB3	C	271

表 42-2 HLA 扩增的条件

条件	变 性	退 火	延 伸	$MgCl_2$ 终浓度
A	$92 \sim 94\ ^\circ\text{C}$ 30 s	$58 \sim 55\ ^\circ\text{C}$ 1 min	$70 \sim 72\ ^\circ\text{C}$ 1~2 min	1.5 mmol/L
B	$94 \sim 96\ ^\circ\text{C}$ 30 s	$58 \sim 55\ ^\circ\text{C}$ 1 min	$70 \sim 72\ ^\circ\text{C}$ 1~2 min	2.0 mmol/L
C	$94 \sim 96\ ^\circ\text{C}$ 30 s	$66 \sim 61\ ^\circ\text{C}$ 30 s	$70 \sim 72\ ^\circ\text{C}$ 1~2 min	1.5 mmol/L
D	$94 \sim 96\ ^\circ\text{C}$ 30 s	$65 \sim 60\ ^\circ\text{C}$ 30 s	$70 \sim 72\ ^\circ\text{C}$ 1~2 min	2~2.5 mmol/L
E	$94 \sim 96\ ^\circ\text{C}$ 30 s	$69 \sim 64\ ^\circ\text{C}$ 30 s	$69 \sim 64\ ^\circ\text{C}$ 30 s	2~2.5 mmol/L

4. 限制性内切酶消化

取 $5 \mu l$ PCR 产物分别用 2 个单位限制内切酶(如 HinfI)在总体积为 $12 \mu l$ 的反应体积中酶解,$37\ ^\circ\text{C}$ 保温 $2 \sim 3$ h。

5. 凝胶电泳

12% 聚丙烯酰胺凝胶电泳,200 V,3 h,用 $0.5 \mu g/ml$ 溴化乙锭(EB)染色 30 min,照相分析图形。

【注意事项】

1. PCR 反应体系不宜过大,一般为 $20 \sim 100 \mu l$。

2. 引物的浓度一般在 $0.1 \sim 1 \mu mol/L$ 之间,过高可导致非特异性扩增产物出现,原因为:引物与模板错配,引物二聚体的形成;过低可影响扩增产物的量。

3. DNA 模板量不宜过大,否则非特异性产物多。模板中不能含有蛋白酶、核酸酶及 Taq 聚合酶的抑制物。

4. Taq 酶和 dNTP 浓度应适宜，Taq 酶常用范围为 $1\sim4$ u/100 μl，dNTP 通常浓度为 $50\sim200$ $\mu mol/L$，以 200 $\mu mol/L$ 较佳，过高可导致错误掺入，使非特异性产物增加，过低产物量少。四种脱氧三磷单核苷酸浓度应相同，其中任何一种浓度偏高或偏低，都会诱导聚合酶的错误掺入，降低合成速度，终止反应。

5. Mg^{2+} 的浓度一般认为当 dNTP 为 200 $\mu mol/L$ 时，最佳为 1.5 mmol/L，浓度过高可减低特异性，过低影响质量。

6. 变性温度常为 94 ℃左右，主要取决于扩增片段的长度和 $(G+C)\%$，变性时间为 $30\sim60$ s。

7. 一般退火温度 T_a 比扩增引物的溶解温度 T_m 低 5 ℃，可按公式进行计算 $T_a = T_m - 5℃ = 4(G+C) + 2(A+T) - 5℃$，其中 A、T、G、C 分别表示相应碱基的个数。为避免出现非特异性扩增产物，宜选择较高的退火温度。

8. 延伸湿度主要取决于 DNA 聚合酶的最适温度，一般取 $70\sim75$ ℃，延伸时间主要取决于扩增片段的长度。

9. 循环次数一般为 $25\sim40$，在得到足够产物的前提下，应尽量减少循环次数。

10. 空气及气溶胶均可导致标本间的交叉污染，多个样本不宜同时暴露在同一空间。

11. 在使用不同的扩增仪时，不同的反应体系以及不同地方合成的引物可能有不同的最佳条件，应通过实验获得。

Ⅲ.Ⅲ PCR-SSO(ASO)探针法

【实验目的】

掌握 PCR-SSO 法的 HLA 分型技术。

【实验原理】

利用人工合成的 HLA 型别特异的寡核苷酸(SSO)探针或等位基因特异性的寡核苷酸(ASO)探针与待检细胞经 PCR 扩增的 HLA 基因片段杂交，如果 HLA 基因片段与已知核苷酸序列并标记同位素的探针互补，则二者结合，X 线底片就会显影。反之则不显影，从而可确定 HLA 型别。其分子杂交有正向杂交和反向杂交两种类型，正向杂交是将待测的

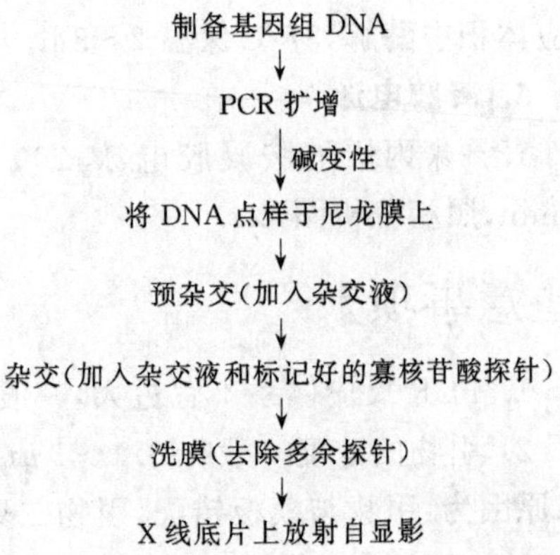

制备基因组 DNA
↓
PCR 扩增
↓
碱变性
↓
将 DNA 点样于尼龙膜上
↓
预杂交(加入杂交液)
↓
杂交(加入杂交液和标记好的寡核苷酸探针)
↓
洗膜(去除多余探针)
↓
X 线底片上放射自显影

图 42.3 HLA 的 PCR-SSO 分型法操作流程

PCR产物固定于杂交膜上,然后与探针杂交(图42.3)。反向杂交是固定非标记探针于膜上,然后与带有标记物或标记底物的PCR产物杂交。

【实验器材】

1. 器具

离心机、微量加样器、低温冰箱、烘箱、电泳仪、水浴箱、吸管、离心管、尼龙滤膜等。

2. 材料

(1) 变性液:0.4 mol/L NaOH，25 mmol/L EDTA。

(2) 20×SSC:3 mol/L NaCl，0.3 mol/L 柠檬酸钠。

(3) 预杂交液:5×SSPE，5×Denhardt，0.5% SDS。

(4) 10×SSPE pH 7.4:NaH_2PO_4 100 mmol/L，NaCl 1.5 mol/L，EDTA 1 mmol/L。

(5) 10×标记缓冲液:Tris-HCl 500 mmol/L pH7.4，$MgCl_2$ 100 mmol/L，二硫基苏糖醇(DTT) 50 mmol/L。

(6) 50×Denhardt:聚蔗糖400 2.5 g,聚乙烯吡咯烷酮PVP 2.5 g,牛血清白蛋白BSA 2.5 g,加蒸馏水 250 ml。

(7) $[\gamma\text{-}^{32}P]$ATP 10 μCi。

(8) 0.1% SDS。

【实验方法】

1. 常规提取DNA:参见前述RFLP法。

2. PCR扩增:参见前述PCR-RFLP法。

3. 斑点杂交:

(1) 将5~20 μl扩增产物,加变性液100~200 μl,室温处理5~15 min。

(2) 在尼龙滤膜(预先用2×SSC浸湿2 min)上真空点样,每孔以10×SSPE 200 μl冲洗,抽干,80 ℃干燥2 h。

(3) 标记探针,取标记缓冲液2.5 μl,寡核苷酸片段(dCTP、dGTP、dTTP) 50~100 ng,$[\gamma\text{-}^{32}P]$ATP 2.5 μl,T4多核苷酸酶10 u,双蒸水加至25 μl,混匀,37 ℃保温45 min,用0.5mol/L的EDTA 1 μl终止反应,标记的探针可直接使用或采用柱层析分离标记好的探针。

(4) 点样膜于杂交前漂洗,放入杂交袋中,加入适量预杂交液(2 ml/cm²)在杂交温度下预杂交10~60 min,将适量标记探针加入预杂交液中,杂交1 h以上甚至过夜。

(5) 洗膜:2×SSPE和0.1% SDS于杂交温度洗2次,最后根据探针的 T_m 值调整洗膜 2 次。

（6）−70 ℃放射自显影，用保鲜膜包好杂交膜，放入暗盒，加增感屏，再放置 X 线片，置于低温冰箱，感光时间须摸索。

【注意事项】

1. 变性处理时，不要直接将膜浸入液体内，应用少量变性液或用滤纸吸饱溶液，将膜平铺在液面上，使溶液浸透膜。

2. 准确的洗脱温度须经试验确定，并使已知对照样品出现预期结果。

3. 杂交温度一般不超过$(T_m - 4\ ℃)$。

Ⅲ. Ⅳ PCR-SSP 法

【实验目的】

学习 PCR-SSP 法的 HLA 分型技术。

【实验原理】

根据各等位基因的核苷酸序列，设计出一套针对每一等位基因组特异性（allele-speicific）或组特异性（group-specific）的引物，此即为序列特异性引物（SSP）。SSP 只能和某一等位基因特异片段的碱基序列互补性结合，故可通过 PCR 技术获得 HLA 型别特异的扩增产物，借助电泳法直接分析带型，从而判定 HLA 型别，较以上 PCR-RFLP、PCR-SSO 实验过程简便，分型结果精细。

【实验器材】

1. 器具

离心机、微量加样器、低温冰箱、烘箱、电泳仪、水浴箱、吸管、离心管、PCR 扩增仪、紫外灯、胶卷、相机等。

2. 材料

（1）2％琼脂糖凝胶。

（2）凝胶加样缓冲液：0.25％溴酚蓝，0.25％二甲苯腈，30％甘油。

（3）溴化乙锭 0.5 μg/ml。

【实验方法】

1. 提取 DNA：参见前述 RFLP 法。

2. PCR 扩增：基本同前述 PCR-RFLP 法，但引物是根据各等位基因的核苷酸序列设计的特异性引物，主要是针对第二外显子区域的多态性，用 SSP 扩增出来的产物具等位基因特异性。

3. 凝胶电泳:取 PCR 扩增的产物与上样缓冲液混合,加入 2％琼脂糖凝胶加样孔中,其内加入溴化乙锭,在电压 15 V/cm 凝胶条件下电泳 20 min,然后在紫外灯下照相分析结果。

【注意事项】

同 PCR-RFLP 法。

Ⅲ. Ⅴ　PCR-SSCP 法

【实验目的】

掌握 PCR-SSCP 法的 HLA 分型技术。

【实验原理】

聚合酶链反应-单链构像多态性分析(PCR-SSCP)的原理是单链 DNA 在溶液中形成立体构像,等长的 DNA 片段因其序列中核苷酸的组成和排列顺序不同,形成不同的构像,在非变性聚丙烯酰胺凝胶电泳中表现为电泳速度的差别,可通过放射自显影或银染显色来进行分析(图 42.4)。

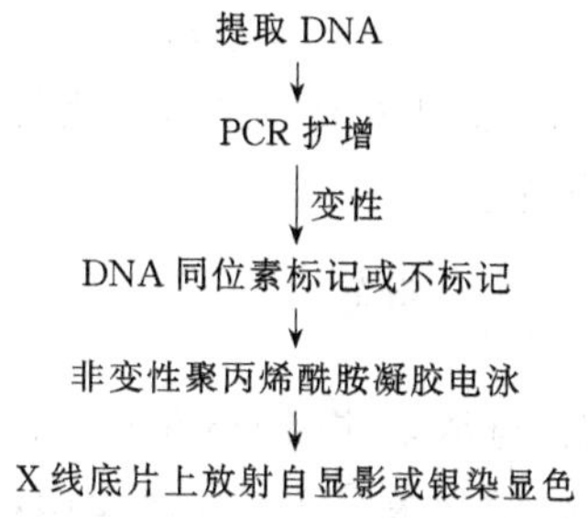

提取 DNA
↓
PCR 扩增
↓ 变性
DNA 同位素标记或不标记
↓
非变性聚丙烯酰胺凝胶电泳
↓
X 线底片上放射自显影或银染显色

图 42.4　HLA 的 PCR-SSCP 分型法操作流程

【实验器材】

1. 器具

离心机、微量移液器、低温冰箱、烘箱、电泳仪、水浴箱、吸管、离心管、PCR 扩增仪、紫外灯、胶卷、相机等。

2. 材料

(1) 非变性聚丙烯酰胺凝胶:5％聚丙烯酰胺(丙烯酰胺:甲叉丙烯酰胺＝49:1),含甘油 5％或 10％,胶长不小于 30 cm,胶厚 0.4 mm。

(2) 10×TBE:Tris 108 g,硼酸 55 g,$Na_2EDTA \cdot 2H_2O$ 3.27 g,水加至1 000 ml,用时 1:45 稀释。

(3) 凝胶加样缓冲液:0.25％溴酚蓝,0.25％二甲苯腈,90％甲酰胺。

(4) 固定液:10％乙醇,0.5％乙酸。

(5) 0.2％ $AgNO_3$。

（6）显色液：1.5％ NaOH，0.4％甲醛。

【实验方法】

1. 提取 DNA：参见前述 RFLP 法。

2. PCR 扩增：参见前述 PCR-RFLP 法，可加入 1 μCi ^{32}P-dCTP 标记产物。

3. 非变性聚丙烯酰胺凝胶电泳：

（1）取 PCR 的扩增产物，加凝胶加样液 3 μl，95 ℃加热变性 2 min，冰浴骤冷。同位素掺入的 DNA 取 1 μl 稀释 10 倍，加样 3 μl。

（2）取样品用微量移液器加入非变性聚丙烯酰胺凝胶样品孔中，200 V 电泳过夜。

4. 放射自显影：类似 RFLP 法。若未掺入同位素可进行银染显色。

（1）未掺入同位素的 PCR 产物电泳后，取出凝胶床，撬去黏附的玻璃板，将凝胶浸在固定液中 15 min。

（2）用 0.2％ AgNO$_3$ 浸泡 10 min，用去离子水冲洗。

（3）在显色液中显影至获得满意效果。将显色好的凝胶转贴到滤纸上，照相分析结果。

【注意事项】

1. 电泳条件因 DNA 片段长度及核苷酸组成而不一样，以上参数仅供参考。

2. 硝酸银溶液可反复使用，但随染液老化，染色时间要延长。

3. 染色后显色前的冲洗不得用自来水，否则自来水中的离子会还原银离子而使凝胶变黑。

实验 43　免　疫　PCR

Ⅰ　直接 IM-PCR 法（以牛血清白蛋白的检测为例）

【实验目的】

1. 熟悉免疫 IM-PCR 法的原理。

2. 掌握用免疫 PCR 检测生物样品中含量极少的蛋白质的方法。

【实验原理】

免疫 PCR 是将抗原抗体反应的特异性与体外扩增 DNA 的技术相结合，用于检测生物样品中含量极少的蛋白质的方法,具有敏感度极高的优点。其基本原理和酶联免疫吸附试验(ELISA)一样,只是免疫 PCR 是以一段特定的双链或单链 DNA 来标记抗体,然后用 PCR 扩增抗体所连接的 DNA,并进行电泳检测,因此可用 PCR 产物的量来反映抗原分子的量。按反应中所用抗体的方式不同可分为直接 IM-PCR 和间接 IM-PCR 双抗体夹心 IM-PCR。直接 IM-PCR 法是将所测抗原吸附在固相载体上,使特异性单抗与之反应,然后用生物素化的多抗通过亲合素与生物素化 DNA 标记分子相连接,再用适宜的引物对后者进行 PCR 扩增。

【实验器材】

1. 器具

水浴箱、全套琼脂糖凝胶电泳装置、微量移液器、PCR 仪。

2. 材料

(1) dATP, dCTP, dGTP,生物素化 dUTP。

(2) Klenow 酶,10 倍 Klenow 酶缓冲液。

(3) geneclean。

(4) TBS:20 mmol/L Tris-HCl(pH 7.4), 150 mmol/L NaCl。

(5) 封闭液:1.5% BSA(用 TBS 配制)。

(6) 抗牛血清白蛋白单抗。

(7) 生物素化羊抗鼠 IgG。

(8) 亲合素。

(9) DNA 指示分子

(10) RCR 反应液:5×PCR 缓冲液 10 μl,EP-DNA 聚合酶 0.5 μl,蒸馏水 31.5 μl。

【实验方法】

1. DNA 的生物素标记主要是利用 dUTP 与 DNA 分子末端 A 的互补作用,把生物素化 dUTP 掺入 DNA 分子末端。

(1) 在 10 μl 酶切、纯化的质粒 DNA(2 μg)中,加 dATP、dCTP、dGTP 各 100 μmol/L,并加生物素化 dUTP 至 30 μmol/L。

(2) 加 10 倍 Klenow 酶缓冲液 5 μl,Klenow 酶 1 μl,双蒸水至 50 μl,于 37 ℃ 保温 1 h。

(3) 用 geneclean 纯化,双蒸水洗脱标记 DNA。

2. 用 TBS 稀释 rhIL-3 至 $6.0×10^{-8}$~6.0 μg/ml。

3. 取 50 μl rhIL-3 稀释液加至 0.5 ml 塑料离心管中,4 ℃过夜,弃上清液。

4. 每管中加封闭液 30 μl, 37 ℃静置 2 h,弃去液体,用 TBS 洗一次。

5. 加 50 μl 抗牛血清白蛋白单抗(1:40),温育 30~60 min 后用洗涤。

6. 加入 50 μl 生物素化羊抗鼠 IgG(1:500),温育后洗涤如上。

7. 加入 50 μl 亲合素(10 ng/ml),温育后洗涤如上。

8. 加 50 μl DNA 指示分子 10 ng/ml,温育后洗涤如上。

9. 加 50 μl PCR 反应液,25 μl 石蜡油,离心 5 s。

10. PCR 扩增:94 ℃×60 s,55 ℃×60 s,71 ℃×120 s,30 个循环后 71 ℃延伸 5 min。

11. 取 5 μl PCR 扩增产物加于 2%琼脂糖凝胶上电泳;EB 染色,紫外灯下拍摄结果,激光扫描定量。

Ⅱ 间接 IM-PCR(以鼠 IgG 的检测为例)

【实验目的】

熟悉间接 IM-PCR 双抗体夹心 IM-PCR 法的原理,掌握用免疫 PCR 检测生物样品中含量极少的蛋白质的方法。

【实验原理】

此法用于检测难以直接吸附于固相载体的抗原。将与被检物对应的单克隆抗体先吸附在固相载体上,然后使被检抗原与之反应。再用生物素化的特异性多抗结合此抗原,通过亲合素再与生物素化 DNA 相连接,然后以适当的引物对 DNA 指示分子进行 PCR 扩增。由于此法是以扩增的 DNA 量来反映待检抗原的量,所以要用不同浓度的标准抗原同时进行 PCR,以获得标准抗原(根据生成 DNA 量计算)的剂量反应曲线,然后从标准曲线上读取待检抗原量。

【实验器材】

1. 器具

水浴箱、全套琼脂糖凝胶电泳装置、微量移液器、PCR 仪。

2. 材料

(1) dATP, dCTP, dGTP,生物素化 dUTP。

(2) Klenow 酶,10 倍 Klenow 酶缓冲液。

(3) geneclean。

(4) TBS:20 mmol/L Tris-HCl(pH 7.4), 150 mmol/L NaCl。

(5) 封闭液:1.5% BSA(用 TBS 配制)。

(6) 抗鼠 IgG 的单抗。

21世纪生物学基础课系列实验教材

（7）兔抗鼠 IgG 抗体。

（8）生物素化羊抗兔 IgG。

（9）DNA 指示分子。

（10）RCR 反应液：5×PCR 缓冲液 10 μl，EP-DNA 聚合酶 0.5 μl，蒸馏水 31.5 μl。

（11）亲合素。

【实验方法】

1. DNA 的生物素标记。主要是利用 dUTP 与 DNA 分子末端 A 的互补作用，把生物素化 dUTP 掺入 DNA 分子末端。

（1）在 10 μl 酶切、纯化的质粒 DNA（2 μg）中，加 dATP、dCTP、dGTP 各 100 μmol/L，并加生物素化 dUTP 至 30 μmol/L。

（2）加 10 倍 Klenow 酶缓冲液 5 μl，Klenow 酶 1 μl，双蒸水至 50 μl，于 37 ℃ 保温 1 h。

（3）用 geneclean 纯化，双蒸水洗脱标记 DNA。

2. 用 TBS 稀释鼠 IgG 的单克隆抗体（1∶200），取稀释抗体 50 μl 加入微量离心管中，4 ℃过夜，弃去液体，用 TBS 洗涤一次。

3. 加 200 μl 封闭液，37 ℃放置 2 h，弃去液体，洗涤 2 次。

4. 将鼠 IgG 用 TBS 稀释为 5.0×10^{-13} g/ml，各取 50 μl 加至 0.5 ml 离心管中，置于 37 ℃水浴 30 min，弃液体，洗涤 3 次，每次 5 min。

5. 加 5.0 μl 稀释的兔抗鼠 IgG 抗体（1∶400），37 ℃温育 30 min，同上洗涤。

6. 加 50 μl 生物素化羊抗兔 IgG 抗体（1∶500）50 μl 亲合素（10 ng/ml），37 ℃温育 30 min，同上洗涤。

7. 加 50 μl DNA 指示分子（10 ng/ml），37 ℃温育 30 min，弃去液体，同上洗涤 5 次，去尽液体。

8. 加 50 μl PCR 反应液，液体石蜡 25 μl。

9. PCR 扩增：94 ℃×60 s，55 ℃×60 s，71 ℃×120 s；30 个循环。

10. 取 5 μl PCR 扩增产物加入 2％琼脂糖凝胶上，电泳 1 h（2 V/cm）。用 EB 染色，紫外灯下拍照，激光扫描定量。

【注意事项】

1. 采用直接 PCR 方法将抗原直接吸附于固相载体，这样固相载体的均质性必然对结果有一定影响，同时检测的样品液中其它成分也可能吸附于固相载体，这样易导致检测的精确度下降。

2. 免疫 PCR 中待检抗原的特异性抗体是决定本法特异性和敏感性的关键试

剂,抗体的特异性和等合力将影响免疫 PCR 的特异性和敏感性,一般均选用相应的单克隆抗体。将抗体进行生物素标记后,可用于直接 IM-PCR,或以生物素化的二抗来连接亲合素和生物素化 DNA 分子,用于间接 IM-PCR。

3. 免疫 PCR 需要适当的连接分子连接 DNA 标记分子和目的物,在 IM-PCR 中,就是把作为模板的 DNA 标记分子连接到目的物(例如抗原)上去。并且要求此种连接是特异的,高亲和性的。为此,常用生物素及其结合蛋白—亲合素或链霉亲合素作为连接分子。只要将需要连接的分子标以生物素,就可以通过亲合素将它们连接起来。Sano 等(1992)用的是重组的链霉亲合素与 A 蛋白的嵌合体,其具有结合抗体和生物素两个位点,它一方面可借亲合素与生物素化 DNA 分子(质粒)相结合,另一方面要以通过 A 蛋白与特异性抗体结合,使反应的本底增高,而且无市售商品试剂可得。后来 Ruzicka 等(1993)用亲合素-生物素化 DNA 复合物作为连接分子。这种方法是先将亲合素与生物素化 DNA 预结合成复合物,然后再与结合固相的特异性抗体结合,其优点是亲合素有市售品可获得。这种方法存在的问题是亲合素与生物素化 DNA 分子预结合时二者比例并不是等同的,主要是亲合素分子有 4 个亚基可分别与生物素分子相连接,于是在制备复合物时,可因反应物的浓度差异,生成不同饱和度的产物。这种不均一性使得反应的敏感性和重复性降低。因此 Zhou 等主张将亲合素独立地加入,并认为这是保证重复性的简化步骤。目前使用的亲合素有链霉亲合素和一般亲合素两种。

4. 免疫 PCR 中的 DNA 是指示分子。应选用在样品中绝对不存在,而且纯度高,均质好的 DNA。为此,选用质粒 DNA 或 PCR 扩增产物为宜。为了保证生物素标记的 DNA 与亲合素结合的均质性,以用饱和浓度为佳。

5. 免疫 PCR 具有高敏感性,抗体和标记 DNA 的任何非特异性结合均可导致严重的背景问题,因此加入抗体和标记 DNA 后必须尽可能彻底地清洗。

实验 44 细胞凋亡的 DNA 琼脂糖凝胶电泳分析

【实验目的】

1. 掌握细胞凋亡 DNA 琼脂糖凝胶电泳分析的原理。
2. 学会用 DNA 琼脂糖凝胶电泳来辨别细胞凋亡现象。

【实验原理】

细胞凋亡是机体生长发育中细胞自主性死亡的过程。细胞凋亡过程中有一系列形态学等特征性的改变。其中最重要和最具有特征性的改变是 Ca^{2+}/Mg^{2+} 依赖性的限制性核酸内切酶的激活导致染色质 DNA 在核小体连接部位断裂,形成以 180～200 bp 为最小单位的寡聚体片段。检测细胞凋亡的常用方法有流式细胞术法、DNA 琼脂糖凝胶电泳、DNA3′末端标记以后再进行凝胶电泳和放射自显影等方法。

DNA 琼脂糖凝胶电泳是最早用于研究细胞凋亡生物化学变化特性的传统方法,具有敏感、特异、快速的特点。随着核酸内切酶的活化,DNA 降解成寡核小体,这些降解片段均为 180～200 bp 或其整倍数的片段,通过电泳可形成典型的"梯状带",而坏死细胞或凋亡后期的继发性坏死细胞 DNA 电泳后则成模糊的"涂片状",据此可以快速和定性分析细胞凋亡现象,并可区分凋亡和坏死细胞。本实验是利用该方法分析小鼠胸腺淋巴细胞 DNA 在地塞米松诱导下细胞的凋亡现象。

【实验器材】

1. 器具

台式高速离心机、水浴箱、全套琼脂糖凝胶电泳装置、凝胶电泳照相设备。

2. 材料

(1) pH 7.4 的 PBS。

(2) 细胞裂解液。

(3) 水饱和的酚、氯仿、异丙醇、无水酒精。

(4) 6 mol/L NaI。

(5) 3 mol/L 醋酸钠。

(6) 10 mg/ml RNA 酶(无 DNA 酶活性)。

(7) pH 8.0 的 TE 缓冲液。

(8) 50×TAE 电泳缓冲液。

(9) DNA Ladder 分子质量标准品。

(10) 6×凝胶加样缓冲液。

【实验方法】

1. 待测细胞的制备

颈椎脱臼处死小鼠,无菌条件下取胸腺,去除小血管及结缔组织,浸入含 5% 小牛血清的预冷 PRMI-1640,16 号针头拉开胸腺,使细胞脱落,250 μm 尼龙网过滤,1 000 r/min 离心 4 min,调节细胞浓度为 2×10^6 个细胞/ml 待用。取上述 2×10^6 个细胞/ml 浓度的胸腺细胞加入终浓度为 1×10^{-5} mol/L 的地塞米松,培养 5 h 作为凋亡阳性细胞,对照组不加地塞米松。

2. DNA 琼脂糖凝胶电泳分析

(1) 苯酚/氯仿提取 DNA 法：

1) 将待测细胞用 PBS 洗一遍。

2) 在 1.5 ml 微量离心管中，离心沉淀 $5×10^5$ 个或 $2×10^6$ 个细胞，去除上清。

3) 加入 50 μl 细胞裂解液，混匀，于 37 ℃水浴保温至混合物变得清亮。

4) 在台式高速离心机中，以室温 12 000 r/min 离心 5 min，将上清转移至一洁净的微量离心管中。

5) 以等体积的苯酚/氯仿(1∶1)、苯酚/氯仿/异丙醇(25∶24∶1)和氯仿各抽提一次。

6) 在上清加入 1/10 体积 3 mol/L 醋酸钠和 2 倍体积冷酒精，于 -20 ℃沉淀过夜。

7) 于 -10 ℃ 12 000 r/min 离心 10 min，收集沉淀并将沉淀溶于 20 μl TE 缓冲液，加入 1 μl RNA 酶，37 ℃保温 1 h。

8) 加入 4 μl 样品缓冲液，混匀，立即加到含有 0.4 $\mu g/ml$ 溴化乙锭的 1%～2%的琼脂糖凝胶的样本孔中，室温、恒流 75 mA，于 1×TAE 缓冲液中电泳 1～2 h，紫外灯下观察实验结果并照相。

(2) 碘化钠(NaI)抽提 DNA 法：

1) 将待测细胞用 PBS 洗一遍。

2) 在 1.5 ml 微量离心管中，离心沉淀 $5×10^5$ 个或 $2×10^6$ 个细胞，去除上清。

3) 加双蒸水 200 μl，摇匀 20 s，加 6 mol/L NaI 200 μl，缓慢倒置摇匀 20 s。

4) 加氯仿/异戊醇(24∶1)400 μl，摇匀 20 s，12 000 r/min 离心 12 min。

5) 吸取上层含 DNA 的水相 360 μl，置另一 EP 管中，加异丙醇 200 μl，摇匀 20 s，室温放置 15 min，14 000 r/min 离心 12 min。

6) 仔细弃去上清，再加 37%异丙醇 1 ml，14 000 r/min 离心 30 min。

7) 小心弃去异丙醇，风干，加 25 μl TE 缓冲液溶解 DNA。

8) 加入 4 μl 样品缓冲液，混匀，立即加到含有 0.4 $\mu g/ml$ 溴化乙锭的 1%～2%的琼脂糖凝胶的样本孔中，室温、恒流 75 mA，于 1×TAE 缓冲液中电泳 1～2 h，紫外灯下观察实验结果并照相。

3. 加地塞米松培养的胸腺细胞 DNA 电泳后呈典型的"阶梯状"条带，与标准分子量 DNA 参照物比较，为多倍的 180～200 bp DNA 片段。未加地塞米松培养的胸腺细胞，DNA 无类似改变。细胞坏死对照的 DNA 电泳呈现弥漫的片状图谱。

【注意事项】

实验过程中，关键要防止 DNA 酶的作用和剧烈震荡造成 DNA 断裂。

附　录

附录一　常用血液抗凝剂的配制及用法

常用的血液抗凝剂一般分为三类：一类为化学药品，枸橼酸钠、草酸盐、乙二胺四乙酸二钠等，其原理为消除钙离子的作用；另一类为生物制剂，如肝素，其作用是阻止凝血酶的生成；第三类是离子交换剂，为采用物理方法抗凝。

1. 肝素(heparin)溶液

取一支含 12 500 U 的注射用肝素溶液，用无菌生理盐水稀释 25 倍，使成为500 U/ml，置 4 ℃冰箱保存。将肝素配制成上述浓度的溶液后，分装于试管，每管0.1 ml，100 ℃下烘干，每管能抗凝 2 ml 血液。也可将抽血注射器用配制好的肝素湿润一下，直接抽血至注射器内而使血液不凝。

肝素是一种酸性粘多糖，常用其钠、钾盐，易溶于水，可经高压灭菌(110 ℃30 min)。其抗凝作用强，但它可改变蛋白质的等电点，故用盐析法分离蛋白质各部分时，不宜使用肝素。

肝素是常用的全身抗凝剂。动物实验作全身抗凝时，一般剂量为兔 10 mg/kg，大鼠(2.5～3 mg)/(200～300 g)体重。若肝素的纯度不高或过期，其剂量应适当增高。

2. 阿氏(Alsever)血液抗凝保存液

葡萄糖	2.05 g
枸橼酸钠	0.8 g
枸橼酸	0.05 g
氯化钠	0.42 g
蒸馏水	100 ml

以上药品混合后加热溶化，分装，115 ℃灭菌 30 min，4 ℃冰箱保存备用。

取血时按 1∶1 比例与新鲜血液混合。但如果抗凝鸡血，则需加入 5 倍于鸡血量的阿氏液。

3. 三羟戊二酸钠(sodium trihyroxy glutarate, $C_5H_7O_7Na_2$)

配成 7% 的水溶液，取 0.1 ml 可抗凝血 1 ml。

本品可代替枸橼酸钠，其抗凝力较弱，但不良反应较少。

4. 羧酸型（Amberlite IRC-50，丙烯酸）

每 100～200 ml 血液用 13～15 mg。

5. 苯核磺酸（Dowex-50，苯乙烯）

属于磺化芳香族碳氢多聚物，每 100～200 ml 血液用 13～15 mg。

6. 草酸钾（potassium oxalate）

将草酸钾配成 10％水溶液，取 0.1 ml 可抗凝 5～10 ml 血。也可配成 2％水溶液，取 0.1 ml 可抗凝 1～2 ml 血。可取 10％溶液 0.1～0.2 ml 放入试管中摇动，使其分散于管壁四周，置 60℃烘箱中烤干（温度不可超过 80℃，否则草酸钾分解成碳酸钾而失去抗凝作用），可抗凝 5～10 ml 血。

由于草酸钾抗凝作用是与血液内的钙离子结合形成不溶性的草酸钙而阻止血凝，故不能用于含钾、钙的血样做抗凝剂。另外，本品对乳酸脱氢酶、酸性磷酸酶、淀粉酶有抑制作用。

7. 草酸盐合剂

草酸铵	1.2 g
草酸钾	0.8 g
福尔马林	1.0 ml
蒸馏水	100 ml

取草酸盐合剂 0.1 ml 可抗凝血 1 ml。可根据取血量计算好草酸盐合剂量加入试管中烘干备用。

草酸能沉淀血凝过程中所必需的钙离子，而达到抗凝目的。

草酸钾能使血细胞稍微缩小，而草酸铵能使血细胞略为膨大。草酸铵与草酸钾按 3∶2 比例配制，可使血细胞体积保持不变。加福尔马林能防止微生物的生长。

使用时加量应适当。本抗凝剂不适用于血液内钙或钾的测定，亦不适用于血液非蛋白氮测定。

8. 枸橼酸钠（sodium citrate）溶液

配成 3％～5％水溶液，取 0.1 ml 可抗凝血 1 ml，或直接加粉剂，每毫升血加 3～5 mg，可达到抗凝目的。

枸橼酸钠与血液中钙作用生成可溶性的络合物，从而防止凝血。但抗凝效果较差，碱性较强，不宜作化学检验之用。

9. 氟化钠（sodium fluoride）溶液

配成 6％的水溶液，取 0.1 ml 可抗凝 1 ml 全血。也可直接加 6 mg 氟化钠，可抗凝 1 ml 全血。氟化钠和草酸一样可使钙沉淀而达到抗凝目的。

10. 草酸钾-氟化钠混合剂

取草酸钾 6 g，氟化钠 3 g，加水至 100 ml，溶解后分装每管 0.25 ml，80℃以下烘干备用。每管含混合剂 22.5 mg,可抗凝 5 ml 血液。

11. 乙二胺四乙酸二钠(disodium ethylenediaminetetra-acetate，EDTA-2Na)溶液

EDTA-2Na	1 g
NaCl	0.7 g
蒸馏水	100 ml

溶解后过滤即成。EDTA-2Na 与钙结合比枸橼酸钠强 10 倍,为一种强力抗凝剂,取 0.1 ml 可抗凝约 2 ml 血液。

附录二　常用消毒液的配制及用途

1. 紫药水

甲紫	10 g
酒精	适量
蒸馏水加至	1 000 ml

是常用的皮肤黏膜消毒剂,具有较强的杀菌及收敛作用。用于浅表创面、溃疡、皮破化脓、疮面糜烂、鹅口疮、口腔溃疡、舌炎等,也可用于小面积的烧伤。但不能内服。

2. 红药水

红汞	20 g
蒸馏水	1 000 ml

常用于一般性小外伤和皮肤黏膜创面的消毒。各种黏膜消毒,如鼻腔、口腔、眼结膜及皮肤破伤等。如发生沉淀,则废弃。

3. 碘酒

碘	3～5 g
碘化钾	3～5 g
75%酒精	100 ml

主要用于消毒皮肤,如皮肤红肿、疔毒疮疖、毒虫咬伤等;不宜用于黏膜消毒。在消毒皮肤时,待碘酒干后,须用 75%的酒精将碘酒擦去,以免碘酒刺激皮肤。

4. 高锰酸钾消毒液

高锰酸钾	1 g
蒸馏水	5 000～10 000 ml

可用于洗手、洗茶杯和浸洗水果、蔬菜。

5. 福尔马林消毒液(甲醛溶液)

甲醛溶液	5 g
伊红	0.05 g
蒸馏水	1 000 ml

消毒动物手术部位皮肤,特别用于动物躯干部位消毒。厌氧微生物消毒效果佳。在手术部位有脓血的情况下,仍能发挥其杀菌作用。

6. 酒精消毒液

95%酒精	75 ml
蒸馏水	20 ml

用于消毒皮肤、手术器械等。

7. 来苏儿消毒洗涤液

来苏儿(含量 48%～52%)	2～3 ml 或 10～20 ml
热蒸馏水	100 ml

用于消毒手(用 1%～2%水溶液)、器械和处理排泄物(用 5%～10%水溶液)。衣服、被单、室内家具、便器、运输工具等用 1%～3%的溶液浸泡、擦拭或喷洒。

8. 硼酸消毒洗涤液

硼酸	2 g
蒸馏水	100 ml

用于洗涤直肠、鼻腔、口腔、眼结膜等。

9. 新洁尔灭消毒洗涤液

新洁尔灭(5%)	1 ml
蒸馏水加至	50 ml

可用于皮肤消毒以及不能加热的器具消毒等。不能与肥皂及盐类消毒药合用。0.1%的新洁尔灭液,对人体组织无毒、无刺激性作用,对伤口经 10～25 min 的洗浸,细菌大部分被杀死,使创面变得相对无菌。

10. 雷佛奴尔消毒液

雷佛奴尔	1 g
蒸馏水	1 000 ml

用于皮肤、各种黏膜感染创口的消毒洗涤,如口腔、鼻腔及眼结膜的洗涤。

11. 氯化高汞(升汞)消毒洗涤液

升汞	0.1～0.2 g
蒸馏水	100 ml

用于洗刷手术部位皮肤,化验室盛微生物的器皿、玻片、吸管及植物组织等外

表消毒。

12. 石炭酸消毒洗涤液

石炭酸   3 g

热蒸馏水   100 ml

用于洗刷手术部位皮肤。

附录三　常用化学脱毛剂的配制和小鼠品系

常用化学脱毛剂：

1. Na_2S 10 g、CaO 15 g、水 100 ml 混合即可。

2. Na_2S 8 g、淀粉 7 g、糖 4 g、甘油 5 g、硼砂 1 g、水 75 ml 调成稀糊。

3. Na_2S 3 g、洗衣粉 1 g、淀粉 7 g，加水混合调成糊状。

4. Na_2S 8 g、水 100 ml。

5. BaS 35 g、面粉 3 g、滑石粉 35 g，加 100 ml 水调成糊状。

6. CaO 60 g、雄黄 10 g、加水调成糊状。

7. BaS 50 g、Zn 25 g、淀粉 25 g，加水调成糊状。

各种脱毛剂的用法：用剪刀剪短脱毛部位的被毛，然后用纱布或棉签蘸取脱毛剂于脱毛部位涂一薄层，约经 2～3 min，用温水洗去脱下的毛，再用干纱布轻轻擦干水分，涂上油脂。

实验用小鼠的品系：

品　系	缩　写	毛　色	MHC-Ⅱ类基因单体型	注　释
A/J	A	白　色	k	
AKR	AK	白　色	k	
BALB/C	C	白　色	d	多数患骨髓瘤的亲代为异基因
CBA	CB	野鼠色	k	
C_3H	C_3	野鼠色	k	
$C_{57}BL/6$	B_6	黑　色	b	常用做转基因 F2 的亲代
$C_{57}BL/10$	B_{10}	黑　色	b	多数 H2 是同基因
DBA/2		淡褐色	b	常用做转基因 F2 的亲代
NZB		黑　色	d	适合制作抗自身抗体
S/L		白　色	s	常用做转基因 F2 的亲代
129		白色或浅银灰色	b	许多畸胎瘤的亲代

21世纪生物学基础课系列实验教材

附录四 常用试剂和溶液的配制

一、一般化学试剂的分级

规格\标准和用途	一级试剂	二级试剂	三级试剂	四级试剂	生物试剂
国内标准	保证试剂 GR 绿色标签	分析纯 AR 红色标签	化学纯 CR 蓝色标签	实验试剂 LR	BR 或 CR
国内标准	AR GR ACS PA	CP PUSS PURISS	LR ER	P PURE	
用 途	纯度高,杂质低。适用于最精确分析及研究工作,配置标准液	纯度较高,杂质较低。适用于精细的微量分析工作	质量略低于二级。适用于一般的微量分析实验	纯度较低,但高于工业用试剂,用于一般的定性检验	根据说明使用

二、HAT 选择培养液(100 倍贮存液)

1. 次黄嘌呤-胸腺嘧啶核苷(HT)贮存液:

次黄嘌呤	136 mg
胸腺嘧啶核苷	38.8 mg
双蒸水	100 ml

次黄嘌呤不易溶解,可加温至 $50\sim80\ ℃$ 溶解,待完全溶解后用 $0.22\ \mu m$ 微孔滤膜过滤除菌,分装小瓶,$2\sim5\ ml/瓶$,$-20\ ℃$ 保存备用。

2. 氨基喋呤(A)贮存液:

取 $1.76\ mg$ 氨基喋呤加 $90\ ml$ 双蒸水,滴加 $1\ mol/L$ NaOH 溶液并不断摇动,直至氨基喋呤完全溶解,再滴加 $1\ mol/L$ HCl 溶液,调整 pH 至 7.0 左右,加双蒸水至 $100\ ml$。用 $0.22\ \mu m$ 微孔滤膜过滤除菌,分装,$-20\ ℃$ 保存备用。

使用时,每 $100\ ml$ 含 20% 血清的培养液,加 $1\ ml$ HT 贮存液和 $1\ ml$ A 贮存液。

三、抗菌素溶液

青霉素	100 万单位

链霉素	1 g
无菌双蒸水	100 ml

溶解后分装在小瓶里,每瓶 2 ml,-20 ℃保存。使用时按每 100 ml 培养液中含"双抗"1 ml,即含青霉素 100 单位/ml,链霉素 100 μg/ml 配制。

四、RPMI 1640 菅(培)养液

RPMI 1640 干粉	10.4 g
Hepes	5.95 g

三蒸水加至 1 000 ml 摇匀,置 4 ℃过夜,使其完全溶解。过滤除菌,分装并放置于-20 ℃冰箱保存,可供 6 个月内使用,用前须做无菌试验。

五、McFarland 标准比浊管的配置及相关菌数表

取同质量大小的试管 10 支,按下表加入各成分:

试管号	1	2	3	4	5	6	7	8	9	10
1%$BaCl_2$(ml)	0.1	0.2	0.3	0.4	0.5	0.6	0.7	0.8	0.9	1.0
1%H_2SO_4(ml)	9.9	9.8	9.7	9.6	9.5	9.4	9.3	9.2	9.1	9.0
相当菌数(亿/ml)	3	6	9	12	15	18	21	24	27	30

六、饱和硫酸铵溶液

$(NH_4)_2SO_4$	78 g
蒸馏水	100 ml

加热至 70~80 ℃,搅拌 20 min 助溶,冷却。$(NH_4)_2SO_4$ 结晶沉于瓶底,上清即为饱和硫酸铵溶液,pH 约为 5。用 28%氨水调 pH 至 7.0,4 ℃冰箱保存,用时吸取上清液。

七、0.1%胰蛋白酶

试剂:胰蛋白酶	0.1 g
0.1%氯化钙(pH 7.8)	100 ml

配制方法:先配制 0.1%的 $CaCl_2$,用 0.1 mol/L 的 NaOH 将其 pH 调至 7.8,然后加入胰蛋白酶溶解。用前将胰蛋白酶消化液在水浴中预热至 37 ℃(载有标本的玻片也在 TBS 中预热至同样温度),该液消化时间为 5~30 min。注意此溶液非细胞培养消化液。

八、0.4%胃蛋白酶

试剂:胃蛋白酶	400 mg
0.1 mol/L HCl	100 ml

配制方法:同胰蛋白酶。消化时间在 37 ℃约为 30 min。

在免疫组织化学中,有时经甲醛过度固定的标本,常会产生过量的配基,遮盖

抗原,影响一抗与抗原的结合。用蛋白酶溶液消化,可起到暴露抗原部分的作用。消化时间应根据不同组织而异,总之,在保持组织形态不被破坏的前提下,宜尽量延长消化时间。

九、pH 7.4 的 0.1 mol/L 磷酸盐缓冲液

$Na_2HPO_4 \cdot 12H_2O$	28.94 g
KH_2PO_4	2.61 g

蒸馏水加至 1 000 ml。

十、pH 8.0 的 0.005 mol/L 磷酸缓冲液

先配制 0.2 mol/L 的原液:

A 液:	$NaH_2PO_4 \cdot 2H_2O$	31.2 g
	蒸馏水加至	1 000 ml
B 液:	$Na_2HPO_4 \cdot 12H_2O$	71.7 g
	蒸馏水加至	1 000 ml

取 A 液 53 ml 加 B 液 947 ml 加蒸馏水至 2 000 ml 即成 pH 8.0 的 0.1 mol/L 的磷酸缓冲液。

取 0.1 mol/L pH 8.0 的磷酸缓冲液 100 ml 加蒸馏水至 2 000 ml 即成 pH 8.0 的 0.005 mol/L 磷酸缓冲液。

十一、甲醇-H_2O_2 液

试剂:	纯甲醇	100 ml
	30% H_2O_2	0.1 ml

配制方法:吸取 30% 的 H_2O_2 0.1 ml,加入 100 ml 纯甲醇中,充分混匀即可,使 H_2O_2 终浓度为 0.03%(也有的用 0.3%、0.5%等)。

甲醇-H_2O_2 处理组织标本,具有封闭内源性过氧化物酶活性的作用,但具体机制至今不详。注意:用 H_2O_2 处理标本对某些抗原的抗原性有影响,故建议在使用新的抗血清或抗原时,最好同时设立非处理对照组。

十二、奈氏试剂

汞	115 g
KI	80 g
蒸馏水(不含氨)	500 ml

溶解后过滤,滤液中再加入 20% 的 NaOH 500 ml。

测定时,取样品 3~4 ml,加入奈氏试剂 1~2 滴,如有氨离子存在,则出现砖红色反应,甚至有棕色沉淀。

十三、6%可溶性淀粉肉汤

牛肉膏	0.3 g

蛋白胨	1 g
NaCl	0.5 g
蒸馏水	100 ml

加热溶化后调 pH 至 7.0～7.2,高压灭菌。取出后加入可活性淀粉 6 g,隔水溶化。置 4 ℃冰箱备用,临用前取出隔水溶化即可。

十四、无 Ca^{2+}、Mg^{2+} 的 Hank's 液

储存液:

NaCl	80 g
KCl	4 g
$Na_2HPO_4 \cdot 12H_2O$	1.52 g
(或 $Na_2HPO_4 \cdot 2H_2O$	0.6 g)
KH_2PO_4	0.6 g
葡萄糖	10 g

加双蒸水使各组分溶解后,加入 0.4% 酚红溶液 50 ml,再加双蒸水至 1 000 ml,4 ℃冰箱保存备用。

应用液:临用前将原液用双蒸水作 1:10 稀释。用无菌的 5.5%(或 3.5%)的 $NaHCO_3$ 调整 pH 至 7.2～7.4。

配别时应注意:

(1) 所用的玻璃器皿必须洁净。

(2) 各种药品称量应准确,要求用分析纯(AR)试剂。

(3) 储存液可加入 2 ml 氯仿,以抑制细菌生长。

(4) 储存液配好后,瓶口须用橡皮塞塞紧,放入 4 ℃冰箱内保存,使用期最长为三个月。应用液配好后经高压蒸汽灭菌,置 4 ℃冰箱保存,可供一个月内使用,用前需再次调整 pH 值。

十五、小白鼠腹腔灌洗液

取无钙、镁的 Hank's 应用液,加入肝素和水解乳白蛋白(lactalbumin hydrolysate),使每毫升含肝素 5～10 单位,每 100 ml 含 0.5 g 水解乳白蛋白。加肝素的目的是防止巨噬细胞产生团聚现象。

十六、0.4% 酚红溶液

称取 0.4 g 酚红置研钵中,逐滴加入 1 mol/L 的 NaOH 11.28 ml,边加边研磨使酚红转变成钠盐而溶于水中,然后再加蒸馏水至 100 ml,滤纸过滤后 4 ℃冰箱保存。

十七、pH 7.0～7.2 的磷酸盐缓冲液

$Na_2HPO_4 \cdot 12H_2O$	28.38 g
$NaH_2PO_4 \cdot 2H_2O$	4.25 g

加蒸馏水至 1 000 ml。

十八、pH 6.4 的 1/15 mol/L 磷酸盐缓冲盐水(PBS)

先配置 1/15 mol/L 的原液

A 液：KH_2PO_4	9.04 g
蒸馏水	1 000 ml
B 液：$Na_2HPO_4 \cdot 2H_2O$	11.87 g
（或 $Na_2HPO_4 \cdot 12H_2O$	23.86 g)

取 A 液 73 ml 加 B 液 27 ml 再加 NaCl 0.5 g 混匀,溶解后即成 pH 6.4、1/15 mol/L的磷酸盐缓冲盐水。

十九、pH 7.4 巴比妥缓冲液

1. 贮存液

巴比妥	5.75 g
巴比妥钠	3.75 g
NaCl	85 g
$MgCl_2 \cdot 6H_2O$	1.02 g
$CaCl_2$	166.5 mg

上述成分逐一加入热蒸馏水中,冷却,补加蒸馏水至 2 000 ml,过滤,4 ℃冰箱保存。

2. 应用液

1 份贮存液加 4 份蒸馏水,当日配制,12 h 内使用。

二十、pH 8.6 巴比妥缓冲液

巴比妥钠	10.3 g
巴比妥酸	1.84 g

加蒸馏水至 1 000 ml 即可。

二十一、巴比妥-盐酸缓冲液

巴比妥钠	47.5 g
蒸馏水	4 300 ml
1 mol/L 的 HCl	69 ml

pH 调至 8.2。

二十二、0.8％戊二醛溶液

取戊二醛(含量为 25％)0.8 ml 加 0.43％的 NaCl 溶液 24.2 ml 即成,需现用现配。

二十三、酚试剂

钼酸钠	25 g

钨酸钠	100 g
蒸馏水	700 ml
浓 HCl	100 ml
浓 H_3PO_4（85％）	50 ml

放入 2 000 ml 三角瓶中混匀使其溶解。用回流蒸馏装置煮沸 10 h（烧瓶中加入小玻璃珠数十粒,以防爆沸）。除去回流蒸馏装置后,再加入硫酸锂 150 g,蒸馏水 50 ml,溴数滴,继续煮沸 15 min,以除去多余的溴。制成的酚制剂为透明的黄色而不带任何绿色,置棕色瓶中保存。

二十四、pH 7.2 的 0.15 mol/L 磷酸盐葡萄糖盐水

取 pH 7.2 的 0.15 mol/L PBS 50 ml,加入葡萄糖 50 mg,混匀,过滤,分装,112.6 ℃灭菌 20 min、4 ℃冰箱保存。

二十五、pH 7.2 的 0.01 mol/L 磷酸盐缓冲盐水（PBS）

A 液: KH_2PO_4	2.72 g
蒸馏水	100 ml
B 液: $Na_2HPO_4 \cdot 12H_2O$	7.16 g
蒸馏水	100 ml

取 A 液 7 ml, B 液 18 ml 加蒸馏水 500 ml 即为 pH 7.2 的 0.01 mol/L 的 PB,加入 NaCl 2.5 g 溶解后即成 pH 7.2 的 0.01 mol/L PBS。

二十六、pH 7.2 的 0.15 mol/L 磷酸盐缓冲盐水（PBS）

$Na_2HPO_4 \cdot 12H_2O$	19.34 g
KH_2PO_4	2.86 g
NaCl	4.25 g

加蒸馏水至 1 000 ml 即可。

二十七、pH 7.4 的 0.01 mol/L 磷酸盐缓冲盐水（PBS）

| 0.1 mol/L pH 7.4 PB | 100 ml |
| NaCl | 8.5 g |

加蒸馏水至 1 000 ml 即可。

二十八、pH 6.4 的磷酸盐缓冲液

10％KH_2PO_4	30 ml
10％$Na_2HPO_4 \cdot 2H_2O$	20 ml
蒸馏水加至	1 000 ml

调整 pH 至 6.4。

二十九、pH 8.6 的硼酸缓冲液

硼酸	6.20 g
硼酸钠	19.05 g

加蒸馏水至 3 000 ml 即可。

三十、甘氨酸缓冲盐水（GBS）

甘氨酸	7.507 g
氯化钠	8.5 g
加蒸馏水	1 000 ml

用 1.0 mol/L NaOH 调 pH 至 8.2（大约需要 1.8～2.0 ml），放 4～8 ℃ 冰箱保存。

三十一、5.6% 的 $NaHCO_3$ 溶液

$NaHCO_3$	5.6 g
双蒸水	100 ml

溶解后分装在小瓶中，121.3 ℃ 灭菌 20 min。冷却后换上无菌橡皮塞塞紧，置 4 ℃ 冰箱备用。

三十二、木瓜酶使用液

A 液：（1% 木瓜酶原液）：木瓜酶   1 g

        pH 7.2 的 0.01 mol/L PBS   100 ml

        置低温冰箱保存，临用前用 PBS 稀释成 0.25% 浓度。

B 液：Na_2HPO_4 3.6 g

        蒸馏水   100 ml

        溶解后即成 3.6% 的 Na_2HPO_4 溶液。

C 液：（2% L-盐酸半胱氨酸原液）

        L-盐酸半胱氨酸   2 g

        pH 7.2 的 0.01 mol/L PBS   100 ml

        溶解后置低温冰箱保存，临用前用 PBS 稀释成 0.2% 浓度。

临用前取 1 份 0.25% 木瓜酶（A 液）加 1 份 B 液、2 份 0.2% C 液混合而成，该使用液中木瓜酶的终浓度为 0.625 mg/ml，pH 为 7.2。

三十三、闪烁液

2,5 二苯基恶唑（PPO）	5 g
1,4-双（5-苯基-2-恶唑基）苯（POPOP）	0.3 g
无水乙醇	200 ml
甲苯	800 ml

充分溶解,室温避光保存。

三十四、Hank's 液

1. 原液 A：

(1) NaCl　　　　　　　　　　　　80 g

　　 KCl　　　　　　　　　　　　4 g

　　 $MgSO_4 \cdot 7H_2O$　　　　　　　1 g

　　 $MgCl_2 \cdot 6H_2O$　　　　　　　1 g

　　 双蒸馏水加至　　　　　　　　450 ml

(2) $CaCl_2$　　　　　　　　　　　1.4 g

　　 (或 $CaCl_2 \cdot 2H_2O$)　　　　1.85 g

　　 双蒸水加至　　　　　　　　　50 ml

　　 将(1)、(2)混匀,112.6 ℃灭菌 15 min,4 ℃冰箱保存。

2. 原液 B：

(1) $Na_2HPO_4 \cdot 12H_2O$　　　　1.52 g

　　 KH_2PO_4　　　　　　　　　0.60 g

　　 葡萄糖　　　　　　　　　　　10 g

　　 双蒸馏水加至　　　　　　　　400 ml

(2) 0.4%酚红溶液　　　　　　　　100 ml

　　 将(1)液和(2)液混匀,112.6 ℃灭菌 15 min,4 ℃冰箱保存。

3. 应用液：

取 A 液 1 份,B 液 1 份,双蒸馏水 18 份,混合。112.6 ℃灭菌 15 min,4 ℃冰箱保存,可用一个月。使用前用无菌的 3.5% 或 5.6% 的 $NaHCO_3$ 溶液,调整 pH 至 7.2～7.4。

配制试剂时应注意所用玻璃器皿要干净,各种药品称量应准确,要求用分析纯(AR)试剂。

三十五、pH 标准管的配制

先配制 1/15 mol/L 的磷酸缓冲液。

A 液：1/15 mol/L Na_2HPO_4 溶液：

　　 $Na_2HPO_4 \cdot 12H_2O$　　　　23.88 g

　　 蒸馏水加至　　　　　　　　　1 000 ml

B 液：1/15 mol/L KH_2PO_4 溶液：

　　 KH_2PO_4　　　　　　　　　9.08 g

　　 蒸馏水加至　　　　　　　　　1 000 ml

将 A、B 二液按下表不同量相配合，即成为不同 pH 的磷酸盐溶液。

标准 pH 的配制表

pH	6.8	7.0	7.2	7.4	7.5	7.6	7.7	7.8	8.0	8.2
A 液/ml	4.96	6.16	7.2	8.08	8.41	8.7	8.94	9.15	9.47	9.7
B 液/ml	5.04	3.84	2.8	1.92	1.59	1.3	1.06	0.85	0.53	0.3

取规格型号相同的小试管 10 支，每管加上述不同 pH 的磷酸缓冲液 5 ml，加 0.02％酚红 5 滴，塞上橡皮塞待用。

三十六、4％亚硝酸钠水溶液

亚硝酸钠（AR）	0.4 g
双蒸馏水	10 ml

三十七、2％ α-醋酸萘酯乙二醇甲醚溶液

α-醋酸萘酯	0.2 g
乙二醇单甲醚	10 ml

三十八、4％副品红盐酸溶液

2 mol/L HCl（AR）	50 ml
副品红	2 g

取 8.4 ml 分析纯浓 HCl 用双蒸馏水定容至 50 ml，然后加入 2 g 副品红混匀，水浴加热溶解，过滤，置棕色瓶中保存。

三十九、孵育液（临用前配制）

（1）将 3 ml 4％ $NaNO_2$ 水溶液缓慢地逐滴加入 3 ml 4％的副品红盐酸溶液中，边滴边摇，使生成偶氮副品红。

（2）将 6 ml 偶氮副品红逐滴加入 89 ml pH 7.6 的磷酸缓冲液中，边滴边摇。

（3）再将 2.5 ml 2％的 α-醋酸萘酯乙二醇甲醚溶液滴入以上混合液中，这时有棕黄色絮状沉淀物产生，并有油状物漂浮在溶液表面，此为正常现象。

（4）用冰醋酸或 Na_2HPO_4 调 pH 至 6.4（查人血 pH 为 6.8，鼠血为 6.4）。

配制时应注意：在配制偶氮副品红这一步，不能倒滴，即不能将副品红液滴入亚硝酸钠溶液中，这样亚硝酸钠容易被氧化成硝酸钠，硝酸钠就不能使对副品红偶氮化，因而也不能与 α-萘酚偶合形成紫红色反应产物，实验也就会遭到失败。正确的操作应该是将亚硝酸钠溶液滴入副品红溶液中。

四十、都氏试剂

碳酸氢钠	1.0 g
氰化钾	0.05 g

| 高铁氰化钾 | 0.2 g |
| 蒸馏水 | 1 000 ml |

四十一、变应原抽提液

NaCl	5 g
$NaHCO_3$	2.75 g
结晶酚	4 g

蒸馏水加至 1 000 ml 加热溶解。

四十二、pH 7.2 含 Ca^{2+}、Mg^{2+} 的 PBS

原液：

NaCl	18 g
KH_2PO_4	0.25 g
$Na_2HPO_4 \cdot 12H_2O$	2.85 g
蒸馏水	1 000 ml

应用液：

原液	50 ml
蒸馏水	950 ml
10% $MgCl_2$	1 ml
1% $CaCl_2$	1 ml

混匀后调整 pH 至 7.2。

四十三、pH 7.6 的 Hepes-ACM 缓冲液

Hepes	5.958 g
$CaCl_2$	0.111 g
NaCl	7.597 g
KCl	0.373 g
加蒸馏水至	1 000 ml

四十四、pH 9.6 的 0.05 mol/L 碳酸盐缓冲液（ELISA 包被液）

| Na_2CO_3 | 1.59 g |
| $NaHCO_3$ | 2.93 g |

加蒸馏水至 1 000 ml。4 ℃ 冰箱保存不超过 2 周。

四十五、pH 7.4 的 0.01 mol/L Tris-HCl 缓冲液（ELISA 洗涤液）

| Tris | 2.42 g |

1 mol/L HCl	13 ml
吐温-20	0.5 ml
蒸馏水加至	1 000 ml

四十六、Tris-NH$_4$Cl 缓冲液

三羟甲基氨基甲烷(Tris)	10.3 g
NH$_4$Cl	3.735 g
双蒸水加至	500 ml

用 1 mol/L HCl 调整 pH 至 7.0,高压灭菌后,再将 pH 调整至 7.2~7.4。

四十七、柠檬酸缓冲液(pH 3.5)

柠檬酸(C$_6$H$_8$O$_7$ · H$_2$O)	25.5 g
柠檬酸三钠(C$_6$H$_5$Na$_3$O$_7$ · 2H$_2$O)	23.5 g
双蒸水	100 ml

四十八、pH 5.0 的磷酸盐-柠檬酸缓冲液(ELSIA 底物溶液)

Na$_2$HPO$_4$	2.84 g
柠檬酸	2.10 g

蒸馏水加至 100 ml,溶解后加邻二苯胺 40 mg,溶解后避光存放,临用前加 30% H$_2$O$_2$ 0.15 ml。

四十九、硝酸银显影液

1%明胶	10 ml
双蒸水	15 ml
柠檬酸缓冲液	5 ml
1%对苯二酚	15 ml(临用前配)

将上述溶液混合后,临用时加 10%硝酸银溶液 0.05 ml,混匀。避光存放。

五十、0.01 mol/L pH 7.2 磷酸盐缓冲液(PBS,贮存液)

NaCl	100 g
KCl	2.5 g
Na$_2$HPO$_4$ · 2H$_2$O	36.3 g
KH$_2$PO$_4$	2.5 g
加双蒸水至	1 000 ml

临用时稀释 10 倍,并加 0.02%的 NaN$_3$。

五十一、pH 7.4、0.05 mol/L 吐温-磷酸盐缓冲液(EL-SIA 洗涤液)

NaCl	4.0 g

KH$_2$PO$_4$	0.1 g
Na$_2$HPO$_4$ · 2H$_2$O	1.45 g
吐温-20	0.25 g

蒸馏水加至 500 ml,调整 pH 至 7.4。4 ℃ 冰箱存放。临用前可加入 1% 牛血清白蛋白溶解后使用。

五十二、pH 8.2 的 0.02 mol/L TBS

Tris	4.84 g
NaCl	17.50 g
双蒸水	1 500 ml

磁力搅拌下滴加浓 HCl 使 pH 至 7.4,再加双蒸水至 2 000 ml。

五十三、pH 8.2 的 0.02 mol/L TBS(含 0.5% Tween-20、0.5% 明胶)

0.02 mol/L、pH 8.2 TBS	800 ml
白明胶	5 g
加热溶解,放冷后加入:	
Tween-20	5 ml
双蒸水加至	1 000 ml

五十四、pH 8.2 Quench 液

马血清	2 ml

pH 8.2 的 0.02 mol/L TBS(含 0.5% Tween-20,0.5% 明胶)18 ml

五十五、SDS-PAGE 用贮备液

1. Tris 5.98 g 加 1 mol/L 的 HCl 48 ml,加蒸馏水溶解后定容至 100 ml。

2. Tris 36.3 g 加 1 mol/L HCl 48 ml,加蒸馏水溶解后定容至 100 ml。

3. 丙烯酰胺 30 g 加甲叉双丙烯酰胺 0.8 g,加蒸馏水溶解后定容至 100 ml。

4. 蒸馏水。

5. TEMED(四甲基乙二胺)。

6. 10% SDS。

7. 10% 过硫酸铵(新鲜配制)。

五十六、样品缓冲液

Tris 1.51 g 加蒸馏水 60 ml,用 6 mol/L HCl 调 pH 至 6.8,加甘油 20 ml、SDS 4.1 g、2-巯基乙醇 2 ml、0.02 g 溴酚蓝、蒸馏水加至 100 ml。

五十七、碱性磷酸酯酶反应显色剂 A

100 g 氮蓝四唑(NBT)溶于 2 ml 70% 二甲基甲酰胺中,然后加入 5 ml 碱性磷

酸酯酶底物缓冲液,储存于 4 ℃冰箱。

五十八、碱性磷酸酯酶反应显色剂 B

100 mg 5-溴-4-氯-3-吲哚-磷酸溶于 2 ml 100%二甲基甲酰胺中,储存于 4 ℃冰箱。

五十九、碱性磷酸酯酶底物缓冲液

100 mmol/L Tris-HCl 与 pH 9.5 的 100 mmol/L NaCl,5.0 mol/L MgCl$_2$ 混合液。

六十、电泳缓冲液

Tris 6 g、甘氨酸 28.8 g、SDS 1 g 用蒸馏水溶解后加至 1 000 ml(pH 8.3)。

六十一、转移缓冲液(pH 8.3～8.4)

Tris 6.067 g、甘氨酸 28.83 g、蒸馏水 1 200 ml、甲醇 400 ml,溶解后加蒸馏水至 2 000 ml。

六十二、Tris-SDS 甘氨酸聚丙烯酰胺电泳凝胶的配制:

配制 Tris-甘氨酸 SDS 聚丙烯酰胺凝胶电泳分离胶所用溶液

溶 液 成 分	不同体积(ml)凝胶液中各成分所需体积(ml)							
	5	10	15	20	25	30	40	50
6%								
水	2.6	5.3	7.9	10.6	13.2	15.9	21.2	26.5
30%丙烯酰胺溶液	1.0	2.0	3.0	4.0	5.0	6.0	8.0	10.0
1.5 mol/L Tris-HCl, pH 8.8	1.3	2.5	3.8	5.0	6.3	7.5	10.0	12.5
10%(w/v)SDS	0.03	0.10	0.15	0.20	0.25	0.30	0.40	0.50
10%过硫酸铵	0.05	0.10	0.15	0.20	0.25	0.30	0.40	0.50
TEMED	0.004	0.008	0.012	0.016	0.02	0.024	0.032	0.04
8%								
水	2.3	4.6	6.9	9.3	11.5	13.9	18.5	23.2
30%丙烯酰胺溶液	1.3	2.7	4.0	5.3	6.7	8.0	10.7	13.3
1.5 mol/L Tris-HCl, pH 8.8	1.3	2.5	3.8	5.0	6.3	7.5	10.0	12.5
10%(w/v)SDS	0.03	0.10	0.15	0.20	0.25	0.30	0.40	0.50
10%过硫酸铵	0.05	0.10	0.15	0.20	0.25	0.30	0.40	0.50
TEMED	0.004	0.008	0.012	0.016	0.02	0.024	0.032	0.04
10%								
水	1.9	4.0	5.9	7.9	9.9	11.9	15.9	19.8
30%丙烯酰胺溶液	1.7	3.3	5.0	6.7	8.3	10.0	13.3	16.7
1.5 mol/L Tris-HCl, pH 8.8	1.3	2.5	3.8	5.0	6.3	7.5	10.0	12.5
10%(w/v)SDS	0.03	0.10	0.15	0.20	0.25	0.30	0.40	0.50
10%过硫酸铵	0.05	0.10	0.15	0.20	0.25	0.30	0.40	0.50
TEMED	0.004	0.008	0.012	0.016	0.02	0.024	0.032	0.04

（续表）

溶 液 成 分	不同体积(ml)凝胶液中各成分所需体积(ml)							
	5	10	15	20	25	30	40	50
12%								
水	1.6	3.3	4.9	6.6	8.2	9.9	13.2	16.5
30%丙烯酰胺溶液	2.0	4.0	6.0	8.0	10.0	12.0	16.0	20.0
1.5 mol/L Tris-HCl, pH 8.8	1.3	2.5	3.8	5.0	6.3	7.5	10.0	12.5
10%(w/v)SDS	0.03	0.10	0.15	0.20	0.25	0.30	0.40	0.50
10%过硫酸铵	0.05	0.10	0.15	0.20	0.25	0.30	0.40	0.50
TEMED	0.004	0.008	0.012	0.016	0.02	0.024	0.032	0.04
15%								
水	1.1	2.3	3.4	4.6	5.7	6.9	9.2	11.5
30%丙烯酰胺溶液	2.5	5.0	7.5	10.0	12.5	15.0	20.0	25.0
1.5 mol/L Tris-HCl, pH 8.8	1.3	2.5	3.8	5.0	6.3	7.5	10.0	12.5
10%(w/v)SDS	0.03	0.10	0.15	0.20	0.25	0.30	0.40	0.50
10%过硫酸铵	0.05	0.10	0.15	0.20	0.25	0.30	0.40	0.50
TEMED	0.004	0.008	0.012	0.016	0.02	0.024	0.032	0.04

Tris-甘氨酸 SDS 聚丙烯酰胺凝胶电泳浓缩胶所用溶液

溶 液 成 分	不同体积(ml)凝胶液中各成分所需体积(ml)							
	1	2	3	4	5	6	8	19
浓缩胶								
水	0.68	1.4	2.1	2.7	3.4	4.1	5.5	6.8
30%丙烯酰胺溶液	0.17	0.33	0.5	0.67	0.83	1.0	1.3	1.7
1.0 mol/L Tris-HCl, pH 6.8	0.13	0.25	0.38	0.5	0.63	0.75	1.0	1.25
10%(w/v)SDS	0.01	0.02	0.03	0.04	0.05	0.06	0.08	0.1
10%过硫酸铵	0.01	0.02	0.03	0.04	0.05	0.06	0.08	0.1
TEMED	0.001	0.002	0.003	0.004	0.005	0.006	0.008	0.01

六十三、RPMI 1640 完全培养液

RPMI 1640 培养液	170 ml
灭活胎牛血清(FBS)	20 ml
双抗(青霉素 1 万单位/ml、链霉素 1 万(g/ml)	2 ml
L-谷氨酰胺(L-Glutamine 200 mmol/L)	2 ml
丙酮酸钠(100 mmol/L)	2 ml
2-巯基乙醇(2-ME, 1 mmol/L)	0.68 ml

混匀,用 $NaHCO_3$ 溶液调整 pH 至 7.1 左右,过滤除菌,-20 ℃以下保存。

六十四、Eagle's 培养基 DMEM 培养基

DMEM 粉	13.4 g
双蒸馏水	500 ml

21世纪生物学基础课系列实验教材

用 0.1 mol/L NaOH 或 0.1 mol/L HCl 调整 pH 至 7.0,再加双蒸水至 1 000 ml。用 0.22 μm 孔径的滤膜过滤除菌,分装,4 ℃冰箱存放备用。

用前根据需要添加血清、青霉素、链霉素。

六十五、15%小牛血清水解乳蛋白培养液

水解乳蛋白	5 g
Hank's	1 000 ml

溶解后分装瓶内,高压灭菌,取 15 ml 小牛血清加到 0.5%水解乳蛋白 Hank's 液 84 ml 中,用 3.5%碳酸氢钠调 pH 至 7.4。

六十六、福氏佐剂(Freund adjuvant)

福氏佐剂是实验动物免疫最常用的佐剂。又可分为完全福氏佐剂和不完全福氏佐剂两种。不完全福氏佐剂由液体石蜡与无水羊毛脂组成,其组成比例(石蜡油比羊毛脂)为 2:1~5:1,可视需要而定,一般常用 2:1。石蜡油比例越高,佐剂流动性越大。完全福氏佐剂是在不完全福氏佐剂的基础上添加分支杆菌,主要用活卡介菌(最终浓度为 2~20 mg/ml)。

一般福氏佐剂与抗原的体积混合比为 1:1。除用电动搅拌法乳化外,还可通过研磨、两个注射器来回推挤或超声乳化等方法乳化,但都比较费时费力,或者黏附浪费很大。检查乳化是否完全,常用乳化物滴于水面的方法进行。以乳化物滴于水中成团经久不散(注意第 1 滴乳化物常因表面张力稍有扩散),贮存日久也不出现油水分离的现象为好,否则会影响免疫效果。

六十七、蔗糖溶液

免疫细胞化学中应用的蔗糖常用浓度为 5%~30%。一般光镜研究,仅用 20%的蔗糖处理就可以了。若制作电镜标本,在冷冻前最好经上行蔗糖梯度处理 (5%、10%、15%、20%及 20%蔗糖-5%甘油等)处理,以确保其良好的细胞超微结构。蔗糖是一种廉价的防冻剂,兼有脱水的作用,其可减少标本在冷冻切片时形成冰晶的数量和大小。配制好的蔗糖溶液放置时间超过一个月时应重新配制。

(1) 20%蔗糖液

试剂:蔗糖	20 g
0.1 mol/L PB(pH 7.5)	至 100 ml

配制方法:先用少许 0.1 mol/L 的 PB 溶解蔗糖,再加 0.1 mol/L 的 PB 至 100 ml 充分混合,置 4 ℃冰箱保存。

该液多用于纯光镜研究。标本在刚放入浓度如此高的蔗糖溶液时,常浮在上面,当标本沉到底部时即可。通常光镜标本浸泡在 20%蔗糖中过夜,都能达到要求。

(2) 20%蔗糖-5%甘油

试剂：蔗糖	20 g
甘油	5 ml
0.1 mol/L 的 PB	至 100 ml（约 95 ml）

配制方法：以少许 PB 溶解蔗糖后，再加入甘油，充分混匀，最后补足 PB 至 100 ml，置于 4 ℃冰箱保存备用。该液可用于电镜标本的处理，常浸泡过夜（其他浓度的蔗糖中常分别为 2 h）。

附录五　常用固定剂、封固剂和粘贴剂的配制

一、固定剂

免疫细胞化学研究中常用的固定剂仍为醛类固定剂，其中以甲醛和戊二醛最为常用。在此，简要介绍几种目前较为常用和推荐的固定剂。

1. Bouin 液及改良 Bouin 液

试剂：饱和苦味酸	750 ml
40%甲醛	250 ml
冰醋酸	50 ml

配制方法：先将饱和苦味酸过滤，加入甲醛（有沉淀者禁用），最后加入冰醋酸，混合后存于 4 ℃冰箱中备用。冰醋酸最好在临用前加入。改良 Bouin 液不加冰醋酸。该固定液对组织的穿透力较强，固定较好，结构完整。但因偏酸（pH 3～3.5），对抗原有一定损害，且组织收缩较明显，故不适于组织标本的长期保存。

2. 4%多聚甲醛-0.1 mol/L 磷酸缓冲液（pH 7.3）

试剂：多聚甲醛	40 g
0.1 mol/L 磷酸缓冲液加至 1 000 ml	

配制方法：称取 40 g 多聚甲醛，置于三角烧瓶中，加入 500～800 ml 0.1 mol/L 的磷酸缓冲液（PB），加热至 60 ℃左右，持续搅拌（或磁力搅拌）使粉末完全溶解，通常需滴加入少许 1 mol/L 的 NaOH 才能使溶液清亮（或直接加少许固体 NaOH），最后补足 0.1 mol/L 的 PB 至 1 000 ml，充分混匀。该固定剂适于光镜免疫细胞化学研究，因较温和，适于组织标本的长期保存。

3. 4%多聚甲醛-磷酸二氢钠/氢氧化钠

试剂：A 液：多聚甲醛	40 g
蒸馏水	400 ml
B 液：$NaH_2PO_4 \cdot 2H_2O$	16.88 g
蒸馏水	300 ml

C 液：NaOH	3.86 g
蒸馏水	200 ml

配制方法：A 液最好在 500 ml 的三角烧瓶中配制（方法同前），至多聚甲醛完全溶解后冷却待用。注意，在溶解多聚甲醛时，要尽量避免吸入其气体或溅入眼内。B 液和 C 液配后，将 B 液倒入 C 液中，混合后再加入 A 液中，以 1 mol/L 的 NaOH 或 1 mol/L 的 HCl 将 pH 调至 7.2～7.4，最后，补充蒸馏水至 1 000 ml 充分混合，4 ℃冰箱保存备用。

该固定剂适于光镜和电镜免疫细胞化学研究，用于免疫电镜时，最好加入少量新鲜配制的戊二醛，使其终浓度为 0.5%～1%。该固定剂也较温和，适于组织的长期保存。

4. 福尔马林-丙酮固定液（pH 6.6）

$Na_2HPO_4 \cdot 12H_2O$	160 mg
KH_2PO_4	500 mg
双蒸馏水	150 ml
丙酮	225 ml
38%甲醛	125 ml

先将 $Na_2HPO_4 \cdot 12H_2O$ 及 KH_2PO_4 溶于双蒸馏水中，然后加丙酮，再加甲醛，充分混匀，过滤，测 pH，如 pH 不为 6.6，则用 2 mol/L 的 NaOH 调至 6.6，4 ℃存放备用。所用药品皆为分析纯试剂。

5. Zamboni 液

试剂：多聚甲醛	20 g
饱和苦味酸	150 ml
Karasson-Schwlt PB	至 1 000 ml

配制方法：先按前法配制多聚甲醛，冷却后再加入饱和苦味酸，过滤后，加 Karasson-Schwlt PB 至 1 000 ml 充分混合。Karasson-Schwlt 磷酸缓冲液的配制方法为：$NaH_2P_4O \cdot H_2O$ 3.31 g，$NaHPO_4 \cdot 7H_2O$ 33.77 g，双蒸水加至 1 000 ml。该固定液适于电镜免疫细胞化学，对超微结构的保存较纯甲醛好，也适于光镜免疫细胞化学研究。有人在实际应用中，采用 2.5%多聚甲醛和 30%的饱和苦味酸，以增加其对组织的穿透力和固定效果，保存更多的组织抗原，固定时间为 6～18 h。

6. 0.4%对苯醌

试剂：对苯醌	4.0 g
0.01 mol/L PBS	1 000 ml

配制方法：取 4.0 g 对苯醌溶于 1 000 ml 0.01 mol/L 的 PBS 即可。

该固定液对抗原具有较好的保护作用，但对超微结构的保存有一定影响，故常与醛类固定剂混合使用。一般临用前配制，避免加热助溶。对苯醌有剧毒，使用时避免吸入或与皮肤接触。

7. Karnovsky 液(pH 7.3)

试剂：多聚甲醛　　　　　　　　30 g

25％戊二醛　　　　　　　　80 ml

0.1 mol/L PB　　　　　　　至 1 000 ml

配制方法：先将多聚甲醛溶于 0.1 mol/L PB 中，再加入戊二醛，最后加 0.1 mol/L 的 PB 至 1 000 ml，混匀。

该固定剂适用于电镜免疫细胞化学，用该固定液在 4 ℃ 短时固定，比在较低浓度的戊二醛中长时间固定能更好地保存组织的抗原性和细微结构。固定时最好先灌注固定，然后浸泡固定 10～30 min，用缓冲液漂洗后可树脂包埋或经蔗糖溶液后用于恒冷切片。

8. PFG

试剂：对苯醌　　　　　　　　　20 g

多聚甲醛　　　　　　　　15 g

25％戊二醛　　　　　　　40 ml

0.1 mol/L 二甲胂酸钠缓冲液　至 1 000 ml

配制方法：先以 500 ml 左右的二甲胂酸钠缓冲液溶解对苯醌及多聚甲醛，再加入戊二醛，最后加二甲胂酸钠缓冲液至 1 000 ml 充分混合。

该液避免了对苯醌液的缺点。故适用于多种肽类抗原的免疫细胞化学，尤其是免疫电镜的研究。

9. PLP 液　PLP 液即过碘酸盐-赖氨酸-多聚甲醛固定液

配制方法：

(1) A 液(0.1 mol/L 赖氨酸、0.5 mol/L Na_2HPO_4，pH 7.4)：称取赖氨酸盐酸盐 1.827 g 溶于 50 ml 蒸馏水中，即为 0.2 mol/L 的赖氨酸盐酸盐溶液，然后加入 Na_2HPO_4 至 0.1 mol/L，将 pH 调至 7.4，补足 0.1 mol/L 的 PB 至 100 ml，使赖氨酸浓度也为 0.1 mol/L，4 ℃ 冰箱保存，最好两周内使用。

(2) B 液(8％多聚甲醛溶液)：按前法用蒸馏水配成 8％多聚甲醛液。过滤后 4 ℃ 保存。

临用前，以 3 份 A 液与 1 份 B 液混合，再加入结晶过的碘酸钠($NaIO_4$)至终浓度为 0.1 mol/L，甲醛的终浓度为 2％。AB 液混合后 pH 将降至 6.2 左右。该固定液较适于富含糖类的组织，对超微结构及许多抗原的抗原性保存较好。固定时间为 6～18 h。有人认为，最佳的混合是：含 0.1 mol/L 过碘酸盐、0.075 mol/L 赖氨酸、2％多聚甲醛及 0.037 mol/L 磷酸缓冲液。

10. 碳二亚酰胺-戊二醛(ECD-G)

试剂：0.05 mol/L PB　　　　　　500 ml

0.01 mol/L PBS	500 ml
Tris	约 14 g
浓 HCl	少许
ECD	10 g
25％戊二醛	3.5 ml

配制方法:先以约 500 ml 的 PB 与相同体积的 PBS 混合,加入 Tris(终浓度 1.4％)溶解,以浓 HCl 调 pH 至 7.0,再将事先称取好的 ECD 和戊二醛加入混合液,振摇后计时,用 pH 计检测,约 2～3 min 时,pH 降 6.6,再以 1 mol/L 的 NaOH 在 4 min 内调 pH 7.0,此时,将该混合固定液加入盛有细胞(经 PBS 漂洗过)的器皿中,在 23 ℃固定 7 min,后以 PBS 洗去固定液,即可进一步处理。

ECD 即乙基-二甲基氨基丙基碳亚胺盐酸盐,简称乙基-CDI,常用于多肽类激素的固定,对酶等蛋白质的固定也有良好效果。ECD 单独应用时,边缘固定效应重,但与戊二醛、Tris 及 PB 联合应用,效果明显改善,细胞质仍可渗透,利于细胞中抗原的定位,超微结构保存较好。目前认为是一种用于培养细胞电镜水平免疫细胞化学研究的很好固定剂。

11. 四氧化锇(OsO₄)

配制:将洗净装有 OsO_4 的安瓿加热后,迅速投入装有溶剂的棕色瓶中,使安瓿遇冷自破。

也可用钻石刀在安瓿上划痕,洗净后再放入瓶中,盖好瓶塞,用力撞击安瓿,待其破后加溶剂稀释。为保证充分溶解,应在用前几天配制。

(1) 2％ OsO_4 水溶液:取 OsO_4 1 g 溶于 50 ml 双蒸水中。此液常作为贮存液,于冰箱中密封保存。

(2) 1％ OsO_4-PB:

试剂:A:2.26％	$NaH_2PO_4 \cdot 2H_2O$	41.5 ml
B:2.52％	NaOH	8.5 ml
C:5.4％	葡萄糖	5 ml
D:	OsO_4	0.5 g

配制方法:先分别配好 A、B、C 三种液体,取 A 液 41.5 ml 与 B 液 8.5 ml 混合,将 pH 调至 7.3～7.4,取 A-B 混合液 45 ml 再与 5 ml C 液混合即为 0.12 mol/L 的 PBG,加 OsO_4 0.5 g 溶解即为 1％的 OsO_4 0.12 mol/L PBG。

(3) 1％ OsO_4 0.1 mol/L 二甲胂酸钠缓冲液(pH 7.2～7.4):

试剂:2％ OsO_4 水溶液　　　　　　　　　　　　10 ml

　　　0.2 mol/L 二甲胂酸钠缓冲液(pH 7.2～7.4) 10 ml

配制方法:取 2％ OsO_4 贮存液 10 ml 与等量 0.2 mol/L,pH 7.2～7.4 的二甲胂酸钠缓冲液充分混合即可。

OsO_4 在电镜研究中常用于后固定。由于 OsO_4 的反应产物对光及电子有较明显的吸收能力,因此,在免疫细胞化学染色前常需去除,这一过程在光镜水平常用 1% 的高锰酸钾,在电镜水平则用 H_2O_2。

以上介绍了常用的一些固定液,固定液种类还很多。但必须注意,免疫细胞化学中,含重金属的固定液禁用(但 Zenker-formalin 可进行短时间的固定)。目前多数认为,对生物标本较好的固定措施是:用 4 ℃的 Karnovsky 液灌注固定 10～30 min 后,接着在 0.1 mol/L 的二甲胂酸钠缓冲液(pH 7.3)中漂洗过夜。这种短时冷固定处理,有助于超微结构和许多肽类抗原的保存。对其他难保存的抗原可尝试 PFG、PLT 及 Zamboni 液等混合固定剂。

二、封固剂

1. 甘油-明胶(冻)

试剂:明胶	10 g
甘油	12 ml
蒸馏水	100 ml
麝香草酚	少许

配制方法:称取 10 g 明胶于温热(约 40 ℃)的蒸馏水中,充分溶解后过滤,再加入 12 ml 甘油混合均匀。少许麝香草酚是为了防腐。

2. 甘油-TBS 及甘油-PBS

试剂:甘油	90 ml
0.01 mol/L TBS	10 ml
或甘油	75 ml
0.01 mol/L PBS	25 ml

配制方法:按比例将甘油和 TBS(或 PBS)充分混合后,置 4 ℃冰箱静止,待气泡排出后方可使用。

3. DPX

试剂:Distrene	10 g
酞酸二丁酯	5 ml
二甲苯	35 ml

DPX 为中性封固剂,用于多种染色方法均不易褪色,但组织收缩较明显,故应尽量使其为均匀的一薄层。商品 DPX 可直接使用。若过黏稠,可加少量二甲苯稀释后应用。但二甲苯不可加太多,否则二甲苯挥发后,片刻会出现许多干燥的空泡,影响观察。遇到这种情形时可用二甲苯浸泡盖玻片后重新封固。

4. 液体石蜡

液体石蜡因含杂质少,很少引起非特异性荧光,故常用于荧光组织化学及免疫荧光法时标本的封固。

三、黏合剂

切片的脱落常影响工作的质量和速度,故黏合剂的选择和使用就显得较为重要。

1. 铬矾明胶液

试剂:铬矾(或甲铬矾等)　　　　0.5 g

明胶　　　　5 g

蒸馏水　　　　1 000 ml

配制方法:以少许蒸馏水溶解铬矾后,再加入明胶及蒸馏水,于 70 ℃水溶液中使明胶溶化后置于磁力搅拌器上,持续搅拌均匀,如仍有明显残渣,可过滤后使用。

2. 甲醛-明胶液

试剂:40%甲醛　　　　2.5 ml

明胶　　　　0.5 g

蒸馏水　　　　至 100 ml

配制方法:用少许蒸馏水(约 80 ml)加热溶解明胶,待完全溶化后,加入甲醛,最后补充蒸馏水至 100 ml 混匀即可。

3. 多聚赖氨酸

试剂:多聚赖氨酸、蒸馏水

配制方法:取 5 mg 多聚赖氨酸溶于 1 000 ml 蒸馏水,混匀,冷藏保存。使用时可将其稀释成 10~50 倍。

附录六　染色液和显色底物的配制

一、瑞氏(Wright)染色液

瑞氏染料　　　　0.3 g

甘油　　　　3 ml

甲醇　　　　97 ml

将瑞氏染料置于干燥的研钵内研细。加入甘油再研,加入少量甲醇再研;将上层溶解的染料倒入棕色瓶中,再加入少量甲醇研磨,如此直至染料全溶后,加甲醇至所需量。混匀后置棕色瓶中保存,用前过滤。一般配置后室温一周便可使用。染液储存时间越长染色效果更佳。

二、台盼蓝染液

取 4 g 台盼蓝置研钵中加少许三蒸水反复研磨,加三蒸水至 1 000 ml,

1 500 r/min离心 10 min,取上清即为 4%水溶液,使用前用 1.8% NaCl 溶液稀释 1倍,即为 2%台盼蓝染液。台盼蓝染色以后,死细胞染成蓝色,活细胞不着色。

三、姬姆萨(Giemsa)染色液

姬姆萨染料	0.5 g
中性甘油	33 ml
甲醛	33 ml

将姬姆萨染料放入研钵中,逐渐加入中性甘油研磨成糊状,放入 56 ℃烘箱内2 h,并常搅拌使染料溶解,取出后加入甲醛混合即为贮存液。临用时取 1 份贮存液加蒸馏水 10 份配成应用液。

四、姬姆萨(Giemsa)-瑞氏(Wright)染色液

瑞氏染料粉	0.3 g
姬姆萨粉	0.03 g
甲醇	100 ml

将 2 种粉末置研钵中研细,再滴加入甲醇,混匀后倒入棕色瓶中,塞紧瓶口并充分振摇,置室温溶解后使用。

五、碱性美蓝染色液

甲液:	美蓝(methylene blue)	0.6 g
	95%酒精	30 ml
乙液:	KOH	0.01 g
	蒸馏水	100 ml

分别配置甲、乙两液,配好后混合即可。

六、0.5%沙黄水溶液

称取沙黄 0.5 g,先加入 95%酒精溶解,然后边震荡边加入 99 ml 蒸馏水,溶解后滤纸过滤,分装于棕色瓶内室温保存。

七、氨基黑 10B 染色液

氨基黑 10B(amino black 10B)	0.5 g
甲醇或无水乙醇	45 ml
冰醋酸	10 ml
蒸馏水	45 ml

溶解后过滤,保存于棕色试剂瓶中。此染色液与蛋白质的结合力强,短时间染以蓝色,长时间呈蓝黑色。

八、考马斯亮蓝染色液

考马斯亮蓝(Coomassie blue)	2.5 g
冰醋酸	100 ml

甲醇或无水酒精	450 ml
蒸馏水	450 ml

可加温 60 ℃助溶后过滤。

本染色液的特点是色泽鲜艳,敏感性高,较氨基黑敏感约 5 倍。

九、偶氮胭脂红染色液

偶氮胭脂红染色液 B(azocarmin)	1.5 g
甲醇	100 ml
冰醋酸	20 ml
蒸馏水	80 ml

溶解后过滤。

十、1%美蓝水溶液

美蓝(methylene blue)	1 g
生理盐水	100 ml

溶解后,过滤。

十一、2%甲基绿染色液

甲基绿(methyl green 经提纯去甲基紫)	1 g
双蒸馏水	50 ml

十二、中性红染色液

中性红(neutral red)	125 mg
无水酒精	65 ml

置 4 ℃冰箱保存。用时取适量中性红溶液加入等量的无水酒精,混匀,过滤即成。

十三、甲苯胺蓝染色液

甲苯胺蓝(toluidine blue)	1 g
蒸馏水	100 ml

溶解后过滤备用。也可采用以下配方:

甲苯胺蓝	1 g
四硼酸钠	1 g
蒸馏水	100 ml

溶解后过滤备用。

十四、HE 染色

1. 苏木精染液的配制:苏木精是一种碱性燃料,可将核染色质染成蓝紫色。

A 液:苏木素	0.5 g
95%乙醇	5 ml

B 液：硫酸铝钾	10 g
蒸馏水	100 ml
氧化汞	0.25 g
冰醋酸	几滴

先将 A 液溶解，再将 B 液的硫酸铝钾溶于蒸馏水中，并加热使溶解，然后将 A、B 两液混合煮沸，离开火焰后缓缓加入氧化汞。待冷却后过滤，加入几滴冰醋酸即成。

2. 伊红染液的配制：伊红是一种酸性燃料，它可将多种细胞的胞质染成粉红色或红色。

伊红	0.5 g
95％乙醇	100 ml

十五、3，3-二氨基联苯胺（DAB）显色液

试剂：DAB（常用盐酸盐）	50 mg
0.05 mol/L TB（pH 7.6）	100 ml
30％ H_2O_2	30～40 μl

配制方法：先以少量 0.05 mol/L TB 溶解 DAB，然后加入余量 TB，充分摇匀，使 DAB 终浓度为 0.05％，过滤后显色前加入 30％的 H_2O_2 30～40 μl，使其最终浓度为 0.01％。还有一种比较实用的方法是先以 0.05 mol/L 的 TB 将 DAB 配制成 2～5 倍的储存液，过滤后分装成 0.5 ml 的小包装，避光保存于 −20 ℃。使用时避光解冻，加入 0.05 mol/L TB 使成 1× 的工作液，然后加入 H_2O_2（先用蒸馏水稀释 30％ H_2O_2。取约 5～10 μl 稀释后的 H_2O_2 使其在 DAB 工作液中终浓度为 0.01％）。DAB 显色为棕黄色，一般用苏木素衬染。DAB 有致癌作用，操作时应小心并戴手套。

十六、3-氨基-9-乙基卡唑（AEC）显色液

试剂：AEC	20 mg
二甲基甲酰胺（DMF）	2.5 ml
0.05 mol/L 醋酸缓冲液（pH 5.5）	50 ml
30％ H_2O_2	适量

配制方法：先将 AEC 溶于 DMF 中，再加入醋酸缓冲液充分混匀。临显色前，加入 H_2O_2。切片显色时间常为 5～20 min。AEC 显色阳性部分为深红色，以苏木素或亮绿衬染效果会更好。

十七、4-氯-1-萘酚显色液

配方 1：4-氯-1-萘酚	100 mg
无水乙醇	10 ml

0.05 mol/L TB(pH 7.6)	190 ml
30% H$_2$O$_2$	10 μl(0.003%)

配制方法：先将 4-氯-1-萘酚溶于乙醇中，然后加入 TB 190 ml，用前加入 30% H$_2$O$_2$ 使其终浓度为 0.003%，切片显色时间通常为 5～20 min。

配方 2：4-氯-1-萘酚，N-二甲基甲酰胺(DMF)，0.05 mol/L 的 TB(pH 7.6)，30% H$_2$O$_2$。

配制方法：先将 4-氯-1-萘酚加入 DMF 中，加热溶解使呈乳白色，再加入 TB，乳白色变为絮状，在 75 ℃加热 5 min 后加入 H$_2$O$_2$，搅动使絮状消失，趁热过滤，当降至略低于 50 ℃时才放入组织标本(注意：温度过高易损伤标本，过低则易重新出现沉淀)。显色时间通常为 5 min 左右。

4-氯-1-萘酚显色产物为蓝色。由于乙醇可溶解 4-氯-1-萘酚显色的组织标本，勿用乙醇脱水。

十八、ELISA 碱性磷酸酶底物

试剂：二乙醇胺，HCl，硝基苯磷酸盐，NaN$_3$，MgCl$_2$ · 6H$_2$O$_2$。

配置方法：先配制 10%二乙醇胺底物缓冲液，即取 97 ml 二乙醇胺，加入 800 ml 蒸馏水，100 mg MgCl$_2$ · 6H$_2$O 和 0.2 g NaN$_3$，在磁力搅拌下混匀，再用 1 mol/L 的 HCl 调溶液的 pH 至 9.8，最后加蒸馏水至 1 000 ml 即可。碱性磷酸酶底物一般是现配现用。使用前，准确称取硝基苯磷酸盐，加 10%二乙醇胺缓冲液，使硝基苯磷酸盐的终浓度为 1 mg/ml。

十九、ELISA 辣根过氧化物酶底物

底物液 1：(TMB-过氧化氢尿素溶液)

(1) 底物液 A(3、3′、5、5′-四甲基联苯胺，TMB)：TMB 200 mg，无水乙醇 100 ml，加双蒸水至 1 000 ml。

(2) 底物液 B 缓冲液(0.1 mol/L 柠檬酸－0.2 mol/L 磷酸氢二钠缓冲液，pH 5.0～5.4)：Na$_2$HPO$_4$ 14.60 g，柠檬酸 9.33 g，0.75%过氧化氢尿素 6.4 ml，加三蒸水至 1 000 ml，调 pH 5.0～5.4。

(3) 将底物液 A 和底物液 B 按 1：1 混合即成 TMB-过氧化氢尿素应用液。

底物液 2：(OPD-H$_2$O$_2$ 溶液)：若无 TMB-过氧化氢尿素溶液时可选用此系统。

(1) A 液(0.1 mol/L 柠檬酸溶液)：柠檬酸 19.2 g，加蒸馏水至 1 000 ml。

(2) B 液(0.2 mol/L Na$_2$HPO$_4$ 溶液)：Na$_2$HPO$_4$ · 12H$_2$O 71.7 g，加蒸馏水至 1 000 ml。

(3) 临用前取 A 液 4.86 ml 与 B 液 5.14 ml 混合，加入 4 mg OPD，待充分溶解后加入 30%(V/V)的 H$_2$O$_2$ 50 μl，即成底物应用液。

附录七　玻璃容器的洗涤及各种清洁液的配制

清洁的玻璃器皿是得到正确实验结果的重要条件之一,由于实验目的不同,对各种器皿的清洁程度的要求也不同。

一、新购买的玻璃容器的清洗

新购买的玻璃容器,因其表面常附有游离的碱性物质,可先用洗衣粉或去污粉洗刷,再用流水洗净,然后浸泡于1%～2%的盐酸溶液中过夜,再用自来水冲洗,最后用蒸馏水冲洗2～3次,烘箱烤干备用。

二、使用过的玻璃容器的清洗

1. 一般玻璃容器:如试管、量筒、烧杯、三角瓶等,先用自来水冲洗去污物,再浸于洗衣粉水中或用毛刷蘸取去污粉细心洗刷器皿内外(特别是内壁),用自来水冲洗,再用蒸馏水冲洗2～3次,这时器壁上不应带水珠,否则未洗干净。烤干或倒置于清洁处,干后备用。

2. 量器:如吸管、量瓶、滴定管等,用后应立即浸泡于自来水中,勿使物质干涸。实验完毕后用自来水充分冲洗,再用蒸馏水冲洗2～3次。量器使用一定时间后浸泡于铬酸洗液中过夜(或4～6 h),再用上法清洗,烘干备用。

3. 其他:盛过传染性标本容器,如被传染病患者血清、病毒、病原性细菌等沾污过的容器,应先经高温处理(或其他方法)消毒再后清洗;盛过放射性同位素和剧毒药品的容器,必须专门处理后方可进行清洗;装有固体培养基的器皿应先将其刮去,然后洗涤;带菌的器皿在洗涤前先浸在2%煤酸皂溶液(来苏水)或0.25%新洁尔灭消毒液内24 h或煮沸0.5 h,再用上述方法洗涤。

三、载玻片的清洗

1. 新购置的载玻片,先用2%盐酸浸泡数小时,冲去盐酸,再放入浓洗液中浸泡过夜,用自来水冲净洗液,浸泡在蒸馏水中或擦干装盒备用。

2. 用过的载玻片,先用纸擦去石蜡油,再放入洗衣粉液中煮沸,稍冷后取出。逐个用清水洗净,放浓洗液中浸泡24 h,控去洗液,用自来水冲洗。蒸馏水浸泡。

3. 洗净的玻片,最好及时使用,以免被空气中飘浮的油污沾染,长期保存的干净玻片,用前应再次洗涤后方可使用。

4. 盖片使用前,可先用洗衣粉或洗液浸泡,洗净后再用95%乙醇浸泡,擦干备用,用过的盖片也应及时洗净擦干保存。

四、各种清洁液的配制

1. 铬酸洗液(重铬酸钾-硫酸洗液)

铬酸洗液是一种强氧化剂,去污能力很强。配制好的溶液呈红色,并有均匀的红色小结晶。常用它来洗去玻璃和瓷质器皿上的有机物质,切不可用于洗涤金属器皿。铬酸洗液加热后,去污作用更强,一般可加热到 $45\sim50\ ℃$,稀铬酸洗液可煮沸,洗液可反复使用,直到溶液呈青褐色为止。

常用以下 4 种配制方法:

(1) 取重铬酸钾 200 g 溶于 500 ml 自来水中,用玻棒边搅拌边慢慢加入工业硫酸 500 ml。

(2) 称取重铬酸钾 80 g,溶于 1 000 ml 自来水中,用玻棒边搅拌边缓慢加入工业硫酸 100 ml。

(3) 称取 5 g 重铬酸钾粉末,溶于 5 ml 自来水中,用玻棒边搅拌边缓慢加入工业硫酸 100 ml。

(4) 取 100 ml 工业硫酸于烧杯中,小心加热,然后小心地慢慢加入 5 g 重铬酸钾粉末,边加边搅拌,溶解后冷却。

2. $5\%\sim10\%$ 的磷酸三钠($Na_3PO_4 \cdot 12H_2O$)溶液:用于洗涤油污。

3. $30\%\sim50\%$ 的硝酸溶液:用于洗涤微量滴管和吸管等。

4. $5\%\sim10\%$ 的乙二胺四乙酸二钠(EDTA-Na_2)溶液:加热煮沸可除去玻璃容器内壁上的白色沉淀物。

5. $10\%\sim20\%$ 的尿素溶液:因尿素是蛋白质的良好溶剂,故适用于洗涤盛过蛋白质制剂及血样的器皿。

6. 5% 的草酸溶液:加数滴硫酸酸化,稍加热,可洗脱高锰酸钾的痕迹。

7. 工业盐酸:可洗去水垢和某些无机盐沉淀。

8. 有机溶剂:如乙醇、乙醚、丙酮等可用于洗脱脂溶性染料等污迹。二甲苯可洗去油漆污痕。

9. 氢氧化钾-乙醇溶液和含有高锰酸钾的氢氧化钠溶液。这是两种强碱性的洗涤液,对玻璃器皿的侵蚀性很强,清除容器内壁污垢,洗涤时间不宜过长。使用时应小心谨慎。

10. 酒精与浓硝酸混合液。

最适合于洗净滴定管,在滴定管中加入 3 ml 酒精,然后沿管壁慢慢加入 4 ml 浓硝酸(相对密度 1.4),盖住滴定管管口。利用所产生的氧化氮洗净滴定管。

附录八　常用计量单位及换算

一、常用计量单位

（一）基本计量单位

实验中常用的计量单位包括长度（如米，英文名为 meter，缩写为 m）、容积（如升，英文名为 liter，缩写为 L)和重量（如克，英文名为 gram，缩写为 g)等计量单位。以此为基本单位，其下分单位有：分-(deci-，d)、厘-(centi-，c)、毫-(milli-，m)、微-(micro-，μ)、纳-(nano-，n)、皮-(pico-，p)等。如 1.0 g 为 10^1 dg，或 10^3 mg，或 10^{12} pg，以此类推。下面以克为基本单位说明。

表 1　常用计量单位(以重量单位克为例)

中文名	英文名	缩写	单位进制
克	gram	g	10^0
分克	decigram	dg	10^{-1}
厘克	centigram	cg	10^{-2}
毫克	milligram	mg	10^{-3}
微克	microgram	μg	10^{-6}
纳克	nanogram	ng	10^{-9}
皮克	picogram	pg	10^{-12}

表 2　放射性测定单位

单　　位	定　　义	换　　算
吸收放射性剂量(拉得)	100 尔格/克(电离辐射传给单位质量物质的能量)	1 rad = 1/0.87 r
伦琴(r)	使 1 克空气产生 1.6×10^{12} 离子对的 X 或 γ-射线的照射剂量	1 r = 0.87 rad
居里(Ci)	每秒放射性核衰变 3.7×10^{10} 个原子的量	1 Ci = 10^3 mCi = 10^6 μCi
毫居(mCi)	千分之一居里	1 mCi = 10^{-3} Ci = 10^3 μCi
微居(μCi)	百万分之一居里(每分钟衰变 2.2×10^6)	1 μCi = 10^{-6} Ci = 10^{-3} mCi
伯可莱尔(Bq)	每秒衰变一个原子的量	1 Bq = 3.7×10^{-10} Ci
千伯可莱尔(kBq)		1 kBq = 10^3 Bq
百万伯可莱尔(MBq)		1 MBq = 10^6 Bq
兆伯可莱尔(GBq)		1 GBq = 10^9 Bq
每分钟衰变数(dpm)	每分钟衰变原子数	2.2×10^6 dpml = 1 μCi
每分钟计数(cpm)	测量仪测出每分钟 β 粒子数	cpm = dpmX 计数器效率

(二)浓度单位及换算

1. 百分浓度

(1)重量/重量百分浓度(W/W):指 100 g 溶液中所含溶质的克数,用％(g/g)表示。

(2)重量/体积百分浓度(W/V):指 100 ml 溶液中所含溶质的克数,用％(g/ml)表示,如 100 ml 水中含 9 g NaCl,那么 NaCl 溶液的浓度为 9％。这是常用的表示百分浓度的单位。

(3)体积/体积百分浓度(V/V):指 100 ml 溶液中所含溶质的毫升数,用％(ml/ml)表示。

2. 分子浓度

首先了解几个基本概念:①分子量(molecular weight,MW):是指组成一个分子所有原子量的总和,如一个水分子是由两个氢(MW=1)及一个氧原子(MW=16)组成,那么水的分子量($H_2O = 1 \times 2 + 16 \times 1 = 18$)即为 18;②克原子:是指用原子量表示的克数,如氢的原子量为 1,1 g 原子氢为 1 g,同样,氧的原子量为 16,1 克原子氧为 16 g;③克分子:指分子量表示的克数,如水的分子量为 18,1 g 水分子即为 18 g。分子浓度的单位进制和上面提到的常用计量单位相同。

(1)体积克分子浓度:用 1 L 溶液中所含溶质的克分子数来表示的溶液浓度,用 M 来表示;即:

克分子浓度(摩尔 M) = 溶质克分子数 /L。

(2)重量克分子浓度:指 1 000 g 溶液中所含溶质的克分子数来表示的溶液浓度,用 m 来表示;即:

重量克分子浓度(摩尔 m)=溶质克分子数/1 000 g 溶剂。

3. 当量浓度

1 000 ml 溶液中所含溶质的克当量数,用 N 表示:当量=原子量/化合价。

表 3 常用市售酸、碱的浓度

溶质	分子式	分子量	M	g/L	重量比(%)	比重	配置 1 mol/L 溶液加入量(ml/L)
冰乙酸	CH_2COOH	60.05	17.4	1 045	99.5	1.05	57.5
乙酸		60.05	6.27	376	36	10.45	159.5
甲酸	HCOOH	46.02	23.4	1 080	90	1.20	42.7
盐酸	HCl	36.5	11.6	424	36	1.18	86.2
			2.9	105	10	1.05	344.8
硝酸	$NHCO_3$	63.02	15.99	1 008	71	1.42	62.5
			14.9	938	67	1.40	67.1
			13.3	837	61	1.37	75.2
高氯酸	$HClO_4$	100.5	11.65	1 172	70	1.67	85.5

（续表）

溶质	分子式	分子量	M	g/L	重量比（%）	比重	配置 1 mol/L 溶液加入量（ml/L）
			9.2	923	60	1.54	108.7
磷酸	H_3PO_4	80.0	18.1	1 445	85	1.70	55.2
硫酸	H_2SO_4	98.1	18.0	1 766	96	1.84	55.6
氢氧化铵	NH_4OH	35.0	14.8	251	28	0.898	67.6
氢氧化钾	KOH	56.1	13.5	757	50	1.52	74.1
			1.94	109	10	1.09	515.5
氢氧化钠	$NaOH$	40.0	19.1	763	50	1.53	52.4
			2.75	111	10	1.11	363.4

二、离心单位的表示及换算

相对离心力（RCF）与离心机转速的换算公式为：

$$RCF = 1.119 \times 10^{-5} \times r \times (r/min)^2。$$

其中 RCF 为相对离心力，以重力速度的倍数（g 或 ×g）表示。r 为离心机转头半径，或离心管中轴底部内壁到离心机转轴中心的距离（单位 cm），r/min 为离心机转速。

参 考 文 献

辜清,郭炳冉,段相林.2006.人体组织学与解剖学实验.北京:高等教育出版社

杜卓民.1998.实用组织学技术.北京:人民卫生出版社

朱忠勇.1992.实用医学检验学.北京:人民军医出版社

陶义训.1989.免疫学和免疫学检验.北京:人民卫生出版社

朱立平,陈学清.2000.免疫学常用实验方法.北京:人民军医出版社

杜英,赵国强,李付广.2000.医学免疫学与微生物学基础实验技术.郑州:河南医科大学出版社

章晓联.免疫学双语实验技术指导.2004.北京:科学出版社

林清华.免疫学实验.1999.武汉:武汉大学出版社

张秋萍.2002.医学免疫学实验技术.武汉:武汉大学出版社

马兴铭.2005.医学免疫学实验技术.兰州:兰州大学出版社

吴雄文.2002.实用免疫学实验技术.武汉:湖北科学技术出版社

杨道理,王宝成.1994.DNA 扩增技术与医学应用.济南:山东科学技术出版社

林观平,罗超权,扬英浩.1994.HLA 分型方法及其进展.免疫学杂志,10(4):275~278

熊平,扬颖,龚非力.1996.一种新的 HLA-Ⅱ类基因分型方法——PCR/SSP 技术的建立.免疫学杂志,1:258

刘晓荣,王申五,李丹等.1992.用聚合酶链反应-指纹图法分析 HLA-DRB 基因型.生物化学杂志,8(6):646

Brostoff J, et al. Clinical Immunology. London Gower Medical Publishing, 1991

Bidwell JL, Bidwell EA, Savage DA, et al., 1988. A DNA-RELP typing system that positively identifies se-
rologically well defined HLA-DR and Dqalleles including Drw 10. Transplantation, 45:640

Dekker JW, Easteal S. 1990. HLA-DP typing by amplified fryagment length polymorphisms (AFLP). Im-
munogenetics, 32:56

Rose NR, et al. 1992. Manual of Clinical LaboratoryImmunology. 4th ed. Washington DC:American society
for Microbiology

Suzuki Y, Orita M, Shiraishi M, et al. 1990. Detection of ras gene mutations in human lung cancers by sin-
gle-strand conformation polymorphism analysis of polymerase chain reaction products. Oncogene, 5:1037